"어떤 문제에도 흔들리지 않는 상
싶은 학생이라면 수학의 고수 를 추천합니다!"

수학의 고수 추천 TALK! TALK!

고수는 고수를 알아보는 법! 수학의 고수 추천 TALK! TALK!

"문제의 적정성과 난이도가 내신 심화과정으로 다루기에 아주 적합합니다.
심화 개념을 이해하기에 좋은 문제들로 구성되었고, 난이도가 균일한 방향성을 가지고 있어서 내신 고득점 대비에 아주 좋겠다는 느낌을 받았습니다."
-양구근 선생님-

"아이들이 고난도 문제까지 차근차근 도달할 수 있도록 단계별로 잘 구성한 교재입니다. 고등수학의 연계도 자연스럽게 이어져 있어 상위권 친구들에게 많은 도움이 될 것 같습니다."
-이은희 선생님-

"수학적 사고를 필요로 하는 문항들이 많아서 자연스럽게 수학 실력을 길러주는 강점을 가진 책이라 시험 전에 꼭 풀어보길 권하고 싶습니다."
- 권승미 선생님 -

"뻔한 심화서가 아닙니다. 응용력은 물론이고 개념에서 심화까지 해결해 주는 고마운 심화서입니다."
- 윤인영 선생님 -

" 전국의 133명 선생님들의 내공이 담겨 수학의 고수가 완성되었습니다."

검토단 선생님

곽민수 선생님 (압구정휴브레인학원)
권승미 선생님 (한뜻학원)
권혁동 선생님 (청탑학원)
김방래 선생님 (비전매쓰학원)
김수연 선생님 (개념폴리아학원)
김승현 선생님 (분당 가인 아카데미 학원)
양구근 선생님 (매쓰피아학원)
윤인영 선생님 (브레인수학학원)
이은희 선생님 (한솔학원)
이흥식 선생님 (흥샘학원)
조항석 선생님 (계광중학교)

자문단 선생님

[서울]
고희권 선생님 (교우학원)
권치영 선생님 (지오학원)
김기방 선생님 (일등수학학원)
김미애 선생님 (스카이맥에듀학원)
김여주 선생님 (환선생영수학원)
김영섭 선생님 (하이클래스학원)
김희성 선생님 (다솜학원)
박소영 선생님 (임페라토학원)
박혜경 선생님 (개념올플러스학원)
배미은 선생님 (문일중학교)
서용준 선생님 (성심학원)
승영민 선생님 (청담클루빌학원)
유병민 선생님 (서일학원)
이관형 선생님 (휴브레인학원)
이성애 선생님 (필즈학원)
이정녕 선생님 (펜타곤에듀케이션학원)
이효심 선생님 (뉴플러스학원)
임여옥 선생님 (명문연세학원)
임원정 선생님 (대현학원)
조세환 선생님 (이레학원)
문소영 선생님 (분석수학학원)
박성준 선생님 (아크로학원)
박수진 선생님 (소사왕수학학원)
박정근 선생님 (카이수학학원)
방은선 선생님 (이룸학원)
배철환 선생님 (매쓰블릭학원)
신금종 선생님 (다우학원)
신수림 선생님 (광명 SD명문학원)
이강민 선생님 (스토리수학학원)
이광수 선생님 (청학올림수학학원)
이광철 선생님 (블루수학학원)
이진숙 선생님 (휴먼이앤엠학원)
이채연 선생님 (다니엘학원)
이후정 선생님 (한보학원)
전용석 선생님 (연세학원)
정재도 선생님 (올림수학학원)
정재현 선생님 (마이다스학원)
정청용 선생님 (고대수학원)
조근장 선생님 (비전학원)
채수현 선생님 (밀턴수학학원)
최민희 선생님 (부천종로엠학원)
최우석 선생님 (블루밍 영수학원)
하영석 선생님 (의치한학원)
한태섭 선생님 (선부 지캠프학원)
한효섭 선생님 (영웅아카데미학원)

[경기 · 인천]
강병석 선생님 (청산학원)
강희표 선생님 (비원오길수학)
김동운 선생님 (지성수학전문학원)
김명환 선생님 (김명환수학학원)
김상미 선생님 (김상미수학학원)
김선아 선생님 (하나학원)
김승호 선생님 (시흥 명품M학원)
김영희 선생님 (정석학원)
김은희 선생님 (제니스수학)
김인성 선생님 (우성학원)
김지영 선생님 (종로엠학원)
김태훈 선생님 (피타고라스학원)
김홍식 선생님 (칸입시학원)
김황열 선생님 (유담학원)
박병무 선생님 (멘토학원)
박주흠 선생님 (술술학원)
서영덕 선생님 (탑앤탑영수학원)
서정아 선생님 (리더스주니어랩학원)
신호재 선생님 (시메쓰수학)
유명덕 선생님 (유일학원)
유희 선생님 (연세아카데미학원)
이상준 선생님 (조은학원)
이윤정 선생님 (성문학원)
이헌상 선생님 (한성교육학원)
이현정 선생님 (공감수학학원)
이현주 선생님 (동은위더스학원)
이희경 선생님 (강수학학원)
전경민 선생님 (아이비츠학원)
전재후 선생님 (진스터디학원)
정재헌 선생님 (에디슨아카데미학원)
정찬조 선생님 (교원학원)
조명성 선생님 (한샘학원)
차주현 선생님 (경대심화학원)
최학준 선생님 (특별한학원)
편주연 선생님 (피타고라스학원)
한희광 선생님 (성산학원)
허균정 선생님 (이화수학학원)
황하륜 선생님 (THE 쉬운수학학원)
오현진 선생님 (청석학원)
우명식 선생님 (상상학원)
윤충섭 선생님 (최윤수학학원)
이정주 선생님 (베리타스수학학원)
이진형 선생님 (우림학원)
장전원 선생님 (김앤장영어수학학원)
정양수 선생님 (와이즈만학원)
차진경 선생님 (대현학원)
최현숙 선생님 (아임매쓰수학학원)

[부산 · 대구 · 경상도]
강민정 선생님 (A+학원)
김득환 선생님 (세종학원)
김용백 선생님 (서울대가는수학학원)
김윤미 선생님 (진해 푸르넷학원)
김일용 선생님 (서전학원)
김태진 선생님 (한빛학원)
김한규 선생님 (수&수 학원)

[대전 · 충청도]
김근래 선생님 (정통학원)
김대구 선생님 (페르마학원)
문중식 선생님 (동그라미학원)
석진영 선생님 (탑시크리트학원)
송명준 선생님 (JNS학원)
신영선 선생님 (해머수학학원)

[광주 · 전라도]
김미진 선생님 (김미진수학학원)
김태성 선생님 (필즈학원)
나윤호 선생님 (진월 진선규학원)
박지연 선생님 (온탑학원)
박지영 선생님 (일곡 카이수학/과학학원)
방미령 선생님 (동천수수학학원)
신주영 선생님 (용봉 이룸수학학원)
오성진 선생님 (오성진 수학스케치학원)
이은숙 선생님 (매쓰홀릭학원)
장인경 선생님 (장선생수학학원)
정은경 선생님 (일곡 정은수학학원)
정은성 선생님 (챔피언스쿨학원)
정인하 선생님 (메가메스수학학원)
정희철 선생님 (운암 천지학원)
지승룡 선생님 (임동 필즈학원)
최민경 선생님 (명재보습학원)
최현진 선생님 (세종학원)

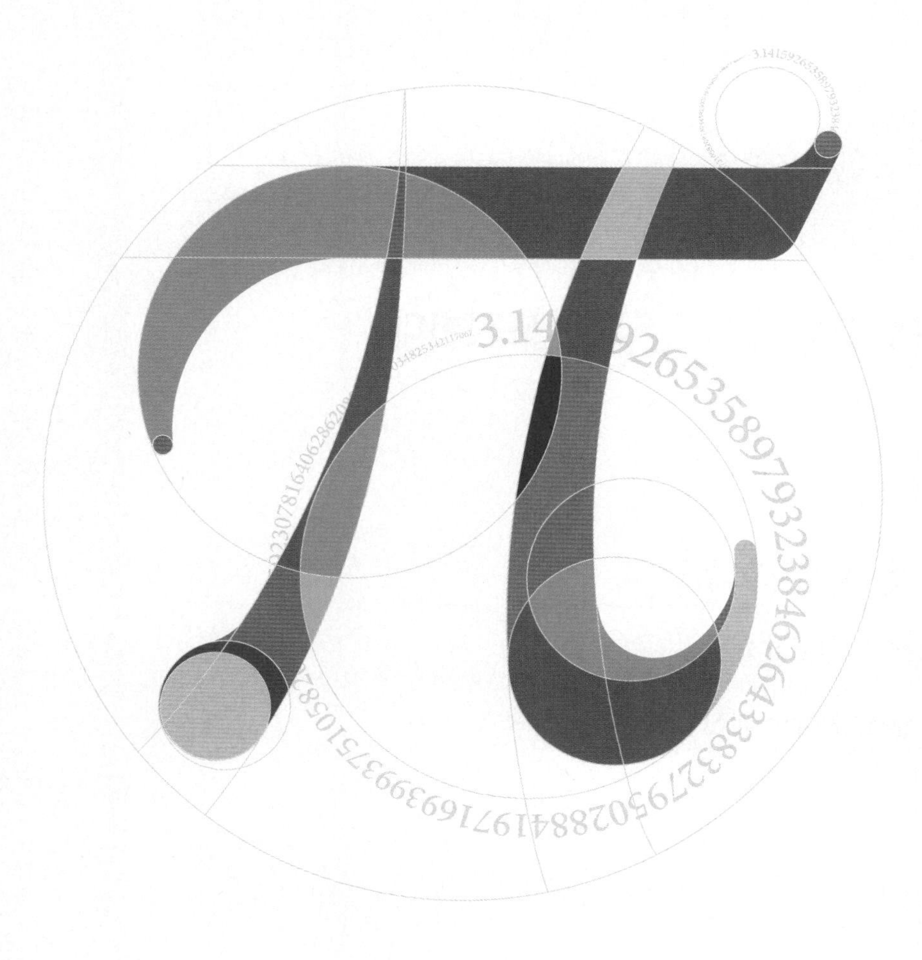

중등 수학

1-1

수학의 고수

STRUCTURE

구성과 특징

고난도 문제를 정복하여 내신 만점에 도전한다!

수학의 고수를 위한 학습 전략

1. 학교 시험에 꼭 나오는 **빈출 문제**로 핵심 *Check!*
2. 심화 유형 **3단계 집중 학습**으로 고난도 문제 *Clear!*
3. 적중률 100% **실전 문제**와 **서술형 문제**로 내신 만점 *Complete!*

1 대표 빈출 문제로 필수 개념 확인 *Check!*

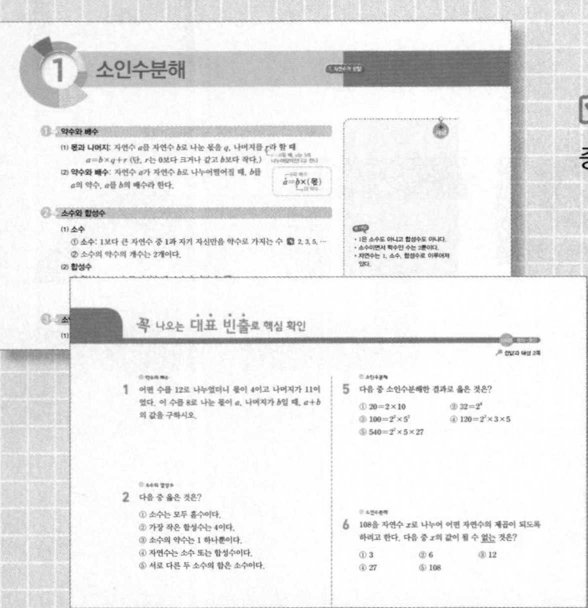

중단원 개념 정리

중단원별 핵심 개념을 한눈에 파악할 수 있습니다.

꼭 나오는 대표 빈출로 핵심 확인

시험에 자주 출제되는 대표 문제로 핵심을 확인할 수 있습니다.

2 3단계 집중 학습으로 고난도 문제 해결 Clear!

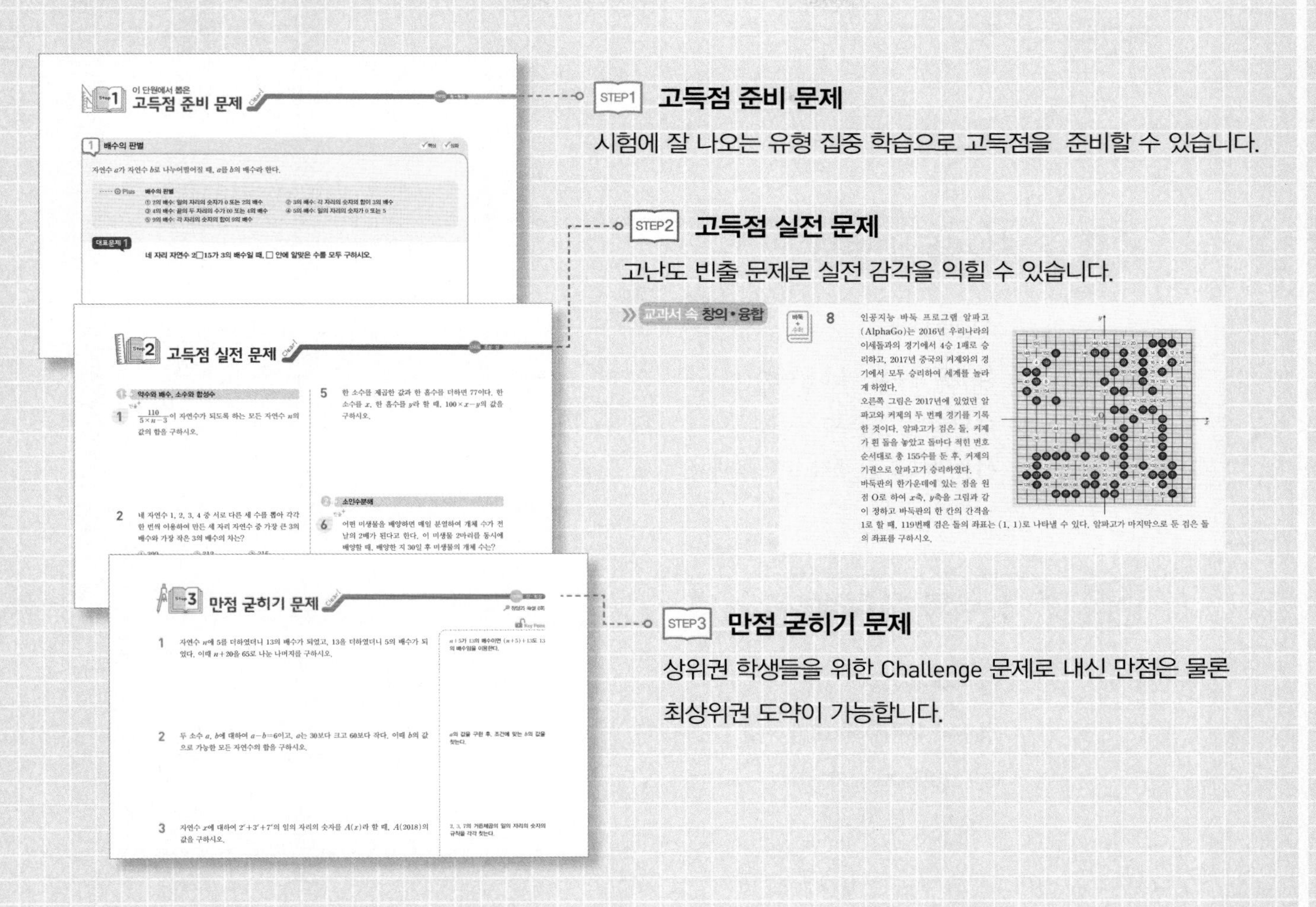

STEP1 **고득점 준비 문제**

시험에 잘 나오는 유형 집중 학습으로 고득점을 준비할 수 있습니다.

STEP2 **고득점 실전 문제**

고난도 빈출 문제로 실전 감각을 익힐 수 있습니다.

STEP3 **만점 굳히기 문제**

상위권 학생들을 위한 Challenge 문제로 내신 만점은 물론 최상위권 도약이 가능합니다.

3 적중률 100 % 실전 문제로 단원 완벽 마무리 Complete!

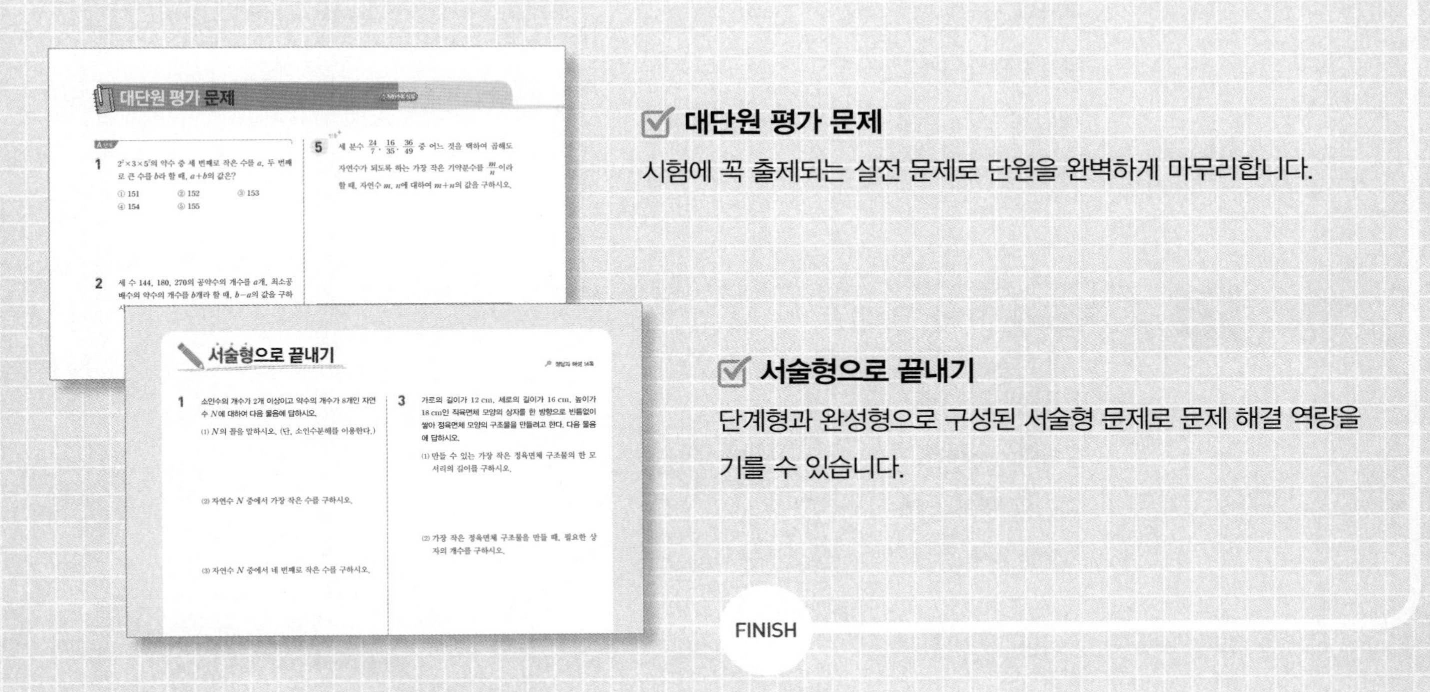

대단원 평가 문제

시험에 꼭 출제되는 실전 문제로 단원을 완벽하게 마무리합니다.

서술형으로 끝내기

단계형과 완성형으로 구성된 서술형 문제로 문제 해결 역량을 기를 수 있습니다.

FINISH

CONTENTS

차례

I 자연수의 성질

II 정수와 유리수

III 문자와 식

IV 좌표평면과 그래프

I

자연수의 성질

1 소인수분해

1 약수와 배수

(1) **몫과 나머지**: 자연수 a를 자연수 b로 나눈 몫을 q, 나머지를 r라 할 때
$a=b\times q+r$ (단, r는 0보다 크거나 같고 b보다 작다.)

($r=0$일 때, a는 b로 나누어떨어진다고 한다.)

(2) **약수와 배수**: 자연수 a가 자연수 b로 나누어떨어질 때, b를 a의 약수, a를 b의 배수라 한다.

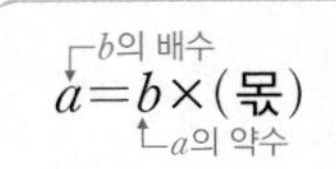

2 소수와 합성수

(1) **소수**
① **소수**: 1보다 큰 자연수 중 1과 자기 자신만을 약수로 가지는 수 예 2, 3, 5, …
② 소수의 약수의 개수는 2개이다.

(2) **합성수**
① **합성수**: 1보다 큰 자연수 중 소수가 아닌 수 예 4, 6, 8, …
② 합성수의 약수의 개수는 3개 이상이다.

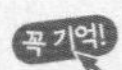

- 1은 소수도 아니고 합성수도 아니다.
- 소수이면서 짝수인 수는 2뿐이다.
- 자연수는 1, 소수, 합성수로 이루어져 있다.

3 소인수분해

(1) **거듭제곱**: 같은 수나 문자를 여러 번 곱할 때, 이것이 곱해진 개수를 이용하여 간단히 나타내는 것을 거듭제곱이라 한다.
① **밑**: 거듭제곱에서 여러 번 곱한 수나 문자
② **지수**: 거듭제곱에서 밑이 곱해진 개수

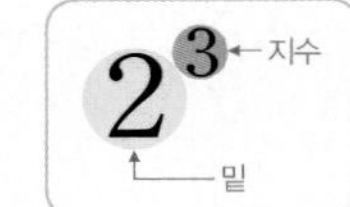

(2) **소인수분해**
① **인수**: 자연수 a, b, c에 대하여 $a=b\times c$일 때, a의 약수 b, c를 a의 인수라 한다.
② **소인수**: 어떤 자연수의 인수 중 소수인 수
예 15의 인수는 1, 3, 5, 15이고, 이 중 소수는 3, 5이므로 15의 소인수는 3, 5이다.
③ **소인수분해**: 자연수를 소인수들만의 곱으로 나타내는 것
④ **소인수분해하는 방법**
24를 다음과 같이 소인수분해할 수 있다.

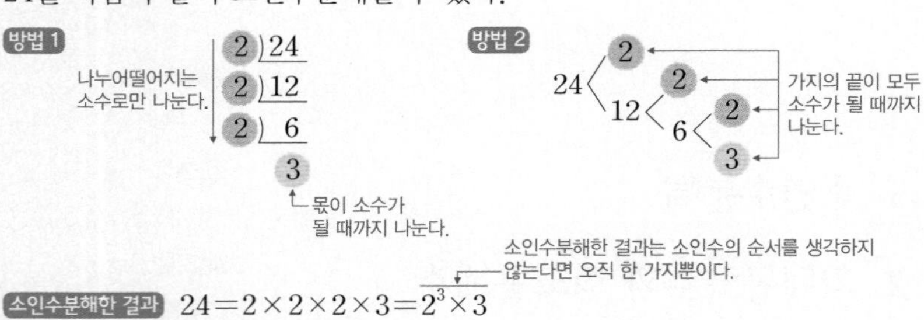

소인수분해한 결과는 소인수의 순서를 생각하지 않는다면 오직 한 가지뿐이다.

소인수분해한 결과 $24=2\times2\times2\times3=2^3\times3$

- 자연수의 제곱인 수는 소인수분해했을 때, 각 소인수들의 지수가 모두 짝수이다.
예 $4=2^2$, $36=2^2\times3^2$

- 소인수분해한 결과는 일반적으로 크기가 작은 소인수부터 차례대로 쓰고, 같은 소인수의 곱은 거듭제곱을 사용하여 나타낸다.

4 소인수분해를 이용하여 약수 구하기

자연수 A가 $A=a^m\times b^n$ (a, b는 서로 다른 소수, m, n은 자연수)으로 소인수분해될 때

(1) **A의 약수**: (a^m의 약수)×(b^n의 약수)의 꼴이다.
(a^m의 약수: $1, a, a^2, \cdots, a^m$ / b^n의 약수: $1, b, b^2, \cdots, b^n$)

(2) **A의 약수의 개수**: $(m+1)\times(n+1)$개

- 자연수 $A=a^m\times b^n$의 약수의 총합은 $(1+a+\cdots+a^m)\times(1+b+\cdots+b^n)$

꼭 나오는 대표 빈출로 핵심 확인

난이도 중하-중상

정답과 해설 2쪽

약수와 배수

1 어떤 수를 12로 나누었더니 몫이 4이고 나머지가 11이었다. 이 수를 8로 나눈 몫이 a, 나머지가 b일 때, $a+b$의 값을 구하시오.

소수와 합성수

2 다음 중 옳은 것은?

① 소수는 모두 홀수이다.
② 가장 작은 합성수는 4이다.
③ 소수의 약수는 1 하나뿐이다.
④ 자연수는 소수 또는 합성수이다.
⑤ 서로 다른 두 소수의 합은 소수이다.

소수와 합성수

3 50보다 작은 자연수 중 가장 큰 소수를 a, 70보다 큰 자연수 중 가장 작은 합성수를 b라 할 때, $b-a$의 값을 구하시오.

소인수분해

4 다음 중 옳은 것은?

① $2\times2\times2\times2=2\times4$
② $3+3+3=3^3$
③ $4^2=4\times2$
④ $5\times5\times5=5^3$
⑤ $3\times3\times3\times7\times7\times7=3\times7^3$

소인수분해

5 다음 중 소인수분해한 결과로 옳은 것은?

① $20=2\times10$　② $32=2^4$
③ $100=2^2\times5^2$　④ $120=2^2\times3\times5$
⑤ $540=2^2\times5\times27$

소인수분해

6 108을 자연수 x로 나누어 어떤 자연수의 제곱이 되도록 하려고 한다. 다음 중 x의 값이 될 수 <u>없는</u> 것은?

① 3　② 6　③ 12
④ 27　⑤ 108

소인수분해를 이용하여 약수 구하기

7 다음 중 약수의 개수가 가장 많은 것은?

① 20　② 60　③ 72
④ 144　⑤ 189

소인수분해를 이용하여 약수 구하기

8 $2^4\times3^a$의 약수의 개수가 15개일 때, 자연수 a의 값은?

① 1　② 2　③ 3
④ 4　⑤ 5

Step 1

이 단원에서 뽑은 고득점 준비 문제

Clear!

난이도 중~중상

1 배수의 판별

✓핵심 ✓심화

자연수 a가 자연수 b로 나누어떨어질 때, a를 b의 배수라 한다.

⊕ Plus **배수의 판별**

① 2의 배수: 일의 자리의 숫자가 0 또는 2의 배수
② 3의 배수: 각 자리의 숫자의 합이 3의 배수
③ 4의 배수: 끝의 두 자리의 수가 00 또는 4의 배수
④ 5의 배수: 일의 자리의 숫자가 0 또는 5
⑤ 9의 배수: 각 자리의 숫자의 합이 9의 배수

대표문제 1

네 자리 자연수 2□15가 3의 배수일 때, □ 안에 알맞은 수를 모두 구하시오.

✓해결 전략

❶ 2□15가 3의 배수이려면 $2+\square+1+5=8+\square$가 3의 배수이어야 한다.
❷ □는 0 또는 한 자리 자연수임을 이용하여 $8+\square$의 값으로 가능한 것을 구한다.

유제 1 다섯 자리 자연수 2□614가 9의 배수일 때, □ 안에 알맞은 수를 구하시오.

유제 2 네 자리 자연수 37□2가 4의 배수일 때, □ 안에 알맞은 수를 모두 구하시오.

UP 유제 3 네 자리 자연수 72□0이 12의 배수일 때, □ 안에 알맞은 수를 모두 구하시오.

접근 12의 배수는 3의 배수인 동시에 4의 배수이다.

정답과 해설 2쪽

2 거듭제곱의 일의 자리의 숫자 구하기

핵심 ✓심화

거듭제곱에서 지수가 일정하게 커지면 일의 자리의 숫자는 반복된다.

예 $9^1=9$의 일의 자리의 숫자 ⇨ 9
$9^2=81$의 일의 자리의 숫자 ⇨ 1
$9^3=729$의 일의 자리의 숫자 ⇨ 9
$9^4=6561$의 일의 자리의 숫자 ⇨ 1
⋮
이와 같이 계속되므로 9의 거듭제곱의 일의 자리의 숫자는 9, 1이 이 순서로 반복된다.

고수 비법
거듭제곱의 일의 자리의 숫자를 찾을 때는 일의 자리의 숫자끼리만 곱하면 된다.

대표문제 2

8^{887}의 일의 자리의 숫자를 구하시오.

✓ **해결 전략**

❶ 8, 8×8, $8\times8\times8$, $\cdots$의 일의 자리의 숫자를 구한다.
❷ 일의 자리의 숫자로 어떤 숫자가 몇 개씩 반복되는지 찾는다.
❸ ❷에서 찾은 반복되는 숫자의 개수를 이용하여 8^{887}의 일의 자리의 숫자를 구한다.

유제 4

4^{216}의 일의 자리의 숫자를 구하시오.

유제 5

13^{365}의 일의 자리의 숫자를 구하시오.

Up 유제 6

7^{111}을 10으로 나눈 나머지를 구하시오.

접근 어떤 자연수를 10으로 나눈 나머지는 그 자연수의 일의 자리의 숫자와 같다.

3 제곱인 수 만들기

✓핵심 심화

자연수의 제곱인 수를 만들 때는 다음과 같은 순서로 한다.

① 주어진 수를 소인수분해한다.

예 $20=2^2\times5$

② 지수가 홀수인 소인수를 찾는다.

예 $20=2^2\times5$에서 지수가 홀수인 소인수는 5

③ ②에서 찾은 소인수의 지수가 짝수가 되도록 적당한 수를 곱하거나 적당한 수로 나눈다.

예 $20\times5=(2^2\times5)\times5=2^2\times5^2$, $20\div5=(2^2\times5)\div5=2^2$

고수 비법

자연수의 제곱인 수를 소인수분해하면 각 소인수들의 지수는 모두 짝수이다.

대표문제 3

135에 자연수를 곱하여 어떤 자연수의 제곱이 되도록 하려고 한다. 곱하여야 하는 가장 작은 자연수를 a, 두 번째로 작은 자연수를 b라 할 때, $b-a$의 값을 구하시오.

✓해결 전략

❶ 135를 소인수분해하고, 지수가 홀수인 소인수를 찾는다.

❷ 곱하여야 하는 가장 작은 자연수와 두 번째로 작은 자연수를 구한다.

⇨ 곱하여야 하는 자연수는 (지수가 홀수인 소인수의 곱)$\times$(자연수)^{2}의 꼴이다.

유제 7 $60\times a=b^2$을 만족하는 가장 작은 자연수 a, b에 대하여 $a+b$의 값을 구하시오.

유제 8 567을 가장 작은 자연수 a로 나누어 어떤 자연수 b의 제곱이 되도록 할 때, $a+b$의 값을 구하시오.

Up 유제 9 245에 자연수 a를 곱하여 어떤 자연수의 제곱이면서 4의 배수가 되도록 할 때, a의 값으로 가능한 가장 작은 자연수를 구하시오.

접근 245는 2의 배수도 아니고 4의 배수도 아니므로 곱하는 수 a가 반드시 4의 배수이어야 한다.

정답과 해설 3쪽

4 약수의 개수

✓핵심 심화

자연수 A가 $A=a^m\times b^n$ (a, b는 서로 다른 소수, m, n은 자연수)으로 소인수분해될 때

(1) A의 약수: (a^m의 약수)$\times$(b^n의 약수)의 꼴

(2) A의 약수의 개수: $(m+1)\times(n+1)$개

(3) A의 약수의 총합: $(1+a+\cdots+a^m)\times(1+b+\cdots+b^n)$

⊕ Plus **약수의 개수에 따른 수의 분류**

① 약수의 개수가 1개인 수: 1

② 약수의 개수가 2개인 수: 소수

③ 약수의 개수가 3개인 수: (소수)^{2}의 꼴

④ 약수의 개수가 4개인 수: (소수)^3 또는 $a\times b$ (a, b는 서로 다른 소수)의 꼴

대표문제 4

약수의 개수가 243의 약수의 개수와 같은 자연수 중 가장 작은 자연수를 구하시오.

✓해결 전략

❶ 243의 약수의 개수를 구한다.

❷ $6=5+1=(2+1)\times(1+1)$이므로 약수의 개수가 6개인 자연수는 a^5 (a는 소수) 또는 $b^2\times c$ (b, c는 서로 다른 소수)의 꼴이다.

❸ a^5, $b^2\times c$가 각각 가장 작은 자연수가 되도록 하는 a, b, c의 값을 찾는다.

유제 10

$2^2\times5^2\times11^{\square}$의 약수의 개수가 18개일 때, □ 안에 알맞은 수를 구하시오.

유제 11

$\dfrac{360}{n}$이 자연수가 되도록 하는 자연수 n의 개수를 구하시오.

UP 유제 12

150 이하의 자연수 중 약수의 개수가 3개인 수의 개수를 구하시오.

접근 약수의 개수가 3개인 자연수는 (소수)^{2}의 꼴이다.

고득점 실전 문제

1 약수와 배수, 소수와 합성수

빈출

1 $\frac{110}{5\times n-3}$이 자연수가 되도록 하는 모든 자연수 n의 값의 합을 구하시오.

2 네 자연수 1, 2, 3, 4 중 서로 다른 세 수를 뽑아 각각 한 번씩 이용하여 만든 세 자리 자연수 중 가장 큰 3의 배수와 가장 작은 3의 배수의 차는?

① 309 ② 312 ③ 315
④ 318 ⑤ 321

3 자연수 n보다 작은 소수의 개수가 9개일 때, n의 값으로 가능한 자연수의 개수를 구하시오.

4 다음 조건을 모두 만족하는 n의 개수를 구하시오.

> (가) n은 20 이상 50 이하의 자연수이다.
> (나) n의 약수를 모두 더하면 $n+1$이다.

5 한 소수를 제곱한 값과 한 홀수를 더하면 77이다. 한 소수를 x, 한 홀수를 y라 할 때, $100\times x-y$의 값을 구하시오.

2 소인수분해

빈출

6 어떤 미생물을 배양하면 매일 분열하여 개체 수가 전날의 2배가 된다고 한다. 이 미생물 2마리를 동시에 배양할 때, 배양한 지 30일 후 미생물의 개체 수는?

① 2^{29}마리 ② 2^{30}마리 ③ 2^{31}마리
④ 30^2마리 ⑤ 31^2마리

7 다음 중 10으로 나눈 나머지가 가장 작은 것은?

① 3^{30} ② 4^{30} ③ 6^{30}
④ 8^{30} ⑤ 9^{30}

8 자연수 n의 소인수 중 가장 큰 수를 $\langle n \rangle$이라 할 때, $\langle 20 \rangle+\langle 24 \rangle+\langle 28 \rangle$의 값을 구하시오.

9 소수 137을 두 번 연달아 적어서 여섯 자리 자연수 137137을 얻었다. 다음 중 137137의 소인수가 아닌 것은?

① 7 ② 11 ③ 13
④ 17 ⑤ 137

10 세 자연수 a, b, c에 대하여 $2^a \times 3^b \times 7^c$이 56을 약수로 가질 때, $a+b+c$의 값 중 가장 작은 값은?

① 3 ② 4 ③ 5
④ 6 ⑤ 7

11 1부터 99까지의 자연수의 곱 $1 \times 2 \times 3 \times \cdots \times 99$를 소인수분해하면

$$1 \times 2 \times 3 \times \cdots \times 99 = 2^m \times 3^n \times 5^{22} \times \cdots \times 97$$

일 때, 자연수 m, n에 대하여 $m+n$의 값은?

① 112 ② 119 ③ 126
④ 135 ⑤ 143

빈출

12 3240을 자연수 a로 나누어 어떤 자연수의 제곱이 되도록 할 때, a의 값으로 가능한 자연수의 개수를 구하시오.

13 다음 조건을 모두 만족하는 가장 작은 자연수를 구하시오.

> (가) 14를 곱하면 어떤 자연수의 제곱이 된다.
> (나) 소인수의 개수는 3개이다.
> (다) 각 소인수의 지수는 모두 다르다.

3 소인수분해를 이용하여 약수 구하기

빈출

14 1부터 12까지의 자연수의 곱 $1 \times 2 \times 3 \times \cdots \times 12$의 약수의 개수는?

① 297개 ② 396개 ③ 594개
④ 792개 ⑤ 1188개

15 35 이하의 자연수 중 약수의 개수가 6개인 모든 수의 곱을 a라 할 때, a의 소인수를 모두 구하시오.

16 다음 대화를 읽고 목격자 세 명이 말하는 뺑소니 차량 번호판의 네 자리 수를 구하시오.

> 경찰: 세 분이 보신 뺑소니 차량 번호판의 네 자리 수는 무엇이었나요?
> 목격자 (가): 제가 본 건 앞의 두 자리 수였는데 약수의 개수가 5개인 수였어요.
> 목격자 (나): 저는 뒤의 두 자리 수를 봤어요. 약수의 개수가 7개인 수였죠.
> 목격자 (다): 뒤의 두 자리 수가 앞의 두 자리 수의 배수였어요.

17 자연수 x의 약수의 개수를 $P(x)$라 할 때, $P(108)\times P(k)=48$을 만족하는 가장 작은 자연수 k의 값을 구하시오.

18 98의 약수의 개수와 $3^m\times n$의 약수의 개수가 같을 때, 5 이하의 자연수 n에 대하여 m의 값으로 가능한 자연수의 개수는?

① 1개 ② 2개 ③ 3개
④ 4개 ⑤ 5개

교과서 속 창의·융합

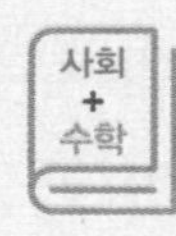

19 암호는 관계자가 아닌 사람이 중요 내용을 알아볼 수 없도록 글자나 숫자, 부호 등을 사용하여 내용을 변형시킨 것으로, 로마 시대 이후부터 군사, 외교, 사업 등의 분야에서 널리 사용되고 있다. 단짝 친구인 은수와 경희는 두 사람만의 암호를 만들어 주고받는데, 두 사람이 암호를 만들고 해독하는 규칙은 다음과 같다.

> ㉮ 암호는 총 6개의 수 (ⓐ, ⓑ, ⓒ, ⓓ, ⓔ / ⓕ)로 구성된다.
> ㉯ 앞의 다섯 개의 수 ⓐ, ⓑ, ⓒ, ⓓ, ⓔ를 차례대로 쓴다.
> ㉰ 맨 뒤의 수 ⓕ의 소인수를 크기가 작은 것부터 차례대로 ㉠, ㉡, ㉢, ㉣, ㉤에 적는다.
> ㉱ ㉯의 각 수와 ㉰의 각 수를 더한다.
> ㉲ 나온 수에 해당하는 문자를 다음 문자표에서 차례대로 찾아 암호를 해독한다.
>
> | | ⓐ | ⓑ | ⓒ | ⓓ | ⓔ |
> |---|---|---|---|---|---|
> | + | ㉠ | ㉡ | ㉢ | ㉣ | ㉤ |
> | | □ | □ | □ | □ | □ |

문자	A	B	C	D	E	F	G	H	I	J	K	L	M	N	O	P	Q	R	S	T	U	V	W	X	Y	Z
수	1	2	3	4	5	6	7	8	9	10	11	12	13	14	15	16	17	18	19	20	21	22	23	24	25	26

오늘 하교 시간에 은수가 경희에게 전달한 쪽지에는 암호 (17, 12, 13, 11, 14 / 2310)이 적혀 있었다. 경희가 은수에게 받은 암호를 해독하시오.

만점 굳히기 문제

정답과 해설 6쪽

Key Point

1 자연수 n에 5를 더하였더니 13의 배수가 되었고, 13을 더하였더니 5의 배수가 되었다. 이때 $n+20$을 65로 나눈 나머지를 구하시오.

$n+5$가 13의 배수이면 $(n+5)+13$도 13의 배수임을 이용한다.

2 두 소수 a, b에 대하여 $a-b=6$이고, a는 30보다 크고 60보다 작다. 이때 b의 값으로 가능한 모든 자연수의 합을 구하시오.

a의 값을 구한 후, 조건에 맞는 b의 값을 찾는다.

3 자연수 x에 대하여 $2^x+3^x+7^x$의 일의 자리의 숫자를 $A(x)$라 할 때, $A(2018)$의 값을 구하시오.

2, 3, 7의 거듭제곱의 일의 자리의 숫자의 규칙을 각각 찾는다.

Challenge

4 노란색, 빨간색, 파란색의 세 개의 주사위를 동시에 던져서 나오는 눈의 수를 각각 a, b, c라 하자. $90\times a\times b\div c$가 어떤 자연수의 제곱이 될 때, 세 자연수 a, b, c의 곱 $a\times b\times c$의 값으로 가능한 것을 모두 구하시오.

어떤 수의 제곱이 되려면 소인수분해한 결과에서 각 소인수의 지수가 짝수이어야 한다.

Challenge

5 $30\times x$의 소인수의 개수가 3개이고 약수의 개수가 12개일 때, x의 값으로 가능한 자연수를 모두 구하시오.

$30\times x$의 소인수의 개수가 3개이고 약수의 개수가 12개이므로 2 이상의 자연수 중 세 수의 곱이 12가 되는 경우를 찾는다.

2 최대공약수와 최소공배수

1 공약수와 최대공약수

(1) 최대공약수

① 공약수: 두 개 이상의 자연수의 공통인 약수

② 최대공약수: 공약수 중에서 가장 큰 수

③ 최대공약수의 성질: 공약수는 최대공약수의 약수이다.

(2) 서로소: 최대공약수가 1인 두 자연수

(3) 최대공약수 구하는 방법

12, 30, 42의 최대공약수를 다음과 같이 구할 수 있다.

방법 1

$12=2^2\times3$

$30=2\times3\times5$

$42=2\times3\qquad\times7$

$(\text{최대공약수})=2\times3\qquad=6$

← 지수가 같으면 그대로
← 지수가 다르면 작은 것

방법 2

$$\begin{array}{r|rrr} 2 & 12 & 30 & 42 \\ 3 & 6 & 15 & 21 \\ \hline & 2 & 5 & 7 \end{array}$$

← 1 이외의 공약수가 없을 때까지 나누기

↑ 나눈 공약수 모두 곱하기

$(\text{최대공약수})=2\times3=6$

꼭 기억!

- 공약수 중에서 가장 작은 수는 항상 1이므로 최소공약수는 생각하지 않는다.
- 서로 다른 두 소수는 항상 서로소이다.

2 공배수와 최소공배수

(1) 최소공배수

① 공배수: 두 개 이상의 자연수의 공통인 배수

② 최소공배수: 공배수 중에서 가장 작은 수

③ 최소공배수의 성질: 공배수는 최소공배수의 배수이다.

(2) 최소공배수 구하는 방법

18, 28, 36의 최소공배수를 다음과 같이 구할 수 있다.

방법 1

$18=2\times3^2$

$28=2^2\qquad\times7$

$36=2^2\times3^2$

$(\text{최소공배수})=2^2\times3^2\times7=252$

← 모든 소인수 곱하기
← 지수가 같으면 그대로
← 지수가 다르면 큰 것

방법 2

$$\begin{array}{r|rrr} 2 & 18 & 28 & 36 \\ 2 & 9 & 14 & 18 \\ 3 & 9 & 7 & 9 \\ 3 & 3 & 7 & 3 \\ \hline & 1 & 7 & 1 \end{array}$$

← 세 수의 공약수가 없으면 두 수의 공약수로 나누고 공약수가 없는 수는 그대로 아래로 내리기

← 나눈 공약수와 몫 모두 곱하기

$(\text{최소공배수})=2^2\times3^2\times7=252$

꼭 기억!

- 공배수는 끝없이 계속 구할 수 있으므로 최대공배수는 생각하지 않는다.
- 서로소인 두 수의 최소공배수는 두 수의 곱과 같다.

+심화

- 두 분수 $\frac{b}{a}$, $\frac{d}{c}$ 중 어느 것을 택하여 곱해도 자연수가 되도록 하는 가장 작은 분수는

$$\frac{(a\text{와 }c\text{의 최소공배수})}{(b\text{와 }d\text{의 최대공약수})}$$

3 최대공약수와 최소공배수의 관계

두 자연수 A, B의 최대공약수를 G, 최소공배수를 L이라 하고

$A=a\times G$, $B=b\times G$ (a, b는 서로소)라 하면

① $L=a\times b\times G$

② $A\times B=\underline{(a\times G)\times(b\times G)}=L\times G$

← $(a\times b\times G)\times G$

+심화

- 두 수의 곱, 최대공약수, 최소공배수 중 두 가지가 주어지면 나머지 한 가지를 구할 수 있다.

4 최대공약수와 최소공배수의 활용

(1) '가장 큰', '최대의', '가능한 한 많은', '가능한 한 크게' 등의 표현이 있으면 대부분 최대공약수를 이용하여 문제를 해결한다.

(2) '가장 작은', '최소의', '가능한 한 적은', '가능한 한 작게' 등의 표현이 있으면 대부분 최소공배수를 이용하여 문제를 해결한다.

꼭 나오는 대표 빈출로 핵심 확인

정답과 해설 7쪽

공약수와 최대공약수

1 다음 중 옳지 않은 것은?

① 연속한 두 자연수는 서로소이다.
② 12와 19는 서로소이다.
③ 24와 36의 최대공약수는 12이다.
④ 두 홀수는 서로소이다.
⑤ 두 수의 공약수는 최대공약수의 약수이다.

공약수와 최대공약수

2 두 자연수 m, n의 최대공약수가 42일 때, m, n의 공약수의 개수는?

① 6개 ② 8개 ③ 10개
④ 12개 ⑤ 15개

최대공약수, 최소공배수

3 세 수 $2^5\times3$, $2^2\times3^2\times7^2$, $2^4\times3^3\times7$의 최대공약수와 최소공배수를 차례대로 구하면?

① $2\times3\times7$, $2^5\times3^3\times7^2$
② $2^2\times3$, $2^4\times3^2\times7$
③ $2^2\times3$, $2^5\times3^3\times7^2$
④ $2^2\times3^2$, $2^5\times3^3\times7^2$
⑤ $2^2\times3^2$, $2^{11}\times3^5\times7^3$

공약수와 최대공약수

4 두 수 $2^a\times3^2\times5^3$, $2^3\times5^b\times7$의 최대공약수가 100일 때, 자연수 a, b에 대하여 $a+b$의 값을 구하시오.

최대공약수, 최소공배수

5 세 자연수 $6\times x$, $15\times x$, $24\times x$의 최소공배수가 240일 때, 이 세 자연수의 최대공약수는?

① 6 ② 12 ③ 15
④ 30 ⑤ 24

최대공약수, 최소공배수

6 두 분수 $\frac{7}{10}$, $\frac{35}{18}$ 중 어느 것을 택하여 곱해도 자연수가 되도록 하는 가장 작은 기약분수를 $\frac{y}{x}$라 할 때, $y-x$의 값은?

① 81 ② 82 ③ 83
④ 84 ⑤ 85

최대공약수의 활용

7 어느 중학교 1학년의 남학생 수는 280명, 여학생 수는 252명이다. 각 반의 남학생 수와 여학생 수가 각각 서로 같도록 하여 최대한 많은 반을 만들 때, 한 반의 학생 수를 구하시오.

최소공배수의 활용

8 4로 나누면 1이 남고, 6으로 나누면 3이 남고, 9로 나누면 6이 남는 자연수 중 가장 작은 세 자리 자연수를 구하시오.

Step 1 이 단원에서 뽑은

고득점 준비 문제 Clear!

난이도 중-중상

1 최대공약수와 최소공배수의 관계

✓ 핵심 ✓ 심화

두 자연수에 대하여 두 수의 곱, 최대공약수, 최소공배수 중 두 가지가 주어지면 나머지 한 가지를 구할 수 있다.

⊕ Plus
두 자연수 A, B의 최대공약수를 G, 최소공배수를 L이라 할 때
$A=a\times G$, $B=b\times G$ (a, b는 서로소)로 나타낼 수 있으므로
① 두 수의 곱 $A\times B$와 최대공약수 G가 주어지면 $L=A\times B\div G$
② 두 수의 곱 $A\times B$와 최소공배수 L이 주어지면 $G=A\times B\div L$
③ 최대공약수 G와 최소공배수 L이 주어지면 $A\times B=L\times G$

대표문제 1

21보다 큰 두 자연수 A, B의 곱이 5292, 최소공배수가 252일 때, $A-B$의 값을 구하시오.
(단, A는 B보다 크다.)

✓ 해결 전략
❶ 두 자연수의 곱은 최대공약수와 최소공배수의 곱임을 이용하여 최대공약수를 구한다.
❷ 최대공약수와 최소공배수를 이용하여 A, B의 값을 구한다.
❸ $A-B$의 값을 구한다.

유제 1

두 자연수 A와 120의 최대공약수는 24이고 최소공배수는 840일 때, 자연수 A의 모든 소인수의 합을 구하시오.

유제 2

두 자연수 A, B의 곱이 968이고 최대공약수가 11일 때, $A+B$의 값을 구하시오.

UP 유제 3

서로 다른 세 자연수 30, 45, A의 최대공약수가 5이다. 세 수의 최소공배수를 가장 작게 할 때, A의 값으로 가능한 자연수의 개수를 구하시오.

접근 세 수의 최소공배수를 가장 작게 하려면 A는 나머지 두 수의 최소공배수의 약수가 되어야 한다.

정답과 해설 8쪽

2 최대공약수의 활용

핵심 심화

'가장 큰', '최대의', '가능한 한 많은' 등과 같은 표현이 포함된 문제는 대부분 최대공약수를 활용하여 해결할 수 있다.

① 일정한 양을 가능한 한 많은 곳에 나누어 주거나 나누어 담는 문제
② 직사각형을 가장 큰 정사각형 또는 가장 적은 수의 정사각형으로 채우거나 쪼개는 문제
③ 몇 개의 자연수를 동시에 나누는 가장 큰 자연수를 구하는 문제
④ 간격이 최대가 되거나 개수가 최소가 되도록 점을 찍거나 나무를 심는 문제

부족하거나 남는 경우, 부족하지도 않고 남지도 않는 개수를 찾아 최대공약수를 구한다.

대표문제 2

연필 50자루, 지우개 39개, 색연필 74자루를 몇 명의 학생들에게 똑같이 나누어 주려고 하면 연필은 4자루가 부족하고, 지우개는 3개가 남고, 색연필은 2자루가 남는다. 이때 가능한 학생 수를 모두 구하시오.

✓ 해결 전략
❶ 부족하지도 않고 남지도 않게 나누어 줄 수 있는 연필, 지우개, 색연필의 수를 구한다.
❷ ❶에서 구한 세 수의 최대공약수를 구한다.
❸ 학생 수는 ❷에서 구한 최대공약수의 약수임을 이용하여 가능한 학생 수를 모두 구한다.

유제 4

사과 54개, 배 84개, 귤 78개를 각각 똑같이 나누어 세 과일을 함께 담은 과일 바구니를 만들려고 한다. 만들 수 있는 과일 바구니의 개수를 모두 구하시오. (단, 하나의 바구니에 모두 담는 경우는 제외한다.)

유제 5

86을 나누면 2가 남고, 115를 나누면 3이 남는 자연수 중 가장 큰 수와 가장 작은 수의 합을 구하시오.

UP 유제 6

오른쪽 그림과 같이 세 변의 길이가 36 cm, 48 cm, 60 cm인 삼각형의 세 변 위에 일정한 간격으로 점을 찍으려고 한다. 점의 개수를 가능한 한 적게 할 때, 찍어야 하는 점의 개수를 구하시오. (단, 꼭짓점에는 반드시 점을 찍는다.)

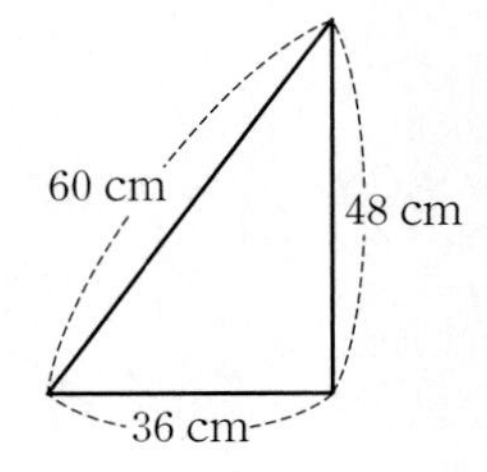

접근 점의 개수를 가능한 한 적게 하려면 점 사이의 간격은 가능한 한 커야 한다.

3 최소공배수의 활용

✓ 핵심 심화

'가장 작은', '최소의', '가능한 한 작은' 등과 같은 표현이 포함된 문제는 대부분 최소공배수를 활용하여 해결할 수 있다.

① 동시에 출발하여 다시 만날 때까지 걸리는 시간에 대한 문제
② 직사각형을 붙여서 가장 작은 정사각형을 만드는 문제
③ 몇 개의 자연수로 동시에 나눌 수 있는 가장 작은 수를 구하는 문제
④ 일하고 쉬는 기간이 다른 사람들이 함께 일하거나 함께 쉬는 날수에 대한 문제

고수 비법
세 자연수 a, b, c에 대하여 c를 a로 나누어도, b로 나누어도 나머지가 m일 때, $c=(a$와 b의 공배수$)+m$이다.

대표문제 3

참석한 인원 수가 100명 이상 150명 이하인 어느 모임에서 게임을 하기 위하여 전체 인원을 4명씩, 5명씩, 6명씩 묶어 팀을 만들었더니 언제나 2명이 남았다. 이 모임에 참석한 인원 수를 구하시오.

✓ 해결 전략
❶ 인원이 남지 않는 경우를 떠올린다. ⇨ 언제나 2명이 남으므로 (참석한 인원 수)-2를 하면 남지 않는다.
❷ ❶의 인원 수는 팀별 인원 4, 5, 6의 공배수임을 이용한다.
❸ 참석한 인원 수의 범위에 주의하여 인원 수를 구한다.

유제 7

6으로 나누면 4가 남고, 9로 나누면 7이 남고, 11로 나누면 9가 남는 자연수 중 1000에 가장 가까운 수를 구하시오.

유제 8

가로의 길이가 20 cm, 세로의 길이가 12 cm, 높이가 8 cm인 직육면체 모양의 벽돌을 일정한 방향으로 빈틈없이 쌓아서 가장 작은 정육면체를 만들려고 한다. 정육면체의 한 모서리의 길이를 a cm, 필요한 벽돌의 개수를 b개라 할 때, $b-a$의 값을 구하시오.

UP 유제 9

은수는 4일 운동하고 하루를 쉬고, 경호는 7일 운동하고 하루를 쉰다. 두 사람이 5월 1일에 함께 운동을 쉬었을 때, 두 사람이 처음으로 다시 함께 운동을 쉬는 날은 몇 월 며칠인지 구하시오.

접근 은수는 5일마다, 경호는 8일마다 운동을 하루 쉰다.

고득점 실전 문제

정답과 해설 9쪽

1 최대공약수와 최소공배수

1 오른쪽은 세 자연수 A, B, C의 최소공배수를 구하는 과정이다. p, q, r, f, d, g가 모두 서로 다른 소수일 때, 다음 중 옳은 것은?

$$\begin{array}{r|ccc} p & A & B & C \\ \hline q & a & b & c \\ \hline r & a & d & e \\ \hline & f & d & g \end{array}$$

① A는 q의 배수이다.
② B는 r의 배수이다.
③ C의 약수의 개수는 8개이다.
④ 두 수 A, C의 최대공약수는 $p\times r$이다.
⑤ 세 수 A, B, C의 최대공약수는 $p\times q\times r$이다.

2 세 자연수 72, $2^a\times3^2\times5^2$, $2^2\times3^4\times7^b$의 최소공배수가 어떤 자연수의 제곱일 때, 가장 작은 자연수 a, b에 대하여 $a\times b$의 값을 구하시오.

학평기출 · 고1 2012년 3월 부산교육청 24번

3 자연수 a, b에 대하여 두 수 $\frac{12}{a}$, $\frac{18}{a}$이 모두 자연수가 되도록 하는 a의 값 중 가장 큰 수를 A, 두 수 $\frac{b}{12}$, $\frac{b}{18}$가 모두 자연수가 되도록 하는 b의 값 중 가장 작은 수를 B라 할 때, $A+B$의 값을 구하시오.

빈출

4 두 자연수 A, B의 최대공약수는 14, 최소공배수는 84이다. 두 수의 차가 14일 때, $A+B$의 값은?

① 42 ② 48 ③ 65
④ 68 ⑤ 70

2 최대공약수의 활용

5 한 개에 750원인 가위 72개, 한 개에 400원인 지우개 48개, 한 개에 800원인 자 60개를 상자에 나누어 넣어 판매하려고 한다. 한 상자에 넣을 가위, 지우개, 자의 개수는 각각 같게 하고 상자를 가능한 한 많이 만들려고 할 때, 한 상자에 넣을 문구들의 가격의 합을 구하시오.

6 다음 그림과 같이 가로, 세로의 길이가 각각 300 cm, 240 cm인 직사각형 모양의 방의 한 구석에 가로, 세로의 길이가 각각 90 cm, 120 cm인 직사각형 모양의 정리함을 놓고, 나머지 바닥에 크기가 같은 정사각형 모양의 매트를 빈틈없이 깔려고 한다. 매트의 크기를 가능한 한 크게 할 때, 필요한 매트의 개수를 구하시오.

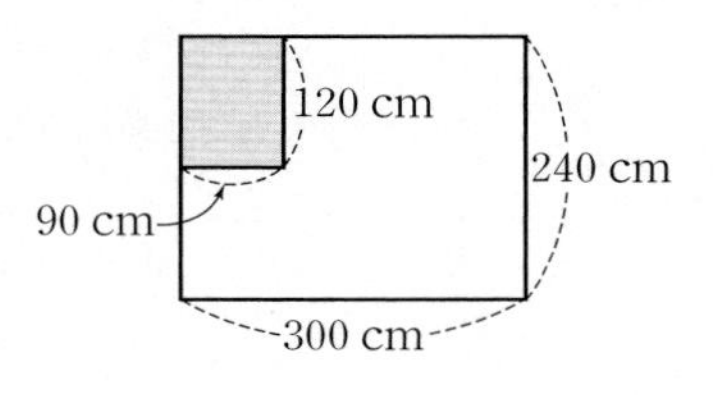

빈출

7 가로의 길이가 360 m, 세로의 길이가 336 m인 직사각형 모양의 땅의 둘레에 일정한 간격으로 나무를 심으려고 한다. 둘레의 각 꼭짓점에 반드시 나무를 심고 나무의 수는 가능한 한 적게 할 때, 필요한 나무는 몇 그루인지 구하시오.

3 최소공배수의 활용

학평기출 · 고1 2016년 3월 서울교육청 7번

8 1개의 무게가 75 g인 과자 a개와 1개의 무게가 120 g인 음료수 b개의 무게가 같을 때, $a+b$의 값 중 가장 작은 값은? (단, a와 b는 자연수이다.)

① 12 ② 13 ③ 14
④ 15 ⑤ 16

9 50명 이상 60명 미만인 학생을 조원 수가 모두 같도록 조를 편성하려고 한다. 한 조에 3명씩 배정하면 2명이 남고, 4명씩 배정하면 3명이 남고, 5명씩 배정하면 4명이 남는다고 한다. 한 조에 7명씩 배정할 때, 남는 학생 수를 구하시오.

빈출

10 두 버스 A, B가 같은 종점에서 출발하여 서로 다른 노선으로 운행하고 있다. 두 버스 A, B가 다시 종점으로 돌아올 때까지 각각 20분, 16분이 걸리고, 종점에 동시에 도착할 때마다 12분씩 쉰다고 한다. 두 버스 A, B가 종점에서 오전 9시에 동시에 출발할 때, 그 이후에 종점에서 네 번째로 다시 만나는 시각은?

① 오후 1시 26분 ② 오후 2시 16분
③ 오후 2시 56분 ④ 오후 3시 6분
⑤ 오후 3시 46분

교과서 속 창의·융합

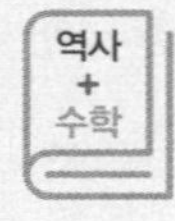

11 다음은 그리스의 수학자 유클리드가 창안한 '유클리드 호제법'이다. 나눗셈만으로 두 수의 최대공약수를 구하는 방법으로, 소인수가 바로 보이지 않는 큰 수의 최대공약수를 구할 때 유용하다. 이 방법을 이용하여 두 자연수 1189, 7917의 최대공약수를 구하시오.

> ① 두 수 중 큰 수를 작은 수로 나눈다.
> ② 나누어떨어지면 최대공약수는 작은 수이다.
> ③ 나누어떨어지지 않으면 작은 수와 나머지에 대하여 ①부터 다시 반복한다.

12 다음을 읽고 2345년을 십간과 십이지를 사용하여 나타내시오.

> 우리는 한 해를 이야기할 때 십간인 '갑, 을, 병, 정, 무, 기, 경, 신, 임, 계'와 십이지인 '자, 축, 인, 묘, 진, 사, 오, 미, 신, 유, 술, 해'를 한 글자씩 차례대로 짝지어 만든 이름을 사용하기도 한다. 2018년이 '무술년'이므로 2019년은 십간에서 '무' 다음의 '기', 십이지에서 '술' 다음의 '해'를 짝지어 '기해년'으로 부른다. 같은 방법으로 2020년은 '경자년', 2021년은 '신축년'이다.

십간	갑(甲)	을(乙)	병(丙)	정(丁)	무(戊)	기(己)	경(庚)	신(辛)	임(壬)	계(癸)		
십이지	자(子)	축(丑)	인(寅)	묘(卯)	진(辰)	사(巳)	오(午)	미(未)	신(申)	유(酉)	술(戌)	해(亥)

만점 굳히기 문제 Clear!

난이도 상-최상

정답과 해설 11쪽

Key Point

1 분수 $\frac{400-A}{126}$를 분자와 분모의 최대공약수로 약분하였더니 분자가 7의 배수가 되었다. 이를 만족하는 자연수 A의 값 중 가장 큰 수를 M, 가장 작은 수를 m이라 할 때, $M+m$의 값을 구하시오.

약분한 후에도 분자에 소인수 7이 남아 있어야 한다.

2 최대공약수가 24인 세 자연수 A, B, C에 대하여 두 수 A, B의 최대공약수는 48, 최소공배수는 672이고 두 수 B, C의 최소공배수는 288이다. $A>B>C$일 때, A, B, C의 값을 각각 구하시오.

먼저 A, B의 값을 구한 후 각 경우에 대하여 C의 값을 구한다.

빈출

3 오른쪽 그림과 같이 가로의 길이가 112 m, 세로의 길이가 96 m인 직사각형 모양의 밭의 경계와 내부에 일정한 간격으로 사과 묘목을 심으려고 한다. 밭 경계의 네 모퉁이에도 반드시 묘목을 심고 묘목의 수를 가능한 한 적게 할 때, 필요한 사과 묘목은 몇 그루인지 구하시오. (단, 밭 내부의 묘목은 밭 경계와 평행한 선을 따라 심는다.)

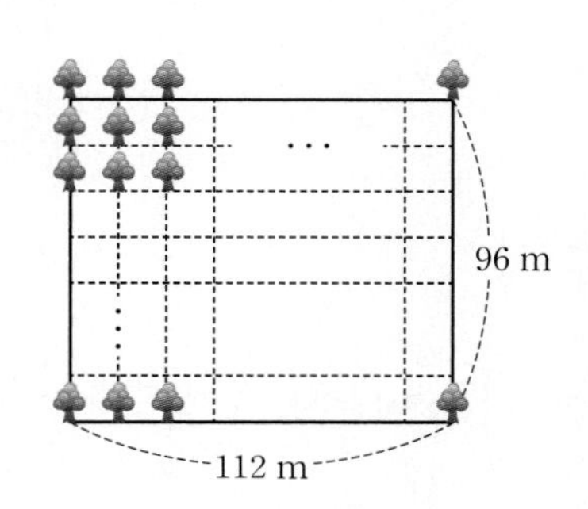

묘목의 수를 가능한 한 적게 하려면 묘목 사이의 간격은 가능한 한 커야 한다.

Challenge

4 원 둘레를 같은 방향으로 움직이는 세 점 A, B, C는 2분 동안 각각 원을 30바퀴, 20바퀴, 40바퀴씩 돈다. 원 둘레 위의 한 점 P에서 세 점 A, B, C가 동시에 출발한 후 1시간 동안 점 P를 동시에 통과하는 횟수를 구하시오.

세 점 A, B, C가 원을 한 바퀴 도는 데 걸리는 시간을 구한다.

Challenge

5 다음과 같이 소수점 아래에 숫자가 일정하게 반복되는 두 소수 A, B가 있다. 소수점 아래 200번째 자리까지 비교했을 때, 같은 자리에 같은 숫자가 있는 것이 모두 몇 개인지 구하시오.

$A=0.135791357913579\cdots$, $B=0.135135135\cdots$

처음으로 다시 같은 숫자가 반복되는 것이 소수점 아래 몇 번째 자리인지 찾는다.

대단원 평가 문제

A 단계

1 $2^2 \times 3 \times 5^2$의 약수 중 세 번째로 작은 수를 a, 두 번째로 큰 수를 b라 할 때, $a+b$의 값은?

① 151 ② 152 ③ 153
④ 154 ⑤ 155

2 세 수 144, 180, 270의 공약수의 개수를 a개, 최소공배수의 약수의 개수를 b개라 할 때, $b-a$의 값을 구하시오.

3 다음 조건을 모두 만족하는 가장 작은 자연수를 구하시오.

> (가) 약수가 1과 자기 자신뿐이다.
> (나) 40보다 큰 수이다.
> (다) 82와 서로소이다.

4 어떤 자연수에 15를 곱하여 두 수 120, 135의 공배수가 되도록 하려고 한다. 이때 어떤 자연수가 될 수 있는 가장 작은 자연수는?

① 36 ② 72 ③ 108
④ 112 ⑤ 144

빈출

5 세 분수 $\frac{24}{7}$, $\frac{16}{35}$, $\frac{36}{49}$ 중 어느 것을 택하여 곱해도 자연수가 되도록 하는 가장 작은 기약분수를 $\frac{m}{n}$이라 할 때, 자연수 m, n에 대하여 $m+n$의 값을 구하시오.

B 단계

빈출

6 $\frac{42}{3 \times n-1}$가 자연수가 되도록 하는 모든 자연수 n의 값의 합은?

① 4 ② 5 ③ 6
④ 7 ⑤ 8

7 다섯 자리 자연수 21□74는 6의 배수이지만 9의 배수는 아닐 때, □ 안에 알맞은 수를 모두 구하면?

① 1 ② 1, 4 ③ 1, 7
④ 4, 7 ⑤ 1, 4, 7

8 $7^{777}+19^{999}$의 일의 자리의 숫자는?

① 5 ② 6 ③ 7
④ 8 ⑤ 9

9 세 자연수 a, b, c에 대하여 $60\times a=150\times b=c^2$이 성립할 때, 이를 만족하는 c의 값 중 가장 작은 수는?

① 25 ② 27 ③ 28
④ 30 ⑤ 32

10 자연수 n의 약수의 개수를 $\mathrm{P}(n)$이라 할 때, $\mathrm{P}(\mathrm{P}(360))$의 값은?

① 4 ② 6 ③ 8
④ 10 ⑤ 12

11 두 자연수 a, b의 최대공약수를 $G(a, b)$, 최소공배수를 $L(a, b)$라 할 때, 다음을 만족하는 자연수 n의 값을 구하시오.

$$G(n, 120)=8, L(20, n)=40$$

12 두 자연수 A, B의 최대공약수를 G, 최소공배수를 L이라 하면 $G\times L=60$이고, $A+B=16$이다. 이때 $G+L$의 값은?

① 28 ② 32 ③ 36
④ 40 ⑤ 44

빈출

13 가로의 길이가 140 cm, 세로의 길이가 105 cm인 직사각형 모양의 벽에 남는 부분이 없도록 크기가 같은 정사각형 모양의 타일을 붙이려고 한다. 타일의 크기를 가능한 한 크게 할 때, 타일의 한 변의 길이를 a cm, 필요한 타일의 개수를 b개라 하자. $a+b$의 값은?

① 38 ② 41 ③ 44
④ 47 ⑤ 50

14 어느 중학교에서 운동회에 참가한 1학년 전체 학생 수는 350명보다 많고 400명보다 적다. 1학년 전체 학생을 8명씩, 12명씩, 15명씩 조를 짜면 항상 4명이 남는다고 한다. 17명씩 조를 짤 때, 남는 학생 수는?

① 7명 ② 8명 ③ 9명
④ 10명 ⑤ 11명

정답과 해설 13쪽

15 어느 대형 마트에서는 4월 1일 일요일에 처음으로 음료수와 과자를 함께 납품받고, 이후 음료수는 6일마다, 과자는 4일마다 납품받기로 하였다. 이 마트에서 처음으로 다시 일요일에 음료수와 과자를 동시에 납품받는 날짜가 x월 y일일 때, $x+y$의 값을 구하시오.

C 단계

16 56에 가능한 한 작은 자연수 m을 곱하여 어떤 자연수 n의 세제곱이 되도록 하려고 한다. 이때 $m-n$의 값을 구하시오.

Challenge

17 1번부터 77번까지의 번호표를 달고 있는 77명의 학생과 1번부터 77번까지의 번호가 적혀 있는 77개의 꺼져 있는 전구가 있다. 77명의 학생이 번호 순으로 한 명씩 나와 다음 규칙에 따라 전구를 켜거나 끈다.

> n번의 번호표를 단 학생은 n의 배수인 번호가 적혀 있는 전구를 꺼져 있으면 켜고 켜져 있으면 끈다.

예를 들어 5번 학생은 5, 10, 15, ⋯, 75번 전구를 꺼져 있으면 켜고 켜져 있으면 끈다. 이와 같은 방법으로 77명의 학생이 모두 전구를 켜거나 끄는 일을 마쳤을 때, 켜져 있는 전구의 개수는?

① 6개 ② 7개 ③ 8개
④ 9개 ⑤ 10개

18 봉사활동을 위해 남학생 73명과 여학생 45명을 몇 개의 모둠으로 나눌 때, 각 모둠에 속하는 남학생 수와 여학생 수를 각각 같게 하려고 하였으나 1개의 모둠은 다른 모둠보다 남학생이 1명 더 많고, 3개의 모둠은 여학생이 1명씩 적게 배정되었다. 모둠을 가능한 한 많이 만들었을 때, 모둠의 개수를 구하시오.

Challenge

19 어느 놀이공원에서는 개장 10주년을 기념하기 위하여 당일 입장 고객 중 선착순 10000명에게 기념품을 증정하기로 하였다. 30번째 방문 고객마다 물티슈를, 80번째 방문 고객마다 치약을, 600번째 방문 고객마다 텀블러를 하나씩 증정할 때, 세 종류의 기념품을 모두 받는 사람 수는 a명이고 물티슈와 치약 두 종류만 함께 받는 사람 수는 b명이다. $b-a$의 값은?

① 33 ② 25 ③ 24
④ 21 ⑤ 18

빈출

20 건널목에 점멸등 A와 B가 설치되어 있다. 점멸등 A는 5초 동안 불이 켜져 있다가 4초 동안 꺼지고, 점멸등 B는 4초 동안 불이 켜져 있다가 2초 동안 꺼진다. 두 점멸등의 불이 동시에 켜진 후 6분 동안 두 점멸등의 불이 모두 켜져 있는 시간은?

① 140초 ② 147초 ③ 154초
④ 161초 ⑤ 168초

서술형으로 끝내기

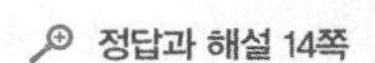
정답과 해설 14쪽

1 소인수의 개수가 2개 이상이고 약수의 개수가 8개인 자연수 N에 대하여 다음 물음에 답하시오.

(1) N의 꼴을 말하시오. (단, 소인수분해를 이용한다.)

(2) 자연수 N 중에서 가장 작은 수를 구하시오.

(3) 자연수 N 중에서 네 번째로 작은 수를 구하시오.

2 두 자연수 A, B의 최대공약수는 5이고 두 수의 곱은 1575일 때, 다음 물음에 답하시오. (단, $A>B$)

(1) 두 자연수 A, B의 최소공배수를 구하시오.

(2) $A-B=10$일 때, $3\times A-B$의 값을 구하시오.

3 가로의 길이가 12 cm, 세로의 길이가 16 cm, 높이가 18 cm인 직육면체 모양의 상자를 한 방향으로 빈틈없이 쌓아 정육면체 모양의 구조물을 만들려고 한다. 다음 물음에 답하시오.

(1) 만들 수 있는 가장 작은 정육면체 구조물의 한 모서리의 길이를 구하시오.

(2) 가장 작은 정육면체 구조물을 만들 때, 필요한 상자의 개수를 구하시오.

4 오른쪽 그림과 같은 육각형 모양의 공원의 둘레를 따라 일정한 간격으로 표지판을 설치하려고 한다. 각 모퉁이에는 반드시 표지판을 설치하고 표지판의 개수는 가능한 한 적게 할 때, 다음 물음에 답하시오.

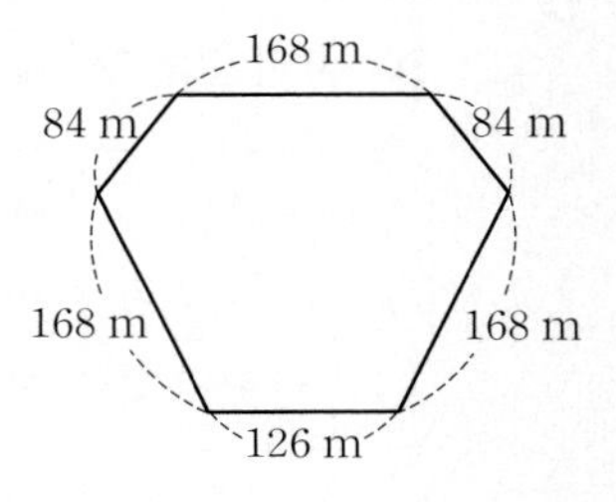

(1) 표지판 사이의 간격을 구하시오.

(2) 설치해야 하는 표지판의 개수를 구하시오.

5 $54\times a=b^2$을 만족하는 가장 작은 자연수 a, b에 대하여 $\dfrac{a+b}{m}$가 어떤 자연수의 제곱일 때, m의 값으로 가능한 자연수를 모두 구하시오.

풀이

답

6 다음 조건을 모두 만족하는 두 자연수 A, B에 대하여 $B-A$의 값을 구하시오. (단, $A<B$)

(가) 두 수의 최소공배수는 48이다.
(나) 두 수의 곱은 192이다.
(다) 두 수의 합은 28이다.

풀이

답

7 선우네 학교의 합창단은 남학생 144명, 여학생 180명으로 구성되어 있다. 시에서 주최하는 합창 경연대회에 선우네 학교의 합창단이 나가기로 하여 남학생은 남학생끼리, 여학생은 여학생끼리 조를 나누어 연습하려고 한다. 각 조의 학생 수는 모두 같으면서 남는 학생이 없이 학생 수는 최대가 되게 나누면 한 조에 속하는 학생 수가 a명, 남학생으로 이루어진 조의 개수가 b개, 여학생으로 이루어진 조의 개수가 c개이다. a, b, c의 값을 각각 구하시오.

풀이

답

8 어느 공원의 분수 광장에 세 노즐 A, B, C가 있다. 노즐 A는 30초 동안 물을 내뿜다가 5초 동안 정지하고, 노즐 B는 24초 동안 물을 내뿜다가 4초 동안 정지하며, 노즐 C는 36초 동안 물을 내뿜다가 6초 동안 정지하는 것을 반복한다. 오후 6시에 세 노즐이 동시에 물을 내뿜기 시작할 때, 오후 6시부터 오후 7시까지 세 노즐이 동시에 물을 내뿜기 시작하는 횟수는 몇 번인지 구하시오.

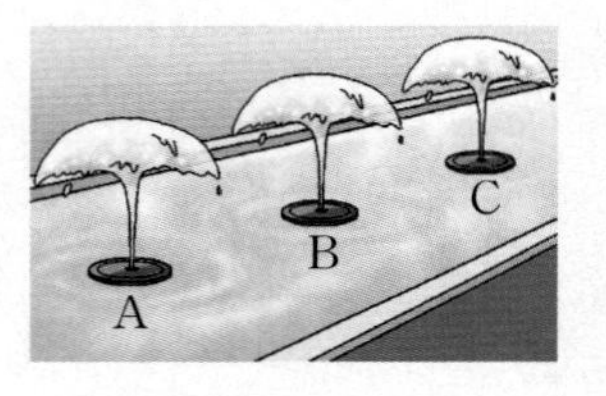

풀이

답

Ⅱ

정수와 유리수

3 정수와 유리수

1 양수와 음수

서로 반대되는 성질이 있는 수량을 나타낼 때, 부호 +, −를 사용하여 나타낸다.

(1) **양수**: 0이 아닌 수에 양의 부호 +를 붙인 수 예 +3, +1.5, ⋯

(2) **음수**: 0이 아닌 수에 음의 부호 −를 붙인 수 예 −3, −1.5, ⋯

2 정수와 유리수

(1) **정수**: 양의 정수, 0, 음의 정수를 통틀어 정수라 한다.

① 양의 정수: 자연수 1, 2, 3, ⋯에 양의 부호 +를 붙인 수 +1, +2, +3, ⋯

② 음의 정수: 자연수 1, 2, 3, ⋯에 음의 부호 −를 붙인 수 −1, −2, −3, ⋯

(2) **유리수**: 양의 유리수, 0, 음의 유리수를 통틀어 유리수라 한다. (유리수)$=\frac{(\text{정수})}{(0\text{이 아닌 정수})}$

① 양의 유리수: 분자, 분모가 자연수인 분수에 양의 부호 +를 붙인 수

② 음의 유리수: 분자, 분모가 자연수인 분수에 음의 부호 −를 붙인 수

(3) **유리수의 분류**

- 유리수
  - 정수
    - 양의 정수(자연수): +1, +2, +3, +4, ⋯
    - 0
    - 음의 정수: −1, −2, −3, −4, ⋯
  - 정수가 아닌 유리수: $-\frac{1}{2}$, $+\frac{5}{3}$, −2.4, +3.8, ⋯

3 수직선과 절댓값

(1) **수직선**: 직선 위에 기준이 되는 점 O를 잡아 그 점에 수 0을 대응시키고, 점 O의 오른쪽으로 양수를, 왼쪽으로 음수를 대응시킨 직선

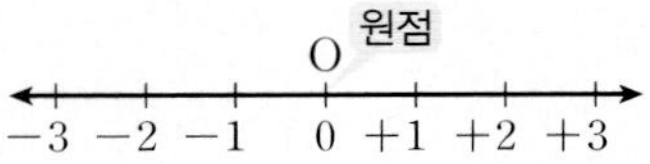

(수직선: O 원점, −3 −2 −1 0 +1 +2 +3)

(2) **절댓값**: 수직선에서 원점으로부터 어떤 수를 나타내는 점까지의 거리를 그 수의 절댓값이라 하고, 기호 | |를 사용하여 나타낸다. 예 |−2|=2, |+2|=2

4 수의 대소 관계

(1) **수의 대소 관계**

① 양수는 0보다 크고 음수는 0보다 작다.

② 양수는 음수보다 크다.

③ 양수끼리는 절댓값이 큰 수가 크다.

④ 음수끼리는 절댓값이 큰 수가 작다.

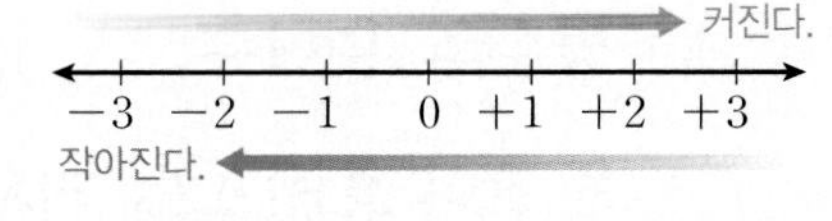

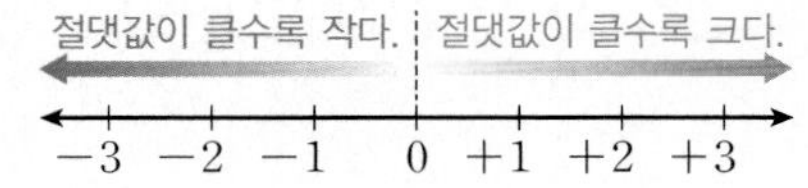

(2) **부등호의 사용**

$x>a$	$x<a$	$x\geq a$ (> 또는 =)	$x\leq a$ (< 또는 =)
x는 a보다 크다. x는 a 초과이다.	x는 a보다 작다. x는 a 미만이다.	x는 a보다 크거나 같다. x는 a보다 작지 않다. x는 a 이상이다.	x는 a보다 작거나 같다. x는 a보다 크지 않다. x는 a 이하이다.

꼭 기억!

- 부호 +, −는 각각 덧셈, 뺄셈의 기호와 모양은 같지만 의미는 다르다.
- 0은 양수도 아니고 음수도 아니다.

꼭 기억!

- 양의 정수는 양의 부호 +를 생략하여 1, 2, 3, ⋯과 같이 나타내기도 한다. 즉, 양의 정수는 자연수와 같다.
- 양의 유리수도 양의 정수와 마찬가지로 양의 부호 +를 생략하여 나타내기도 한다.
- 모든 자연수는 정수이고 모든 정수는 유리수이다.
- 이후 등장하는 '수'는 모두 유리수를 의미한다.

꼭 기억!

- 수직선에서 기준이 되는 점 O를 원점이라 한다.
- 모든 유리수는 수직선 위의 점으로 나타낼 수 있다.
- 0의 절댓값은 0, 즉 |0|=0이다.
- $|x|=a\,(a>0)$이면 $x=+a$ 또는 $x=-a$

꼭 기억!

- (양수)>0, (음수)<0
- (음수)<(양수)

+심화

- **$|x|$의 범위가 주어질 때 x의 범위**

  $a>0$일 때

  (1) $|x|<a \Rightarrow -a<x<a$

  예 $|x|<3 \Rightarrow -3<x<3$

  (2) $|x|>a \Rightarrow x<-a$ 또는 $x>a$

  예 $|x|>3 \Rightarrow x<-3$ 또는 $x>3$

꼭 나오는 대표 빈출로 핵심 확인

난이도 중하-중상

정답과 해설 16쪽

양수와 음수

1 다음 중 양의 부호 + 또는 음의 부호 −를 사용하여 나타낸 것으로 옳은 것은?

① 0보다 3만큼 큰 수 ⇨ -3
② 2점 득점 ⇨ -2점
③ 6명 감소 ⇨ $+6$명
④ 수입 30000원 ⇨ -30000원
⑤ 해발 900 m 지점 ⇨ $+900$ m

정수와 유리수

2 다음 중 옳은 것은?

① 모든 정수는 자연수이다.
② 양의 정수가 아닌 정수는 음의 정수이다.
③ 0은 양의 정수도 아니고 음의 정수도 아니다.
④ 유리수는 양의 유리수와 음의 유리수로 이루어져 있다.
⑤ 서로 다른 두 정수 사이에는 무수히 많은 정수가 있다.

정수와 유리수

3 다음 수 중 음이 아닌 유리수의 개수를 a개, 정수가 아닌 유리수의 개수를 b개, 음의 정수의 개수를 c개라 할 때, $a+b+c$의 값을 구하시오.

$$-\frac{3}{2},\quad 0,\quad -\frac{14}{7},\quad 3\frac{1}{2},\quad 1.5,\quad -3$$

수직선과 절댓값

4 수직선에서 -3을 나타내는 점으로부터의 거리가 4인 점이 나타내는 두 수는?

① -7, 7　② -1, 4　③ -7, 1
④ -4, 1　⑤ -7, -4

수직선과 절댓값

5 두 수 a, b의 절댓값은 같고 수직선에서 a, b를 나타내는 두 점 사이의 거리는 $\frac{6}{5}$일 때, $|a|$의 값을 구하시오.

수직선과 절댓값

6 다음 중 옳은 것은?

① 절댓값이 가장 작은 정수는 1과 -1이다.
② 두 수의 절댓값이 같으면 두 수는 같다.
③ 절댓값이 같은 수는 항상 2개이다.
④ 수직선에서 수의 절댓값이 클수록 그 수를 나타내는 점은 원점으로부터 멀리 떨어져 있다.
⑤ 어떤 수와 그 절댓값이 같으면 그 수는 양수이다.

수의 대소 관계

7 다음 □ 안에 > 또는 <를 써넣을 때, 나머지 넷과 다른 하나는?

① $-3 \square \frac{15}{2}$　② $\frac{5}{4} \square \frac{4}{3}$
③ $-1.5 \square -\frac{5}{3}$　④ $|-2| \square |-5|$
⑤ $\left|-\frac{5}{2}\right| \square 4$

수의 대소 관계

8 다음 중 부등호의 사용이 옳지 않은 것은?

① x는 3 이상이다. ⇨ $x \geq 3$
② x는 1보다 작거나 같다. ⇨ $x \leq 1$
③ x는 -2보다 작지 않다. ⇨ $x > -2$
④ x는 -1 초과 3 미만이다. ⇨ $-1 < x < 3$
⑤ x는 2보다 크고 5 이하이다. ⇨ $2 < x \leq 5$

Step 1 이 단원에서 뽑은
고득점 준비 문제

난이도 중-중상

1 정수가 아닌 유리수 찾기

핵심 심화

1보다 큰 자연수를 분모로 하는 분수 꼴의 양의 유리수에서 ⇨ **분자가 분모의 배수**이면 그 유리수는 **정수**이다. / **분자와 분모가 서로소**이면 그 유리수는 **기약분수**이다.

분수 꼴의 음의 유리수의 경우, 음의 부호 $-$를 제외하고 같은 방법으로 생각한다.

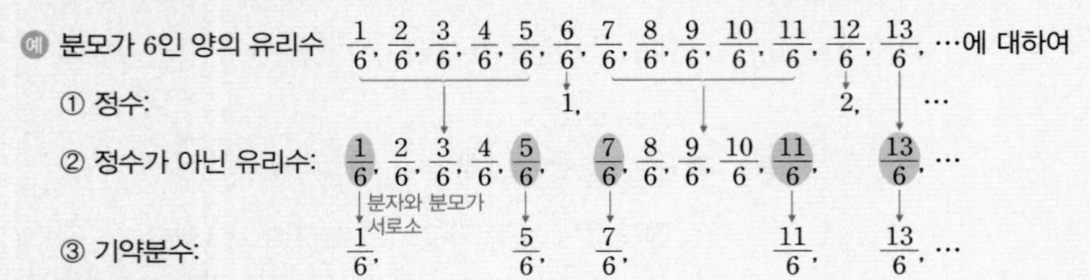

예 분모가 6인 양의 유리수 1/6, 2/6, 3/6, 4/6, 5/6, 6/6, 7/6, 8/6, 9/6, 10/6, 11/6, 12/6, 13/6, …에 대하여
① 정수: 1, 2, …
② 정수가 아닌 유리수: 1/6, 2/6, 3/6, 4/6, 5/6, 7/6, 8/6, 9/6, 10/6, 11/6, 13/6, …
분자와 분모가 서로소
③ 기약분수: 1/6, 5/6, 7/6, 11/6, 13/6, …

대표문제 1

30보다 크지 않은 양의 유리수 중 분모가 7인 정수가 아닌 유리수의 개수를 구하시오.

✔ 해결 전략

❶ 30보다 크지 않은 양의 유리수 중 분모가 7인 수의 개수를 구한다.

❷ 30보다 크지 않은 양의 유리수 중 정수의 개수를 구한다.

❸ 30보다 크지 않은 양의 유리수 중 분모가 7인 정수가 아닌 유리수의 개수를 구한다.

유제 1 -2보다 크고 5보다 작은 유리수 중 분모가 4인 유리수의 개수를 a개, 분모가 4인 정수가 아닌 유리수의 개수를 b개라 할 때, $a+b$의 값을 구하시오.

유제 2 두 유리수 $\frac{3}{4}$과 $\frac{19}{8}$ 사이에 있는 유리수 중 분모가 8인 기약분수의 개수를 구하시오.

UP 유제 3 0 이상 7 이하의 정수 중 서로 다른 두 수를 각각 분자, 분모로 하는 분수를 만들 때, 0보다 크고 1보다 작은 기약분수의 개수를 구하시오.

접근 분모의 값을 기준으로 경우를 나누어 생각한다.

정답과 해설 16쪽

2 같은 거리에 있는 점

핵심 ✓심화

수직선에서 두 수를 나타내는 두 점으로부터 **같은 거리에 있는 점**이 나타내는 수는 **두 점의 한가운데에 있는 점**이 나타내는 수이다. ⇨ (두 점의 한가운데에 있는 점이 나타내는 수)=(두 수의 평균)

⊕ Plus **두 점 사이의 거리**

두 수 a, b ($b>a$)가

(1) 모두 양수일 때

(2) 모두 음수일 때

(3) 하나는 양수, 하나는 음수일 때

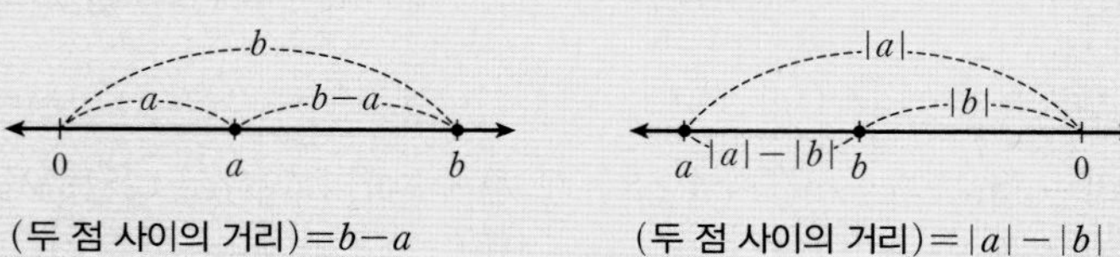

(두 점 사이의 거리)$=b-a$

(두 점 사이의 거리)$=|a|-|b|$

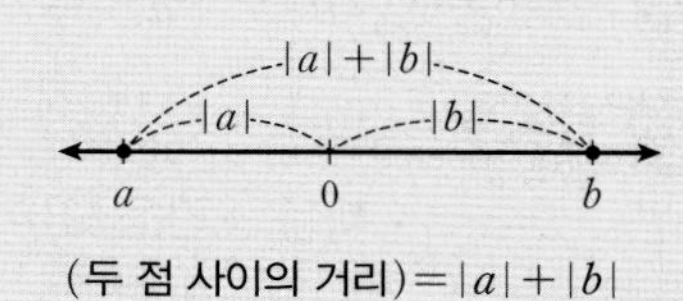

(두 점 사이의 거리)$=|a|+|b|$

대표문제 2

수직선에서 -2를 나타내는 점 A와 6을 나타내는 점 B로부터 같은 거리에 있는 점 C가 나타내는 수를 구하시오.

✓ 해결 전략

❶ 두 점 A, B를 수직선 위에 나타낸다.

❷ 점 A와 점 B로부터 같은 거리에 있는 점 C를 수직선 위에 나타낸다.

❸ 점 C가 나타내는 수를 구한다.

유제 4

수직선에서 두 수 a, b를 나타내는 두 점의 한가운데에 있는 점이 나타내는 수가 2이다. $|a|=5$일 때, 모든 b의 값을 구하시오.

유제 5

부호가 서로 다른 두 수 a, b에 대하여 b의 절댓값이 a의 절댓값의 2배이고 수직선에서 a, b를 나타내는 두 점 사이의 거리가 12일 때, a, b의 값을 각각 구하시오. (단, $a>b$)

UP 유제 6

수직선 위에 다섯 개의 수 -3, a, 5, b, c를 차례대로 나타내면 다섯 개의 점 사이의 간격이 일정하다. 이때 $a\times b\times c$의 값을 구하시오.

접근 a를 나타내는 점은 -3, 5를 나타내는 두 점의 한가운데에 있는 점이고
5를 나타내는 점은 a, b를 나타내는 두 점의 한가운데에 있는 점이다.

3 수의 대소 관계

✓ 핵심 　 심화

수의 대소 관계 및 절댓값의 성질을 이용하여 수들의 대소 관계를 정한다.

(1) 두 수 a, b에 대하여

　① $a>0$, $b<0$일 때, $b<0<a$ 　　② $0<a<b$일 때, $|a|<|b|$ 　　③ $a<b<0$일 때, $|a|>|b|$

(2) $|x|=a$ $(a>0)$이면 $x=+a$ 또는 $x=-a$

(3) ① $a>0$일 때, $|a|=a$, $|-a|=a$

　② $a<0$일 때, $|a|=-a$, $|-a|=-a$

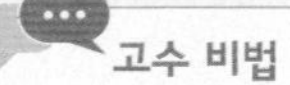

고수 비법

수직선을 이용하면 수들의 대소 관계를 한눈에 파악할 수 있다.

대표문제 3

다음 조건을 모두 만족하는 서로 다른 세 정수 a, b, c를 큰 수부터 차례대로 나열하시오.

> (가) a와 c는 4보다 작다. 　(나) a의 절댓값은 4이다. 　(다) b는 -4보다 작다.
> (라) 수직선에서 (b와 4를 나타내는 두 점 사이의 거리)$<$(c와 4를 나타내는 두 점 사이의 거리)이다.

✓ 해결 전략

❶ 조건 (가), (나)를 모두 만족하는 정수 a를 구한다.

❷ 조건 (다)를 이용하여 a, b의 크기를 비교한다.

❸ 조건 (가), (다), (라)를 이용하여 b, c의 크기를 비교한다.

❹ a, b, c의 크기를 비교한다.

유제 7

다음 조건을 모두 만족하는 서로 다른 세 정수 a, b, c를 작은 수부터 차례대로 나열하시오.

> (가) a와 b는 -2보다 크다. 　(나) c는 5보다 크다.
> (다) a의 절댓값은 -2의 절댓값과 같다.
> (라) 수직선에서 c를 나타내는 점이 b를 나타내는 점보다 원점에 가깝다.

유제 8

다음 조건을 모두 만족하는 서로 다른 세 유리수 a, b, c의 대소 관계를 부등호를 사용하여 나타내시오.

> (가) $a>\frac{11}{4}$ 　(나) b는 c보다 작고, b와 c의 절댓값은 같다.
> (다) 수직선에서 b와 c를 나타내는 두 점 사이의 거리는 $\frac{7}{2}$이다.

정답과 해설 17쪽

4 절댓값과 수의 범위

핵심 ✓심화

어떤 수의 절댓값 또는 절댓값의 범위가 주어질 때, 절댓값의 성질을 이용하여 그 수의 범위를 구할 수 있다.

$a>0$일 때

(1) $|x|<a$ ⇨ $-a<x<a$ 　예 $|x|<3$ ⇨ $-3<x<3$

(2) $|x|>a$ ⇨ $x<-a$ 또는 $x>a$ 　예 $|x|>3$ ⇨ $x<-3$ 또는 $x>3$

(3) $|x|=a$ ⇨ $x=a$ 또는 $x=-a$ 　예 $|x|=3$ ⇨ $x=3$ 또는 $x=-3$

고수 비법

절댓값이 양수인 수는 음수와 양수로 항상 2개씩 존재함을 이용한다.

대표문제 4

다음 조건을 모두 만족하는 정수 a의 개수를 구하시오.

> (가) $|a|<6$ 　　(나) $-2\frac{1}{3}<a\le\frac{25}{4}$

✓ 해결 전략

❶ 조건 (가)를 만족하는 정수 a를 구한다.

❷ 조건 (나)를 만족하는 정수 a를 구한다.

❸ 조건 (가), (나)를 모두 만족하는 정수 a를 찾고 그 개수를 구한다.

유제 9 수직선에서 원점과 x를 나타내는 점 사이의 거리가 $\frac{9}{4}$보다 작을 때, 정수 x의 값을 모두 구하시오.

유제 10 다음 조건을 모두 만족하는 a의 값을 구하시오.

> (가) $|a|>2$ 　　(나) $-\frac{13}{3}\le a<\frac{7}{2}$ 　　(다) a는 정수이다.

UP 유제 11 절댓값이 x 이하인 정수의 개수가 97개일 때, 자연수 x에 대하여 옳은 것을 〈보기〉에서 모두 고르시오.

> 보기
>
> ㄱ. 짝수이다. 　　ㄴ. 3의 배수이다. 　　ㄷ. 약수의 개수는 16개이다.

접근 절댓값이 0인 정수는 0 하나뿐이고 절댓값이 양수인 정수는 2개씩 존재한다.

고득점 실전 문제 Clear!

난이도 중상-상

1 정수와 유리수

1 두 유리수 $-3\frac{3}{4}$과 $\frac{13}{3}$ 사이에 있는 정수의 개수를 a개, 자연수의 개수를 b개, 음의 정수의 개수를 c개라 할 때, $a+b-c$의 값을 구하시오.

2 유리수 m에 대하여 m이 자연수이면 $<m>=1$, m이 자연수가 아닌 정수이면 $<m>=2$, m이 정수가 아닌 유리수이면 $<m>=3$이라 할 때, 다음을 계산하시오.

$$\left\langle -\frac{4}{7}\right\rangle - \left\langle \frac{84}{6}\right\rangle + <-13>$$

2 수직선과 절댓값

3 두 유리수 -3.1과 $\frac{37}{9}$ 사이에 있는 정수 중 절댓값이 가장 큰 수와 절댓값이 가장 작은 수의 차는?

① 1 ② 2 ③ 3
④ 4 ⑤ 5

빈출

4 수직선에서 $-\frac{20}{7}$에 가장 가까운 정수를 a, $\frac{19}{6}$에 가장 가까운 정수를 b라 할 때, a, b를 나타내는 두 점 사이의 거리는?

① 4 ② 5 ③ 6
④ 7 ⑤ 8

5 $[a]$를 a보다 크지 않은 최대의 정수라 하자.
예를 들어 $[7.2]=7$, $[-1]=-1$이다. $[-5.6]=p$, $[8.3]=q$, $[-2.5]=r$라 할 때, $|p|+|q|+|r|$의 값은?

① 17 ② 18 ③ 19
④ 20 ⑤ 21

6 수직선에서 두 수 2, 6을 나타내는 두 점으로부터 같은 거리에 있는 점이 나타내는 수를 k라 할 때, 두 수 -1, k를 나타내는 두 점으로부터 같은 거리에 있는 점이 나타내는 수는?

① $\frac{1}{2}$ ② 1 ③ $\frac{3}{2}$
④ 2 ⑤ $\frac{5}{2}$

7 수직선 위에 네 수 -8, m, 4, n을 차례대로 나타내면 네 점 사이의 간격이 일정할 때, m, n의 값은?

① $m=-2$, $n=8$ ② $m=-4$, $n=6$
③ $m=-2$, $n=9$ ④ $m=-4$, $n=8$
⑤ $m=-2$, $n=10$

정답과 해설 18쪽

8 수직선에서 3을 나타내는 점으로부터의 거리가 6인 점이 나타내는 수를 a라 하자. a, 8을 나타내는 두 점 사이의 거리가 4 이하일 때, a의 값을 구하시오.

9 수직선 위의 어떤 정수를 나타내는 점에서 오른쪽으로 3만큼 이동한 점이 나타내는 수는 음수이고, 오른쪽으로 7만큼 이동한 점이 나타내는 수는 양수이다. 이를 만족하는 정수의 개수는?

① 1개 ② 2개 ③ 3개
④ 4개 ⑤ 5개

빈출

10 절댓값의 합이 5가 되는 두 정수 a, b를 (a, b)로 나타낼 때, $a>b$인 (a, b)의 개수는?

① 7개 ② 8개 ③ 9개
④ 10개 ⑤ 11개

11 다음 조건을 모두 만족하는 두 수 a, b의 값을 각각 구하시오.

(가) $|b|=2|a|$
(나) $b<0<a$
(다) a, b를 나타내는 두 점 사이의 거리는 6이다.

12 $|a|\neq|b|$인 두 정수 a, b에 대하여
기호 $a\triangle b$는 a, b 중 절댓값이 큰 수,
기호 $a\triangledown b$는 a, b 중 절댓값이 작은 수
를 나타낼 때, $\{(-4)\triangle a\}\triangledown\{3\triangle(-6)\}=-4$를 만족하는 정수 a의 개수를 구하시오.

3 수의 대소 관계

13 $\frac{2}{5}<\frac{12}{m}<\frac{3}{2}$을 만족하는 자연수 m의 개수는?

① 21개 ② 22개 ③ 23개
④ 24개 ⑤ 25개

14 $|a|<\frac{21}{5}$이지만 $-2\leq a<\frac{3}{2}$이 아닌 정수 a의 개수는?

① 4개 ② 5개 ③ 6개
④ 7개 ⑤ 8개

정답과 해설 20쪽

빈출

15 다음 조건을 모두 만족하는 서로 다른 네 유리수 a, b, c, d를 작은 수부터 차례대로 나열하시오.

> (가) a, b는 -3보다 작다.
> (나) a의 절댓값은 b의 절댓값보다 크다.
> (다) 수직선에서 d를 나타내는 점은 b를 나타내는 점보다 원점에 더 가깝다.
> (라) $d<c$이다.

16 다음 조건을 모두 만족하는 서로 다른 세 수 a, b, c의 대소 관계를 부등호를 사용하여 나타내시오.

> (가) $|a|=4$이다.
> (나) a는 -4보다 크다.
> (다) 수직선에서 b, c를 나타내는 두 점은 a를 나타내는 점으로부터 같은 거리에 있다.
> (라) b의 절댓값은 c의 절댓값보다 작다.

17 수직선 위에 다섯 개의 정수 a, b, 0, c, d를 나타내는 점이 왼쪽에서부터 차례대로 놓여 있을 때, 네 수 $\frac{1}{a}$, $\frac{1}{b}$, $\frac{1}{c}$, $\frac{1}{d}$을 가장 작은 수부터 차례대로 나열하시오.

18 두 수 a, b에 대하여 $|a|>|b|$일 때, 다음 중 옳은 것은?

① $a>b$
② $b>0$이면 $a>0$이다.
③ $b=0$이면 $a>0$이다.
④ 수직선에서 b를 나타내는 점이 a를 나타내는 점보다 원점으로부터 멀리 떨어져 있다.
⑤ $a<0$, $b<0$이면 수직선에서 b를 나타내는 점이 a를 나타내는 점보다 오른쪽에 있다.

교과서 속 **창의·융합**

19 다음 글을 읽고 부호 + 또는 −를 사용하여 표를 완성하시오.

> 한국소비자원에서는 생필품, 가공품 등의 품목별 가격을 조사하여 1주일 전, 1개월 전, 1년 전의 가격과 비교 · 분석한 결과를 알려 주고 있다.
> 20○○년 ○월의 채소 가격을 분석한 결과에 따르면 배추의 가격은 전주에 비해 0.5 % 상승, 전월에 비해 10 % 하락, 전년에 비해 2 % 상승하였고 오이의 가격은 전주에 비해 1 % 하락, 전월에 비해 3.5 % 하락, 전년에 비해 2.2 % 하락하였으며 양파의 가격은 전주에 비해 11 % 상승, 전월에 비해 6 % 상승, 전년에 비해 0.4 % 하락하였다.

품목	전주 대비	전월 대비	전년 대비
배추	$+0.5$ %		
오이			
양파			

만점 굳히기 문제

Key Point

빈출

1 0보다 크고 n보다 작거나 같은 유리수 중 정수가 아니면서 분모가 11인 유리수의 개수가 400개일 때, 자연수 n의 값을 구하시오.

분모가 11인 정수가 아닌 유리수의 개수는 분모가 11인 유리수의 개수에서 정수의 개수를 뺀 것과 같다.

2 유리수 a에 대하여 $[a]$를 a보다 크지 않은 최대의 정수라 할 때, 다음을 계산하시오.

$$\left[\frac{1}{4}\right]+\left[\frac{3}{4}\right]+\left[\frac{5}{4}\right]+\left[\frac{7}{4}\right]+\left[\frac{9}{4}\right]+\left[\frac{11}{4}\right]+\cdots+\left[\frac{37}{4}\right]+\left[\frac{39}{4}\right]$$

a가 정수가 아닐 때, $[a]$는 수직선에서 a의 바로 왼쪽에 있는 정수이다.

Challenge

3 수직선에서 -11을 나타내는 점 A와 7을 나타내는 점 B 사이의 거리를 1 : 2 : 3으로 나누는 두 점을 점 A에 가까운 점부터 각각 M, N이라 하면 점 P는 두 점 M, N으로부터 같은 거리에 있다. 두 점 P, N 사이의 거리를 구하시오.

두 점 A, B 사이의 거리는 $|-11|+|7|$이다.

4 다음 조건을 모두 만족하는 서로 다른 세 정수 x, y, z에 대하여 $x+y-z$의 값을 구하시오.

(가) $4<|x|\le 5$
(나) x는 5보다 작지 않다.
(다) 수직선에서 y, z를 나타내는 두 점은 x를 나타내는 점으로부터 같은 거리에 있다.
(라) z는 절댓값이 가장 작은 정수이다.

x, y, z가 정수이므로 x의 값부터 하나씩 결정한다.

5 다음 조건을 모두 만족하는 세 수를 구하시오.

(가) 세 수의 절댓값의 곱은 672이다.
(나) 세 수의 절댓값의 비는 3 : 4 : 7이다.
(다) 세 수의 합은 0이다.

양수 a를 이용하여 세 수의 절댓값을 $3\times a$, $4\times a$, $7\times a$로 놓는다.

4 정수와 유리수의 계산

1 정수와 유리수의 덧셈과 뺄셈

(1) 덧셈과 뺄셈

① **부호가 같은 두 수의 덧셈:** 두 수의 절댓값의 합에 공통인 부호를 붙인다.

② **부호가 다른 두 수의 덧셈:** 두 수의 절댓값의 차에 절댓값이 큰 수의 부호를 붙인다.

③ **뺄셈:** 빼는 수의 부호를 바꾸어 덧셈으로 고친 후 계산한다.

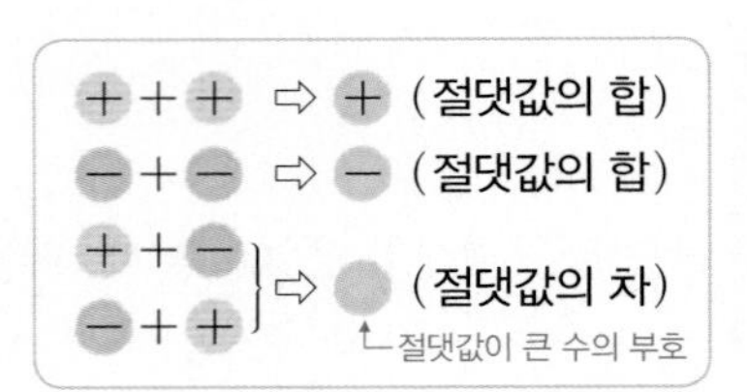

(2) 덧셈의 계산 법칙: 세 수 a, b, c에 대하여

① 덧셈의 교환법칙: $a+b=b+a$　② 덧셈의 결합법칙: $(a+b)+c=a+(b+c)$

2 정수와 유리수의 곱셈

(1) 곱셈

① **부호가 같은 두 수의 곱셈:** 두 수의 절댓값의 곱에 양의 부호 +를 붙인다.

② **부호가 다른 두 수의 곱셈:** 두 수의 절댓값의 곱에 음의 부호 −를 붙인다.

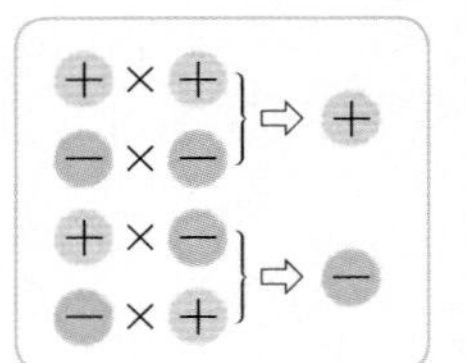

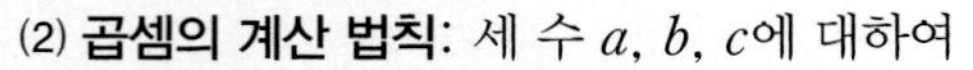

(2) 곱셈의 계산 법칙: 세 수 a, b, c에 대하여

① 곱셈의 교환법칙: $a\times b=b\times a$

② 곱셈의 결합법칙: $(a\times b)\times c=a\times(b\times c)$

(3) 분배법칙: 세 수 a, b, c에 대하여

$$a\times(b+c)=a\times b+a\times c,\ (a+b)\times c=a\times c+b\times c$$

3 정수와 유리수의 나눗셈

(1) 나눗셈

① **부호가 같은 두 수의 나눗셈:** 두 수의 절댓값의 나눗셈의 몫에 양의 부호 +를 붙인다.

② **부호가 다른 두 수의 나눗셈:** 두 수의 절댓값의 나눗셈의 몫에 음의 부호 −를 붙인다.

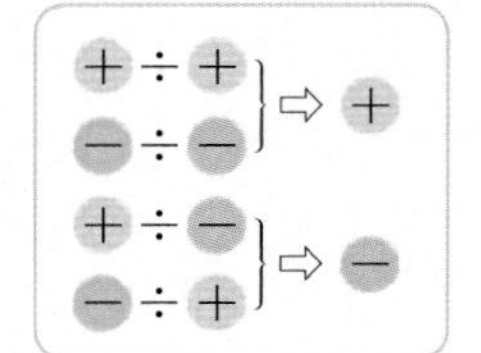

(2) 역수를 이용한 나눗셈

① **역수:** 어떤 두 수의 곱이 1일 때, 한 수를 다른 수의 역수라 한다.

② **역수를 이용한 나눗셈:** 나누는 수를 역수로 바꾸고, 나눗셈을 곱셈으로 바꾸어 계산한다.

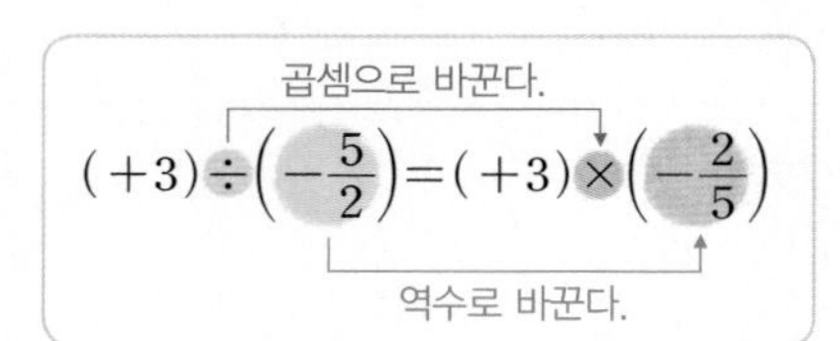

곱셈으로 바꾼다.
$(+3)\div\left(-\frac{5}{2}\right)=(+3)\times\left(-\frac{2}{5}\right)$
역수로 바꾼다.

(3) 혼합 계산: 덧셈, 뺄셈, 곱셈, 나눗셈이 혼합된 경우 다음 순서로 계산한다.

① 거듭제곱을 계산한다.

② 괄호 안을 계산한다. 즉, (소괄호) ⇨ { 중괄호 } ⇨ [대괄호]

③ 곱셈, 나눗셈을 먼저 계산한 후 덧셈, 뺄셈을 계산한다.

+ 개념

- $a+(-a)=0$, $a+0=a$
- 뺄셈에서는 교환법칙, 결합법칙이 성립하지 않는다.
- 덧셈과 뺄셈 사이의 관계
  □+△=○ ⇨ { □=○−△, △=○−□ }

- $a\times 0=0$, $0\times a=0$
- 세 수 이상의 곱셈
  $(-)\times(-)\times\cdots\times(-)$ ⇨ (+) (짝수 개)
  $(-)\times(-)\times\cdots\times(-)$ ⇨ (−) (홀수 개)

- **유리수의 거듭제곱**
  유리수 a에 대하여
  ① $a>0$이면
  모든 자연수 n에 대하여 $a^n>0$
  ② $a<0$이면
  n이 짝수일 때, $a^n>0$
  n이 홀수일 때, $a^n<0$

- 어떤 수를 0으로 나누는 것은 생각하지 않는다.
- 0의 역수는 없다.
- 곱셈과 나눗셈 사이의 관계
  □×△=○ ⇨ { □=○÷△, △=○÷□ }

꼭 나오는 대표 빈출로 핵심 확인

난이도 중하-중

정답과 해설 21쪽

정수와 유리수의 덧셈과 뺄셈

1 다음 계산의 (가), (나)에 사용된 계산 법칙을 각각 구하시오.

$$\begin{aligned}&(+1)+(-7)+(+6)\\ \xrightarrow{(가)}\ &=(+1)+(+6)+(-7)\\ \xrightarrow{(나)}\ &=\{(+1)+(+6)\}+(-7)\\ &=(+7)+(-7)=0\end{aligned}$$

정수와 유리수의 덧셈과 뺄셈

2 다음 중 가장 큰 수는?

① -2보다 3만큼 큰 수
② 5보다 -4만큼 큰 수
③ 0보다 -1만큼 작은 수
④ 2보다 3만큼 작은 수
⑤ -1보다 -3만큼 작은 수

정수와 유리수의 덧셈과 뺄셈

3 오른쪽 그림에서 가로, 세로, 대각선에 있는 세 수의 합이 모두 같을 때, $a+b$의 값은?

a	1	6
	3	b
	5	

① -2　② -1
③ 0　④ 1
⑤ 2

정수와 유리수의 곱셈

4 다음 중 계산 결과가 나머지 넷과 <u>다른</u> 하나는?

① $(-1)^2$　② $-(-1)^3$
③ $\{-(-1)\}^4$　④ $\{-(-1)\}^5$
⑤ $-\{-(-1)\}^6$

정수와 유리수의 나눗셈

5 a의 역수는 -7이고 1.75의 역수는 b일 때, $a+b$의 값은?

① $-\frac{1}{7}$　② $\frac{3}{7}$　③ 1
④ 4　⑤ 7

정수와 유리수의 나눗셈

6 다음 중 옳은 것은?

① $(+2)+(-3)+(-1)=+2$
② $\left(-\frac{3}{2}\right)-\left(-\frac{3}{4}\right)-(-1)=-\frac{1}{4}$
③ $\left(-\frac{2}{9}\right)\times(+3)\times\left(-\frac{6}{5}\right)=+\frac{5}{4}$
④ $(-2.5)\times(-0.6)\times(-6)=-9$
⑤ $\left(-\frac{6}{5}\right)\div\left(-\frac{2}{5}\right)\div(-3)=-2$

정수와 유리수의 나눗셈

7 다음 식의 계산 순서를 바르게 나열한 것은?

$$\frac{5}{2}\underset{\text{㉠}}{\underset{\uparrow}{-}}\left\{\frac{7}{3}\underset{\text{㉡}}{\underset{\uparrow}{\times}}(-3)\underset{\text{㉢}}{\underset{\uparrow}{^2}}\underset{\text{㉣}}{\underset{\uparrow}{-}}(-4)\right\}\underset{\text{㉤}}{\underset{\uparrow}{\div}}(-2)$$

① ㉠, ㉡, ㉢, ㉣, ㉤　② ㉡, ㉢, ㉣, ㉠, ㉤
③ ㉡, ㉢, ㉣, ㉤, ㉠　④ ㉢, ㉡, ㉣, ㉠, ㉤
⑤ ㉢, ㉡, ㉣, ㉤, ㉠

정수와 유리수의 나눗셈

8 두 수 a, b가

$$a=\left\{2-\left(-\frac{1}{2}\right)^2\div\frac{5}{8}\right\}\times(-15),$$

$$b=-\frac{1}{2}-\left\{(-1)^3\times\frac{3}{4}-(-7)\div(-4)\right\}\div5$$

일 때, $a-b$의 값을 구하시오.

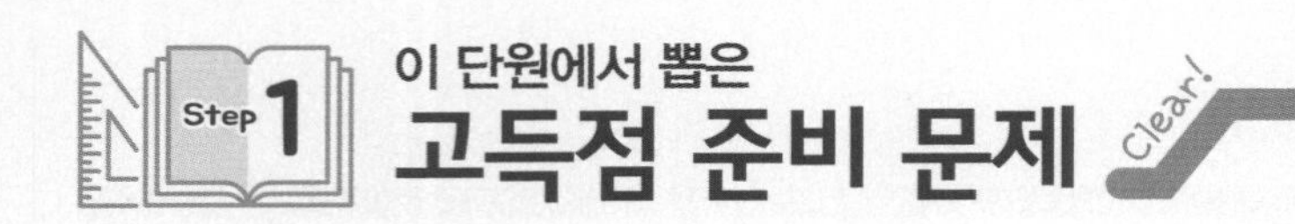

난이도 중~중상

1 정수와 유리수의 덧셈과 뺄셈

✓ 핵심 심화

(1) 세 수 이상의 덧셈에서는 덧셈의 계산 법칙을 이용하여 계산한다.
(2) 뺄셈을 모두 덧셈으로 바꾸어 계산한다. ⇨ $-(+■)=+(-■)$, $-(-★)=+(+★)$
(3) 양수는 양수끼리, 음수는 음수끼리 모아서 계산한다.
(4) 분수끼리의 계산은 분모를 통분하여 계산한다.
(5) 소수와 분수의 덧셈은 소수는 소수끼리, 분수는 분수끼리 모아서 계산하거나 소수를 분수로 또는 분수를 소수로 고쳐서 계산한다.

대표문제 1

정수 x에 6을 더하면 양의 정수가 되고 4를 더하면 음의 정수가 될 때, $\frac{1}{3}-\frac{3}{2}+\frac{2}{3}-x-\frac{1}{6}$의 값을 구하시오.

✓ 해결 전략

❶ $x+6$이 양의 정수임을 이용하여 정수 x로 가능한 값을 구한다.
❷ $x+4$가 음의 정수임을 이용하여 정수 x로 가능한 값을 구한다.
❸ ❶, ❷를 이용하여 정수 x의 값을 구한다.
❹ 주어진 식을 계산한다.

유제 1 -2보다 -3만큼 작은 수를 a, $\frac{3}{4}$보다 $-\frac{2}{3}$만큼 큰 수를 b라 할 때, $a-b$의 값을 구하시오.

유제 2 어떤 유리수에서 $\frac{3}{4}$을 빼어야 할 것을 잘못하여 더하였더니 그 결과가 $\frac{9}{10}$가 되었다. 바르게 계산한 답을 구하시오.

유제 3 오른쪽 그림에서 이웃하는 네 수의 합이 항상 $\frac{1}{2}$일 때, 네 유리수 a, b, c, d에 대하여 $a-b-c+d$의 값을 구하시오.

$-\frac{5}{2}$	$\frac{11}{6}$	$\frac{3}{4}$	a	b	c	$\frac{3}{4}$	d

정답과 해설 22쪽

2 정수와 유리수의 곱셈

✓ 핵심 ✓ 심화

곱하는 음수의 개수에 따라 곱의 부호를 결정한다.

(1) 곱하는 음수가 $\begin{cases} \text{짝수 개일 때, 부호는 } + \\ \text{홀수 개일 때, 부호는 } - \end{cases}$

(2) 유리수의 거듭제곱: 유리수 a와 자연수 n에 대하여

① $a>0$이면 모든 자연수 n에 대하여 $a^n>0$

② $a<0$이면 $\begin{cases} n\text{이 짝수일 때, } a^n>0 \\ n\text{이 홀수일 때, } a^n<0 \end{cases}$

대표문제 2

네 유리수 $\frac{1}{2}$, -2, $-\frac{3}{2}$, $-\frac{8}{5}$ 중 서로 다른 두 수를 뽑아 각각 a, b라 할 때, $a\times b$의 값 중 가장 큰 값을 M, 가장 작은 값을 m이라 하자. M, m의 값을 각각 구하시오.

✓ 해결 전략

❶ 두 수의 곱이 가장 큰 수가 될 조건을 이용하여 가장 큰 $a\times b$의 값을 구한다.

❷ 두 수의 곱이 가장 작은 수가 될 조건을 이용하여 가장 작은 $a\times b$의 값을 구한다.

유제 4

네 유리수 $\frac{1}{2}$, $-\frac{5}{7}$, 4, $-\frac{14}{5}$ 중 서로 다른 세 수를 뽑아 곱한 값 중 가장 큰 값을 a, 가장 작은 값을 b라 할 때, $a+b$의 값을 구하시오.

유제 5

다음을 계산하시오.

$$\left(\frac{1}{2}-1\right)\times\left(\frac{1}{2}+1\right)\times\left(\frac{1}{3}-1\right)\times\left(\frac{1}{3}+1\right)\times\cdots\times\left(\frac{1}{8}-1\right)\times\left(\frac{1}{8}+1\right)$$

UP 유제 6

2보다 큰 자연수 n에 대하여 $(-1)^{n-1}+(-1)^{n}-(-1)^{2\times n}+(-1)^{2\times n+3}$을 계산하시오.

접근 n이 짝수일 때와 홀수일 때로 나누어 생각한다.

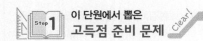

3 정수와 유리수의 나눗셈과 분수

✓핵심 ✓심화

(1) 나눗셈의 몫의 부호의 결정 방법은 곱셈과 같다.

(2) 나누는 수가 소수 또는 분수일 때, 소수는 분수로 바꾸고 역수를 이용한다.

① $\dfrac{\frac{A}{B}}{\frac{C}{D}}=\dfrac{A}{B}\div\dfrac{C}{D}=\dfrac{A}{B}\times\dfrac{D}{C}=\dfrac{A\times D}{B\times C}$ ② $\dfrac{1}{\frac{A}{B}}=1\div\dfrac{A}{B}=1\times\dfrac{B}{A}=\dfrac{B}{A}$

(3) 덧셈, 뺄셈, 곱셈, 나눗셈의 혼합 계산은 다음 순서로 한다.

거듭제곱 ➡ (소괄호) ⇨ {중괄호} ⇨ [대괄호] ➡ 곱셈, 나눗셈 ➡ 덧셈, 뺄셈

고수 비법

$\dfrac{1}{A\times B}=\dfrac{1}{B-A}\times\left(\dfrac{1}{A}-\dfrac{1}{B}\right)$ (단, $A\neq B$)

대표문제 3

$A=\dfrac{5}{6}\div\left(-\dfrac{3}{4}\right)\times2$, $B=(-1)^5\div3-2^2$일 때, $\dfrac{A}{B}$의 값을 구하시오.

✓해결 전략

❶ 나누는 수를 역수로 바꾸고, 나눗셈을 곱셈으로 바꾸어 A의 값을 구한다.

❷ 거듭제곱 ⇨ 나눗셈 ⇨ 뺄셈의 순서로 계산하여 B의 값을 구한다.

❸ $\dfrac{A}{B}=A\div B$임을 이용하여 $\dfrac{A}{B}$의 값을 구한다.

유제 7 $A=\dfrac{1}{3}-\dfrac{1}{2}\times\left\{\dfrac{2}{5}\div1.4-\dfrac{1}{7}\times(-3)^2\right\}$일 때, A의 값에 가장 가까운 정수를 구하시오.

유제 8 0이 아닌 두 수 A, B에 대하여 $\dfrac{1}{\frac{A}{B}}=\dfrac{B}{A}$임을 이용하여 $\dfrac{1}{1-\dfrac{1}{1-\dfrac{1}{1-\frac{1}{3}}}}$을 계산하시오.

UP 유제 9 $\dfrac{11}{3}$에 가장 가까운 정수를 a라 할 때, 다음을 계산하시오.

$$\frac{1}{a\times(a+1)}+\frac{1}{(a+1)\times(a+2)}+\frac{1}{(a+2)\times(a+3)}+\frac{1}{(a+3)\times(a+4)}$$

접근 연속한 두 정수 a, b에 대하여 $a<b$이면 $\dfrac{1}{a\times b}=\dfrac{1}{a}-\dfrac{1}{b}$임을 이용한다.

정답과 해설 23쪽

4 절댓값이 주어진 덧셈과 뺄셈

✓핵심 ✓심화

두 수 a, b의 절댓값이 주어질 때, 계산 결과가 가장 큰 값 또는 가장 작은 값이 되도록 하는 조건을 찾는다.

(1) $a+b$의 값이
- 최대가 되려면 a도 최대, b도 최대이어야 한다. ⇨ (최대)+(최대)=(최대)
- 최소가 되려면 a도 최소, b도 최소이어야 한다. ⇨ (최소)+(최소)=(최소)

(2) $a-b$의 값이
- 최대가 되려면 a는 최대, b는 최소이어야 한다. ⇨ (최대)−(최소)=(최대)
- 최소가 되려면 a는 최소, b는 최대이어야 한다. ⇨ (최소)−(최대)=(최소)

대표문제 4

절댓값이 $\frac{2}{5}$인 수를 a, 절댓값이 $\frac{1}{3}$인 수를 b라 할 때, $a-b$의 값 중 가장 작은 값을 구하시오.

✓해결 전략

❶ 두 수 a, b로 가능한 값을 모두 찾는다.
❷ $a-b$의 값이 가장 작을 조건을 찾는다.
❸ ❷의 조건을 만족하는 a, b의 값을 찾고 그때의 $a-b$의 값을 구한다.

유제 10

두 유리수 a, b에 대하여 $|a|=\frac{6}{5}$, $|b|=\frac{3}{10}$일 때, $a+b$의 값 중 가장 큰 값을 구하시오.

유제 11

두 정수 a, b에 대하여 $|a|<5$, $|b|<9$일 때, $a-b$의 값 중 가장 큰 값을 M, 가장 작은 값을 m이라 하자. $M\times m$의 값을 구하시오.

UP 유제 12

$|2\times a|=10$, $|b\div 5|=3$을 만족하는 정수 a, b에 대하여 $b-a$의 값 중 가장 큰 값을 구하시오.

접근 먼저 $|a|$, $|b|$의 값을 구한다.

정답과 해설 24쪽

5 문자로 주어진 수의 부호와 대소 관계

핵심 ✓심화

(1) 문자로 주어진 수의 부호: 두 수의 계산 결과로부터 두 수의 부호를 찾는다.

① 덧셈, 뺄셈과 부호

(양수)+(양수)=(양수)

(음수)+(음수)=(음수)

(양수)−(음수)=(양수)

(음수)−(양수)=(음수)

② 곱셈과 부호

(양수)×(양수)=(양수)

(음수)×(음수)=(양수)

(양수)×(음수)=(음수)

(음수)×(양수)=(음수)

(2) 문자로 주어진 수의 대소 관계: 주어진 범위 안의 적당한 수를 이용하여 대소를 비교한다.

고수 비법

(1) $a\times b>0$

⇨ a, b는 서로 같은 부호

⇨ $a>0$, $b>0$ 또는 $a<0$, $b<0$

(2) $a\times b<0$

⇨ a, b는 서로 다른 부호

⇨ $a>0$, $b<0$ 또는 $a<0$, $b>0$

대표문제 5

다음 조건을 모두 만족하는 세 수 a, b, c의 부호를 부등호를 사용하여 나타내시오.

(가) $a\times b<0$　　(나) $b-a>0$　　(다) $\frac{c}{b}>0$

✓ 해결 전략

❶ 조건 (가), (나)로부터 a, b의 부호를 정한다.

❷ ❶과 조건 (다)로부터 c의 부호를 정한다.

유제 13

두 수 a, b에 대하여 $a<0$, $b<0$이고 a의 절댓값이 b의 절댓값보다 클 때, 오른쪽 세 수를 작은 수부터 차례대로 나열하시오.

$a-b$,　$b-a$,　$a+b$

유제 14

$0<a<1$일 때, a, $-a^2$, $\frac{1}{a}$, $\left(\frac{1}{a}\right)^2$ 중 가장 큰 수를 구하시오.

유제 15

$-3<a<-1$일 때, 다음 중 가장 큰 수를 구하시오.

$|a+1|$,　$-a$,　$\frac{1}{a}$,　$-\frac{1}{a+7}$

고득점 실전 문제

정답과 해설 24쪽

1 정수와 유리수의 덧셈과 뺄셈

1 1부터 200까지의 정수 중 짝수의 합을 A, 홀수의 합을 B라 할 때, $A-B$의 값은?

① -200 ② -100 ③ 0
④ 100 ⑤ 200

2 4보다 -3만큼 큰 수를 a, -3보다 -8만큼 작은 수를 b라 할 때, $a<|c|<b$를 만족하는 정수 c의 개수는?

① 4개 ② 5개 ③ 6개
④ 7개 ⑤ 8개

3 유리수 a에 가장 가까운 정수를 $\langle a\rangle$라 하자. 예를 들어 $\langle 2.6\rangle=3$, $\langle 5.1\rangle=5$일 때,

$\left\langle\frac{31}{4}\right\rangle+\left\langle-\frac{19}{5}\right\rangle+\langle -2.8\rangle$의 값은?

① -5 ② -2 ③ 1
④ 2 ⑤ 4

빈출

4 $|a|=\frac{5}{2}$, $|b|=\frac{2}{3}$일 때, $a-b$의 값 중 가장 큰 값을 M, 가장 작은 값을 m이라 하자. 이때 $M-m$의 값을 구하시오.

5 다음과 같은 규칙으로 계산되는 두 프로그램 A, B에 대하여 어떤 수를 A에 입력하여 출력된 수는 자동으로 B에 입력되어 최종 출력된다.

프로그램 A	프로그램 B
입력된 수에서 $\frac{2}{3}$를 뺀 수가 출력된다.	입력된 수보다 작은 정수 중 가장 큰 수가 출력된다.

프로그램 A에 $-\frac{11}{6}$을 입력할 때, 최종 출력되는 값을 구하시오.

6 크기가 같은 두 주사위 A, B에 대하여 주사위 A의 각 면에는 -3, -2, -1, 0, 1, 2가 적혀 있고 주사위 B의 각 면에는 2, 3, 4, 5, 6, 7이 적혀 있다. 다음 그림과 같이 두 주사위 A, B를 한 면이 맞붙도록 붙여서 책상 위에 놓을 때, 가려지는 면을 제외한 모든 면에 적힌 수의 합 중 가장 큰 값을 구하시오.

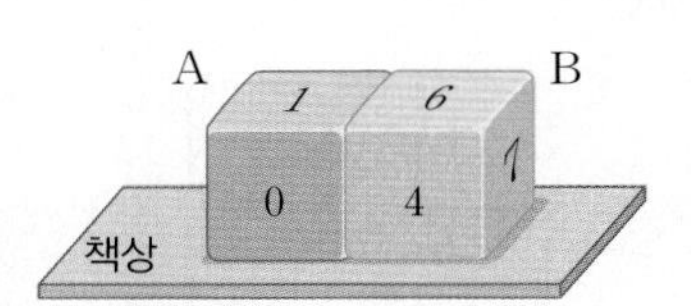

2 정수와 유리수의 곱셈과 나눗셈

7 5의 역수를 A, $-\frac{7}{3}$의 역수를 B라 하고
$C=\left(-\frac{1}{2}\right)^2\div\frac{5}{6}\times2$라 할 때, $A\div B\times C$의 값을 구하시오.

8 합이 7인 두 자연수의 역수의 합 중 가장 작은 값을 기약분수로 나타낼 때, 이 기약분수의 분자와 분모의 합을 구하시오.

9 유리수 $\frac{1}{12}$을 다음 순서에 따라 계산한 결과가 $-\frac{1}{3}$일 때, 두 유리수 A, B에 대하여 $B-A$의 값을 구하시오.

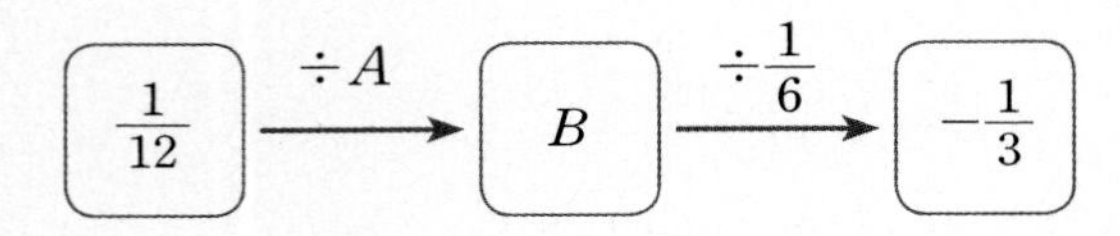

10 다음 그림과 같은 전개도를 접어 만든 직육면체의 마주 보는 면에 적힌 두 수가 서로 역수일 때, $a \div b \times \frac{3}{c}$의 값을 구하시오.

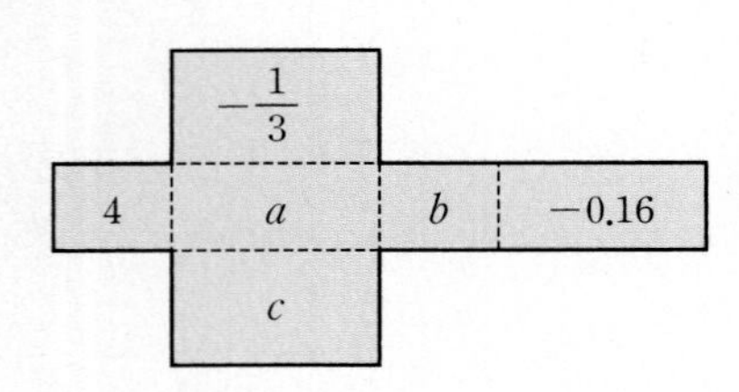

11 $\frac{157}{68}=2+\cfrac{1}{a+\cfrac{1}{b+\cfrac{1}{c}}}$을 만족하는 자연수 a, b, c에 대하여 $a+b+c$의 값을 구하시오.

빈출

12 네 유리수 $\frac{1}{5}$, $-\frac{3}{2}$, -2, $-\frac{1}{4}$ 중 서로 다른 세 수를 뽑아 곱한 값 중 가장 큰 값을 M, 가장 작은 값을 m이라 할 때, $M \div m$의 값은?

① $-\frac{5}{3}$　② $-\frac{4}{5}$　③ $-\frac{1}{5}$
④ $\frac{1}{2}$　⑤ $\frac{3}{5}$

13 오른쪽 그림의 주사위에서 마주 보는 면에 적힌 두 수의 곱이 $\frac{1}{2}$일 때, 보이지 않는 세 면에 적힌 수에 대한 설명으로 옳은 것만을 〈보기〉에서 모두 고른 것은?

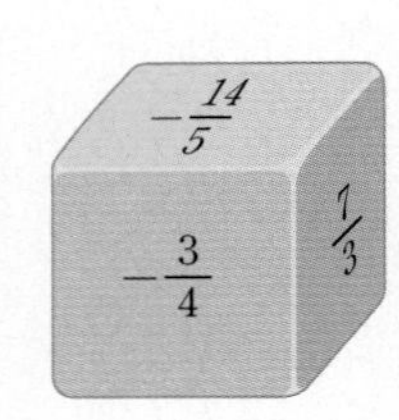

보기
ㄱ. 음수는 1개이다.
ㄴ. $-\frac{3}{4}$이 적힌 면과 마주 보는 면에 적힌 수가 가장 작다.
ㄷ. $\frac{7}{3}$이 적힌 면과 마주 보는 면에 적힌 수가 가장 크다.

① ㄷ　② ㄱ, ㄴ　③ ㄱ, ㄷ
④ ㄴ, ㄷ　⑤ ㄱ, ㄴ, ㄷ

14 두 정수 a, b에 대하여 $|a|=3\times|b|$, $a\times b=192$일 때, $a-b$의 값이 될 수 있는 것을 모두 고르면? (정답 2개)

① -16　② -4　③ 4
④ 16　⑤ 32

15 오른쪽 그림은 점 A에서 출발하여 세 점 B, C, D를 차례대로 지나 다시 점 A로 되돌아오는 계산 규칙을 나타낸 것이다. 출발 전 A의 값이 1일 때, 두 바퀴를 돌고 난 후의 A의 값을 구하시오.

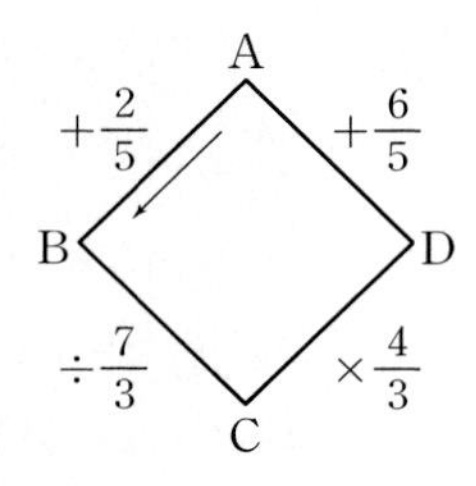

3 정수와 유리수의 혼합 계산

16 $A=2^3+(-3)^2+(-1)^6-2^2\div(-2)$일 때, A의 약수의 총합은?

① 36　② 39　③ 42
④ 45　⑤ 47

17 n이 자연수일 때, $(n+1)^2-n^2=2\times n+1$임을 이용하여 다음을 계산하시오.

$$8^2-7^2+6^2-5^2+4^2-3^2+2^2-1^2$$

빈출

18 다음을 계산하면?

$$\left(-\frac{1}{2}\right)^4-\left(-\frac{1}{4}\right)^2\div\left\{\left(-\frac{3}{2}\right)^2\times\left(-\frac{1}{4}\right)^2-(-0.5)^3\right\}$$

① $-\frac{11}{68}$　② $-\frac{45}{272}$　③ $-\frac{47}{272}$
④ $-\frac{3}{17}$　⑤ $-\frac{25}{136}$

19 유리수 A가

$$A=(-4)+(-9)\div\frac{1}{3}\div(-3)^2\times(-1)^4+13$$

일 때, $0<n<A$를 만족하는 자연수 n 중 A의 약수를 모두 더하면?

① 6　② 11　③ 12
④ 18　⑤ 21

20 $\dfrac{8}{4+\left|1-5\times\frac{1}{2}\right|}\times\left(-\frac{1}{4}\right)+(-1)^2$의 값을 구하시오.

학평기출　• 고1 2009년 3월 서울교육청 14번

21 다음은 $\frac{1}{20}+\frac{1}{30}+\frac{1}{42}+\frac{1}{56}+\frac{1}{72}$의 값을 구하는 과정이다.

처음 두 수를 다음과 같이 변형하면

$\frac{1}{20}=\frac{1}{4\times5}=\frac{1}{4}-\frac{1}{5}$

$\frac{1}{30}=\frac{1}{5\times6}=\frac{1}{5}-\frac{1}{6}$

위와 같은 방법으로 변형하여 계산하면

$\frac{1}{20}+\frac{1}{30}+\frac{1}{42}+\frac{1}{56}+\frac{1}{72}=$ □

□ 안에 들어갈 값으로 알맞은 것은?

① $\frac{3}{28}$　② $\frac{1}{9}$　③ $\frac{1}{8}$
④ $\frac{5}{36}$　⑤ $\frac{1}{6}$

22 다음 □ 안에 들어갈 수로 알맞은 것은?

$$3\times\left\{\left(-\frac{1}{3}\right)^2\div\square+2-2^2\right\}=-\frac{27}{4}$$

① $-\frac{11}{4}$　② $-\frac{9}{4}$　③ $-\frac{3}{4}$

④ $-\frac{4}{9}$　⑤ $-\frac{4}{3}$

23 가로의 길이가 $\frac{19}{5}$, 세로의 길이가 $\frac{5}{27}$, 높이가 $\frac{70}{3}$인 직육면체의 가로의 길이를 1만큼 늘이고 높이를 $\frac{5}{6}$만큼 줄여서 만든 새로운 직육면체의 부피를 구하시오.

빈출

24 은수와 경호는 수직선 위의 원점에 서서 가위바위보를 하여 이기면 오른쪽으로 $\frac{2}{3}$만큼, 지면 왼쪽으로 $\frac{3}{4}$만큼 움직이기로 하였다. 가위바위보를 10번 하여 경호가 6번 이겼을 때, 은수와 경호의 위치가 나타내는 수를 각각 a, b라 하자. $|a-b|$의 값을 구하시오.

(단, 비기는 경우는 생각하지 않는다.)

25 혜리가 세 매장 A, B, C에서 판매되는 똑같은 실내화의 가격과 집에서 각 매장까지의 왕복 교통비를 조사하였더니 다음 표와 같았다. 실내화 한 켤레를 살 때, 어느 매장을 이용하는 것이 가장 경제적인지 구하시오.

매장	실내화 한 켤레의 가격	왕복 교통비
A	B 매장 가격의 $\frac{16}{17}$이다.	4000원
B	C 매장보다 1500원 싸다.	2000원
C	10000원	1000원

교과서 속 창의·융합

26 다음은 펀드와 그 수익률에 대한 설명이다.

> 펀드는 주식이나 채권 등 유가증권에 투자하기 위하여 증권사 등이 여러 사람으로부터 일정 금액을 모금하여 운용하는 투자 기금이다. 투자 실적에 따라 발생한 수익을 투자자에게 되돌려주는 금융 상품 중 하나로, 투자 전문가가 아닌 일반인들이 전문가를 믿고 맡기는 투자 형태이다.
> 이러한 펀드의 수익률을 계산하는 기준은 기준 가격 또는 평가액인데 이 중 기준 가격을 이용하는 경우, 수익률은 $\left\{\frac{(\text{현재 기준 가격})}{(\text{가입 시 기준 가격})}-1\right\}\times100(\%)$으로 계산한다.

김현주 씨가 투자한 세 종류의 펀드 A, B, C에 대하여 각 펀드별 기준 가격이 오른쪽 표와 같을 때, 수익률이 높은 것부터 차례대로 나열하시오.

펀드	현재 기준 가격	가입 시 기준 가격
A	20.5	18
B	95	100
C	355	340

(단위: 만 원)

만점 굳히기 문제

정답과 해설 27쪽

Key Point

1 어떤 유리수를 $\frac{5}{6}$와 $\frac{17}{3}$로 각각 나누면 모두 자연수가 된다고 한다. 이를 만족하는 가장 작은 유리수를 구하시오.

분모는 클수록, 분자는 작을수록 분수의 값이 작다.

2 $\frac{2}{n\times(n+2)}=\frac{1}{n}-\frac{1}{n+2}$임을 이용하여 $\frac{1}{12}+\frac{1}{24}+\frac{1}{40}+\frac{1}{60}$을 계산하시오.

각 분수를 $\frac{2}{n\times(n+2)}$의 꼴로 만들어 주어진 식을 이용한다.

Challenge

3 0이 아닌 두 유리수 a, b에 대하여 $\frac{a}{|a|}-\frac{b}{|b|}-\frac{a\times b}{|a\times b|}$의 값이 될 수 있는 모든 수의 합을 구하시오.

$a>0$일 때, $|a|=a$이고
$a<0$일 때, $|a|=-a$이다.

Challenge

4 자연수 n에 대하여 A_n을 다음과 같이 약속할 때, A_{200}의 값을 구하시오.

$$A_1=\frac{1}{2},\ A_2=\frac{1}{1-\frac{1}{2}},\quad A_3=\frac{1}{1-\frac{1}{1-\frac{1}{2}}},\quad A_4=\frac{1}{1-\frac{1}{1-\frac{1}{1-\frac{1}{2}}}},\ \cdots$$

$\frac{1}{\frac{A}{B}}=\frac{B}{A}$임을 이용한다.

빈출

5 다음 조건을 모두 만족하는 세 정수 a, b, c의 값을 각각 구하시오.

(가) $|a|>|b|>|c|$
(나) $a+b+c=-6$
(다) $a\times b\times c=30$
(라) $|a|\neq1$, $|b|\neq1$, $|c|\neq1$

$a+b+c<0$, $a\times b\times c>0$이므로 a, b, c 중 두 수는 음수이다.

대단원 평가 문제

A 단계

1 $|a|=5$일 때, 다음 중 $\frac{2}{5}+a$의 값이 될 수 있는 것을 모두 고르면? (정답 2개)

① -5 ② $-\frac{23}{5}$ ③ $\frac{7}{5}$
④ $\frac{23}{5}$ ⑤ $\frac{27}{5}$

학평기출 · 고1 2013년 3월 부산교육청 1번

2 $\frac{3}{8}\times\frac{2}{9}\div\left(-\frac{1}{2}\right)^2$의 값은?

① $\frac{1}{6}$ ② $\frac{1}{3}$ ③ $\frac{1}{2}$
④ 1 ⑤ 2

3 다음 계산 과정에서 사용되지 않은 계산 법칙은?

$$\frac{5}{3}\times\frac{9}{2}\times(-6)\times\{(-3.6)+2+(-6.4)\}$$
$$=\frac{5}{3}\times\frac{9}{2}\times(-6)\times\{2+(-3.6)+(-6.4)\}$$
$$=\frac{5}{3}\times\frac{9}{2}\times(-6)\times[2+\{(-3.6)+(-6.4)\}]$$
$$=\left(\frac{5}{3}\times\frac{9}{2}\right)\times(-6)\times\{2+(-10)\}$$
$$=\left\{\frac{45}{6}\times(-6)\right\}\times\{2+(-10)\}$$
$$=(-45)\times\{2+(-10)\}$$
$$=(-45)\times2+(-45)\times(-10)$$
$$=-90+450=360$$

① 덧셈의 교환법칙 ② 덧셈의 결합법칙
③ 곱셈의 교환법칙 ④ 곱셈의 결합법칙
⑤ 분배법칙

빈출

4 $-\frac{4}{5}$의 역수를 a, 1.6의 역수를 b, $\frac{1}{2}-1.25$의 역수를 c라 할 때, $a\div b\times c$의 값을 구하시오.

5 다음 □ 안에 들어갈 수로 알맞은 것은?

$$-4+6\times\{5-3\times(\square+1)\}=-14$$

① $\frac{11}{9}$ ② $\frac{4}{3}$ ③ $\frac{13}{9}$
④ $\frac{14}{9}$ ⑤ $\frac{5}{3}$

B 단계

6 두 수 A, B의 절댓값이 같고 A는 B보다 7만큼 작을 때, 수직선에서 A를 나타내는 점으로부터의 거리가 8.5인 점이 나타내는 수를 모두 구하시오.

7 $|n|<\frac{11}{5}$, $\frac{1}{3}<|n|\le\frac{11}{3}$을 모두 만족하는 정수 n 중 가장 큰 값을 a, 가장 작은 값을 b라 할 때, $a-b$의 값은?

① 2 ② 4 ③ 6
④ 8 ⑤ 10

정답과 해설 28쪽

8 세 유리수 a, b, c에 대하여 $a\times c<0$, $b\times c>0$, $b+c<0$일 때, 다음 중 부호가 나머지 넷과 다른 하나는?

① $a-b$　② $a-c$　③ $a\times b$
④ $a\times b\times c$　⑤ $a+b\div c$

9 수를 다음과 같이 규칙적으로 배열할 때, 첫 번째 수부터 2018번째 수까지의 합을 구하시오.

> -1, 2, $-\frac{1}{3}$, $\frac{3}{2}$, -1, -1, -1, 2, $-\frac{1}{3}$, $\frac{3}{2}$, -1, -1, -1, 2, $-\frac{1}{3}$, $\frac{3}{2}$, -1, -1, -1, 2, $-\frac{1}{3}$, $\frac{3}{2}$, -1, -1, $\cdots$

10 다음과 같이 A, B, C의 계산 규칙을 정할 때, 9를 A, B, C의 순서로 계산한 결과를 구하시오.

> A: 주어진 수에 $\frac{4}{3}$를 곱하고 $\frac{1}{2}$을 뺀다.
> B: A의 결과에 -1을 더한 다음 4를 곱한다.
> C: B의 결과에 3을 더한 다음 $\frac{9}{7}$로 나눈다.

11 두 수 a, b가

$$a=\left\{1-\left(-\frac{2}{3}\right)^2\div\left(-\frac{1}{3}\right)\right\}\div\frac{1}{4},$$

$$b=-\frac{11}{4}-\left\{-1+\frac{3}{4}\times\left(\frac{1}{4}\right)^2\div\left(-\frac{1}{2}\right)^3\right\}$$

일 때, $b<n<a$를 만족하는 정수 n의 개수를 구하시오.

12 자연수 n에 대하여 $\frac{1}{n\times(n+1)}=\frac{1}{n}-\frac{1}{n+1}$이 성립한다. 이를 이용하여

$\frac{1}{1\times2}+\frac{1}{2\times3}+\frac{1}{3\times4}+\cdots+\frac{1}{99\times100}$을 계산하면?

① $\frac{1}{100}$　② $\frac{99}{100}$　③ $\frac{101}{100}$
④ $\frac{199}{100}$　⑤ $\frac{201}{100}$

빈출

13 $|a|+|b|=4$를 만족하는 두 정수 a, b를 (a, b)로 나타낼 때, $a<b$인 (a, b)의 개수는?

① 3개　② 5개　③ 6개
④ 7개　⑤ 10개

정답과 해설 30쪽

14 절댓값이 1이 아닌 세 정수 a, b, c에 대하여

$$a\times b\times c=16, |a|\times|b|=8, \frac{a}{b}>0, a\geq b\geq c$$

일 때, $a+b+c$의 값을 구하시오.

C 단계

15 n이 자연수이고 $a>0$일 때, 다음을 계산하시오.

$$(-a)^{2n+1}+(-a)^{n}+a^{2n+1}+(-1)^{n+1}\times a^{n}$$

16 오른쪽 그림과 같이 한 변의 길이가 1인 정육각형의 각 꼭짓점마다 유리수가 하나씩 적혀 있다. 정육각형의 한 꼭짓점에서 출발하여 변을 따라 움직이는 점 P는 그 꼭짓점에 적혀 있는 수가 양수이면 시계 방향으로 2만큼, 음수이면 시계 반대 방향으로 1만큼 움직인다. 2가 적혀 있는 꼭짓점에서 출발하여 2020번 이동한 후 점 P가 도착하는 꼭짓점에 적혀 있는 수는?

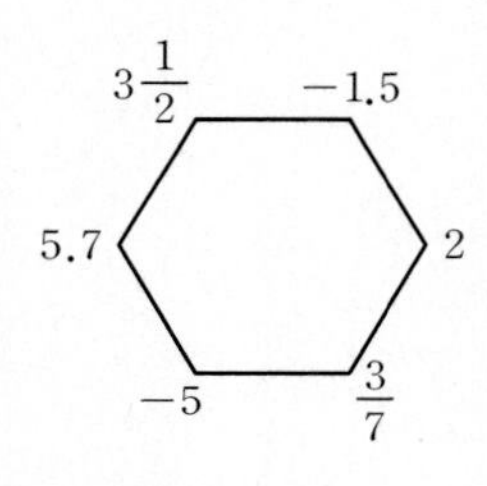

① $\frac{3}{7}$　② -5　③ 5.7
④ $3\frac{1}{2}$　⑤ -1.5

Challenge

17 다음 수직선에서 점 B는 두 점 A, D 사이의 거리를 2 : 3으로 나누는 점이고, 점 C는 두 점 A, D 사이의 거리를 3 : 2로 나누는 점이다. 두 점 B, C가 나타내는 수를 각각 p, q라 할 때, $6\times p+60\times q$의 값을 구하시오.

A, B, C, D; $-\frac{2}{3}$, p, q, $\frac{9}{4}$

Challenge

18 여섯 개의 정수 -4, -3, -2, -1, 1, 2 중 서로 다른 두 수 a, b를 뽑았더니 $a\times b$, $a-b$, $a+b$가 모두 음수이었다. $a\times b$의 값 중 가장 큰 값을 M, 가장 작은 값을 m이라 할 때, $M-m$의 값을 구하시오.

빈출

19 다음 조건을 모두 만족하는 서로 다른 다섯 개의 유리수 a, b, c, d, e를 큰 수부터 차례대로 나열할 때, 두 번째로 오는 수는?

(가) a의 역수는 b이고 $a\times b\times c=1$이다.
(나) a, b, c 중 적어도 하나는 음수이다.
(다) b와 d의 부호는 반대이고 절댓값은 같다.
(라) a, e의 절댓값은 1보다 작다.
(마) $c\times d\times e$의 값은 양수이다.

① a　② b　③ c
④ d　⑤ e

서술형으로 끝내기

정답과 해설 31쪽

1 어떤 수를 3배 한 후 -2를 빼어야 할 것을 잘못하여 어떤 수를 3으로 나누어 -2를 더하였더니 그 결과가 -4가 되었다. 다음 물음에 답하시오.

(1) 어떤 수를 구하시오.

(2) 바르게 계산한 답을 구하시오.

2 준호와 창민이는 운동장 축구 골대의 같은 지점에 서 있었다. 준호는 동쪽으로 30.5 m를 간 다음 서쪽으로 45.2 m를 가고, 다시 동쪽으로 20.9 m를 가서 멈추었다. 창민이는 서쪽으로 26.3 m를 간 다음 동쪽으로 36.9 m를 가고, 다시 서쪽으로 20.7 m를 가서 멈추었다. 다음 물음에 답하시오.

(1) 처음 서 있던 축구 골대의 지점을 기준으로 준호와 창민이의 위치를 말하시오.

(2) 준호와 창민이가 멈춘 후, 두 사람 사이의 거리를 구하시오.

3 세 유리수 a, b, c에 대하여

$$a\times b>0,\ a\times b\times c\le 0,\ a+b<0$$

일 때, 다음 물음에 답하시오.

(1) 두 수 a, b의 부호를 부등호를 사용하여 나타내시오.

(2) $a+b+c$의 값의 부호를 부등호를 사용하여 나타내시오.

4 두 유리수 A, B에 대하여

$$A=1-\left\{-\frac{4}{9}+18\times\left(-\frac{1}{3}\right)^4\right\}\times\frac{9}{14},\ A\times B=1$$

일 때, 다음 물음에 답하시오.

(1) A, B의 값을 각각 구하시오.

(2) 다음 순서에 따라 계산할 때, C, D의 값을 각각 구하시오.

C —$\div 2$→ A —$\div D$→ B

5 한 변의 길이가 25 cm인 정사각형에서 가로의 길이는 30 % 늘이고, 세로의 길이는 20 % 줄여서 새로운 직사각형을 만들었다. 이 직사각형의 넓이를 구하시오.

풀이

답

6 전자계산기에는 계산 기능뿐만 아니라 아래와 같은 4가지의 메모리 기능이 있어서 복잡한 계산도 편리하게 할 수 있다.

M+ 메모리에 기억된 값에 현재 창의 계산 값을 더한다.
M− 메모리에 기억된 값에 현재 창의 계산 값을 뺀다.
MR 메모리에 기억된 값을 표시한다.
MC 메모리에 기억된 값을 지운다.

영진이가 전자계산기의 키를 오른쪽과 같은 순서로 눌렀을 때, 계산 결과를 구하시오.

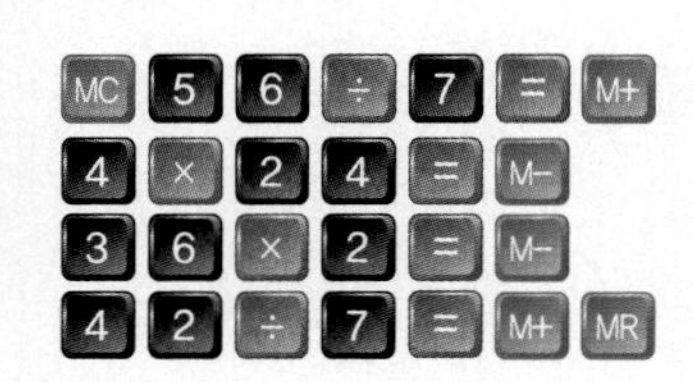

풀이

답

7 은수와 민호가 계단에서 가위바위보를 하는데 가위로 이기면 1칸, 바위로 이기면 2칸, 보로 이기면 3칸을 올라가고, 지면 1칸을 내려가기로 하였다. 처음 은수와 민호가 서 있던 계단의 위치를 0이라 하고 1칸을 올라가는 것을 $+1$, 1칸을 내려가는 것을 -1이라 한다. 10번의 가위바위보에서 은수가 가위로 4번, 바위로 2번, 보로 1번 이기고, 민호는 가위로 1번, 바위로 1번, 보로 1번 이겼을 때, 은수와 민호가 서 있는 계단의 위치의 차를 구하시오.

(단, 비기는 경우는 없다.)

풀이

답

8 상진이와 민영이는 각자 3장의 수 카드를 뽑은 후 카드에 적힌 수를 □×□÷□의 □ 안에 한 번씩 써넣어 계산 결과가 가장 크도록 할 때, 계산 결과가 더 큰 학생이 이기는 놀이를 한다. 상진이와 민영이가 뽑은 수 카드에 적힌 수가 다음 표와 같을 때, 상진이와 민영이 중 어느 학생이 얼마 차이로 이겼는지 구하시오.

상진	-2	$\frac{5}{8}$	$-\frac{3}{7}$
민영	$\frac{5}{2}$	$-\frac{4}{5}$	$-\frac{4}{3}$

풀이

답

문자와 식

5 문자와 식

1 문자를 사용한 식

(1) **문자를 사용한 식**: 수량 사이의 관계를 문자를 사용하여 간단히 나타낸 식

(2) **곱셈 기호 ×의 생략**: 다음과 같은 경우에는 곱셈 기호 ×를 생략한다.

① 수와 문자의 곱: 수를 문자 앞에 쓴다. 예 $a\times2=2a$

② 문자와 문자의 곱: 보통 알파벳 순서로 쓴다. 예 $b\times a\times c=abc$

③ 1 또는 -1과 문자의 곱: 1을 생략한다. 예 $1\times a=a$, $(-1)\times a=-a$

④ 괄호가 있는 곱셈: 곱해지는 수를 괄호 앞에 쓴다. 예 $(a+3)\times2=2(a+3)$

(3) **나눗셈 기호 ÷의 생략**: 나눗셈 기호 ÷를 생략하고 분수의 꼴로 나타낸다.

⇨ $a\div b=\frac{a}{b}$ (단, $b\neq0$)

2 식의 값

(1) **대입**: 문자를 사용한 식에서 문자에 어떤 수를 바꾸어 넣는 것

(2) **식의 값**: 문자를 사용한 식에서 문자에 어떤 수를 대입하여 계산한 값

① 생략된 기호 ×, ÷를 다시 쓴 후, 문자에 수를 대입하여 계산한다.

② 문자에 음수를 대입할 때는 반드시 괄호 ( )를 사용한다.

예 $x=-4$일 때, $2x-1$의 값은 $2\times x-1=2\times(-4)-1=-8-1=-9$

3 다항식과 일차식

(1) **다항식**

① 항: 수 또는 문자의 곱만으로 이루어진 식

② 상수항: 수만으로 이루어진 항

③ 계수: 문자를 사용한 항에서 문자에 곱해진 수

④ 다항식: 하나 또는 두 개 이상의 항의 합으로 이루어진 식

⑤ 단항식: 다항식 중에서 하나의 항으로만 이루어진 식

x의 계수 상수항

$-0.35x+2.8$

항

(2) **일차식**

① 차수: 항에서 문자가 곱해진 개수

② 다항식의 차수: 다항식에서 차수가 가장 큰 항의 차수

③ 일차식: 차수가 1인 다항식 예 $2x$, $3a+1$

4 일차식의 계산

(1) **일차식과 수의 곱셈, 나눗셈**

① (일차식)×(수): 분배법칙을 이용하여 일차식의 각 항에 수를 곱한다.

② (일차식)÷(수): 나눗셈을 역수의 곱셈으로 바꾸어 계산한다.

(2) **일차식의 덧셈, 뺄셈**

① 동류항: 문자와 차수가 각각 같은 항 예 $2x$와 $-3x$, a^2과 $5a^2$

② 동류항의 계산: $ax+bx=(a+b)x$와 같이 분배법칙을 이용하여 간단히 한다.

③ 일차식의 덧셈: 괄호가 있으면 괄호를 먼저 풀고 동류항끼리 모아서 계산한다.

④ 일차식의 뺄셈: 빼는 식의 각 항의 부호를 바꾸고 덧셈으로 바꾸어 계산한다.

+ 개념

꼭 기억!

- $a\times\frac{1}{2}$은 $\frac{1}{2}a$ 또는 $\frac{a}{2}$로 쓸 수 있다.
- 소수 0.1, 0.01, …과 문자의 곱에서는 1을 생략하지 않는다.
  예 $0.1\times a=0.1a$
- 같은 문자의 곱은 거듭제곱을 사용하여 나타낸다.
  예 $a\times a\times a=a^3$
- 나눗셈을 역수의 곱셈으로 바꾼 다음, 곱셈 기호 ×를 생략할 수도 있다.
  ⇨ $a\div b=a\times\frac{1}{b}=\frac{a}{b}$ (단, $b\neq0$)
- 1 또는 -1과 문자의 나눗셈
  예 $a\div1=a$, $a\div(-1)=-a$

꼭 기억!

- 항의 계수는 부호까지 포함한 수이다.
- $\frac{2}{x}$와 같이 분모에 문자가 있는 식은 다항식이 아니다.
- 단항식도 다항식이다.
- 상수항의 차수는 0이다.

꼭 기억!

- 단항식과 수의 곱셈은 수끼리 곱하여 수를 문자 앞에 쓴다.
- 상수항끼리는 모두 동류항이다.

꼭 나오는 대표 빈출로 핵심 확인

난이도 중하–중

정답과 해설 33쪽

문자를 사용한 식

1 다음 중 옳은 것은?

① $x\times2\times y\times(-3)\times x=2-3xxy$
② $b\times b\times a\times4\times b\div(-2)=-2ab^3$
③ $0.1\times x\times y\times x=0.x^2y$
④ $a\times b\times2\div(-1)=ab$
⑤ $x+y\div3=\dfrac{x+y}{3}$

문자를 사용한 식

2 옳은 것만을 〈보기〉에서 모두 고른 것은?

보기
ㄱ. 한 변의 길이가 a인 정사각형의 둘레의 길이는 a^4이다.
ㄴ. 십의 자리의 숫자가 a, 일의 자리의 숫자가 b인 두 자리 자연수는 ab이다.
ㄷ. 시속 a km로 b시간 동안 달린 거리는 ab km이다.

① ㄱ ② ㄴ ③ ㄷ
④ ㄱ, ㄴ ⑤ ㄴ, ㄷ

식의 값

3 $a=-\dfrac{1}{2}$, $b=2$일 때, 다음 중 식의 값이 가장 큰 것은?

① $a+b$ ② $a-b$ ③ $2a+1$
④ $a^2+\dfrac{1}{2}b$ ⑤ $a-b^3$

식의 값

4 지면에서 초속 50 m로 똑바로 위로 쏘아 올린 물체의 t초 후의 높이는 $(50t-5t^2)$ m라 한다. 이 물체의 2초 후의 높이를 구하시오.

다항식과 일차식

5 다항식 $4x^2-3x-5$에 대한 다음 설명 중 옳지 않은 것을 모두 고르면? (정답 2개)

① 항은 $4x^2$, $3x$, 5의 3개이다.
② 상수항은 -5이다.
③ x의 계수는 -3이다.
④ x^2의 계수는 4이다.
⑤ 다항식의 차수는 4이다.

일차식의 계산

6 다음 중 동류항끼리 바르게 짝지어진 것은?

① $2a$, a^2 ② $-x^2y$, xy^2 ③ $3a$, $-\dfrac{a}{3}$
④ $3a^2$, $2a^3$ ⑤ $2a^3$, $2b^3$

일차식의 계산

7 다음 중 옳은 것은?

① $(x+6)\div3=x+2$
② $(x+1)\times(-2)=-2x+2$
③ $(2x+1)+(x-3)=3x-4$
④ $-(x+2)+3(x-2)=2x-8$
⑤ $\dfrac{1}{2}(6x+3)-x=\dfrac{5}{2}x+\dfrac{3}{2}$

일차식의 계산

8 어떤 다항식을 2배 한 후, $3x+2$를 빼었더니 $-x+5$가 되었다. 어떤 다항식을 구하시오.

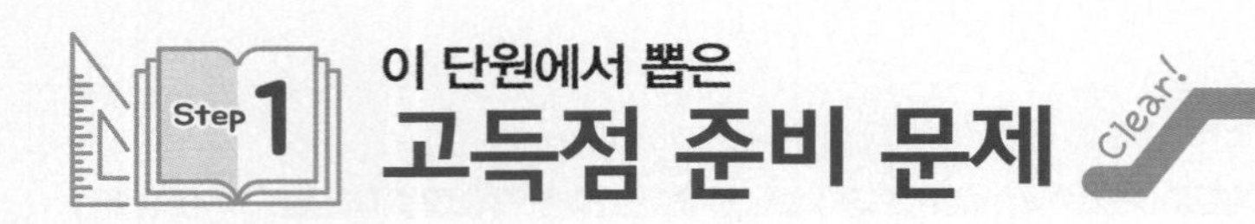

난이도 중-중상

1 문자를 사용한 식 세우기

✓핵심 심화

수량 사이의 관계에 따라 문자를 사용한 식을 세우고 곱셈 기호 ×, 나눗셈 기호 ÷를 생략하여 나타낸다.

(1) $(\text{거리})=(\text{속력})\times(\text{시간})$, $(\text{속력})=\dfrac{(\text{거리})}{(\text{시간})}$, $(\text{시간})=\dfrac{(\text{거리})}{(\text{속력})}$

(2) $(\text{평균})=\dfrac{(\text{자료의 총합})}{(\text{자료의 총 개수})}$

(3) $(\text{소금물의 농도})=\dfrac{(\text{소금의 양})}{(\text{소금물의 양})}\times 100(\%)$, $(\text{소금의 양})=\dfrac{(\text{소금물의 농도})}{100}\times(\text{소금물의 양})$

(4) 가로의 길이가 a cm, 세로의 길이가 b cm인 직사각형의 $\begin{cases}(\text{둘레의 길이})=2(a+b)(\text{cm})\\(\text{넓이})=ab(\text{cm}^2)\end{cases}$

고수 비법

단위가 다른 수량이 사용된 경우 단위를 반드시 통일해야 한다.

⇨ x분$=\dfrac{x}{60}$시간

대표문제 1

A 지점에서 출발하여 20 km만큼 떨어진 B 지점까지 시속 x km의 속력으로 가는데 중간에 45분을 쉬었다. A 지점에서 출발하여 B 지점에 도착할 때까지 걸린 시간을 x를 사용한 식으로 나타내시오.

✓해결 전략

❶ 시속 x km의 속력으로 움직인 시간을 식으로 나타낸다.

❷ 45분을 시간 단위로 나타낸다.

❸ A 지점에서 출발하여 B 지점에 도착할 때까지 걸린 시간을 x를 사용한 식으로 나타낸다.

유제 1

어느 학급의 수학 시험 성적을 확인하니 10점인 학생이 a명, 9점인 학생이 b명이었다. 이 학급의 수학 시험 성적의 평균을 a, b를 사용한 식으로 나타내시오.

유제 2

500 g의 소금물에 100 g의 물을 더 넣었더니 농도가 a %인 소금물이 되었다. 이때 처음 소금물의 농도를 a를 사용한 식으로 나타내시오.

UP 유제 3

오른쪽 그림과 같이 직사각형 모양의 땅에 일정한 폭의 길을 만들 때, 길을 제외한 땅의 넓이를 a, b를 사용한 식으로 나타내시오.

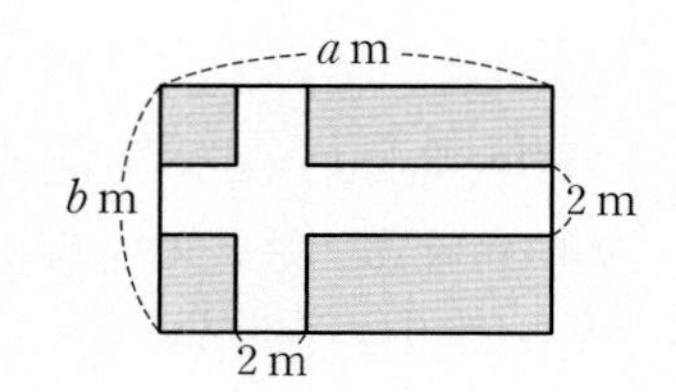

접근 (구하는 넓이)=(처음 땅의 넓이)−(길의 넓이)임을 이용한다.

정답과 해설 33쪽

2 식의 값 구하기

✓핵심 ✓심화

(1) 식의 값 구하기

① 문자에 수를 대입할 때는 생략된 곱셈 기호 ×를 다시 쓴다.

② 문자에 음수를 대입할 때는 반드시 괄호 ( )를 사용한다.

③ 분모에 분수를 대입할 때는 생략된 나눗셈 기호 ÷를 다시 쓴다.

(2) 식의 값의 활용

① 주어진 상황을 문자를 사용한 식으로 나타내어 식의 값을 구한다.

② 규칙을 찾을 때는 첫 번째, 두 번째, 세 번째, …를 차례대로 구하여 n번째의 상황을 예측한다.

고수 비법

문자를 사용한 식에서 특정한 값을 구할 때는 어떤 문자에 어떤 값을 대입해야 하는지를 먼저 파악한다.

대표문제 2

$x=\frac{1}{2}$, $y=-\frac{3}{4}$일 때, $\frac{|2x+8y|-x^2-y}{11}$의 값을 구하시오.

✓ 해결 전략

❶ x, y의 값을 식에 대입한다. 특히, 음수인 y를 대입할 때는 반드시 괄호를 사용한다.

❷ 절댓값 기호 안을 계산한다.

❸ 거듭제곱을 계산한다.

❹ 분자의 값을 계산한 후 분수의 값을 구한다.

유제 4

$a=\frac{1}{3}$, $b=-\frac{1}{6}$일 때, $\frac{-2a^2+b^2}{a+b}$의 값을 구하시오.

유제 5

$x=-1$일 때, $x+2x^2+3x^3+\cdots+2017x^{2017}+2018x^{2018}$의 값을 구하시오.

UP 유제 6

오른쪽 그림과 같이 한 모서리의 길이가 4인 정육면체를 단면이 정사각형이 되도록 n번 자를 때 만들어지는 각 직육면체의 겉넓이의 합을 S라 하자. S를 n을 사용한 식으로 나타내고 10번 자를 때의 S의 값을 구하시오.

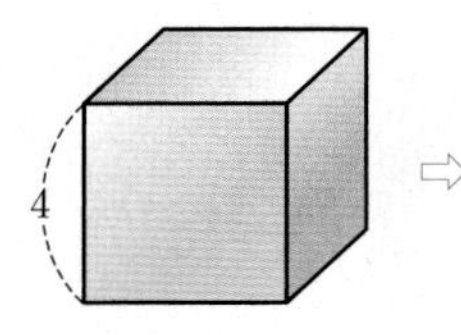

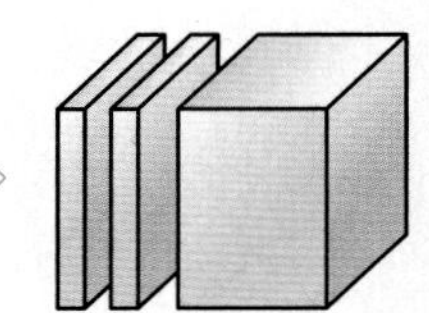

접근 1번 자를 때, 2번 자를 때, 3번 자를 때, …에 대하여 겉넓이의 합의 규칙을 찾는다.

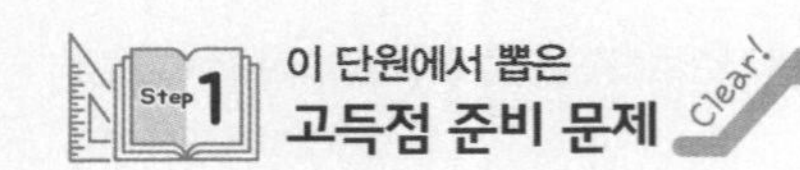

3 일차식이 될 조건

핵심 ✓심화

어떤 다항식이 일차식이 되도록 할 때, 주어진 식을 동류항끼리 모아 간단히 한 후 계수를 정한다.

⇨ ax^2+bx+c가 일차식이 되려면

① 차수가 2인 항이 없어야 한다. ⇨ x^2의 계수가 0이어야 한다. ⇨ $a=0$

② 차수가 1인 항은 꼭 있어야 한다. ⇨ x의 계수가 0이 아니어야 한다. ⇨ $b\neq0$

③ 상수항은 있어도 되고 없어도 되므로 c의 값은 관계없다.

대표문제 3

x에 대한 다항식 $-2x^2-3x+a-b(x^2+x-1)$이 상수항이 2인 일차식이 되도록 하는 상수 a, b에 대하여 $a-b$의 값을 구하시오.

✓해결 전략

❶ 주어진 식을 동류항끼리 모아 간단히 한다.

❷ 차수가 2인 항이 사라지도록 상수 b의 값을 정한다.

❸ 상수항이 2가 되도록 상수 a의 값을 정하고 $a-b$의 값을 구한다.

유제 7

x에 대한 다항식 $5x^2-2x+3-ax^2-x+b$가 상수항이 -3인 일차식이 되도록 하는 상수 a, b의 값을 각각 구하시오.

유제 8

다음 두 식이 모두 x에 대한 일차식이 되도록 하는 정수 a, b, c에 대하여 $a+b+c$의 값을 구하시오.

$$-ax^3+9x^3-9cx^2-x, \qquad -5x^2+x-4+bx^2-bx+ax-2$$

UP 유제 9

$4\left[\frac{1}{2}\{x-(3x+1)\}-3x^2\right]-a(x^2+3x)$가 x에 대한 일차식일 때, x의 계수를 구하시오.

(단, a는 상수이다.)

접근 차수가 2인 항이 사라지도록 하는 상수 a의 값을 먼저 구한다.

정답과 해설 34쪽

4 일차식의 계산

핵심 심화

(1) 일차식의 계산
① (일차식)×(수): 분배법칙을 이용한다.
② (일차식)÷(수): 역수의 곱셈으로 바꾸어 계산한다.
③ 덧셈과 뺄셈: 분배법칙을 이용하여 괄호를 풀고 동류항끼리 모아서 계산한다.
④ 괄호가 있으면 ( ), { }, [ ]의 순서로 괄호를 푼다. 이때 괄호 앞의 부호에 주의한다.
⑤ 계수가 분수이면 분모의 최소공배수로 통분한다.
(2) 문자에 일차식을 대입할 때는 반드시 괄호를 사용한다.
예 $A=-x+1$일 때, $3-A=3-(-x+1)=3+x-1=x+2$

복잡한 식에 일차식을 대입할 때는 먼저 주어진 식을 간단히 한다.

대표문제 4

$A=x-1$, $B=-3x+2$, $C=\frac{3}{5}x-2$일 때, $-9B-C+8\left\{-\frac{1}{2}(A+C)+B\right\}$를 x에 대한 식으로 나타내시오.

✔ 해결 전략
❶ 먼저 A, B, C에 대한 식을 간단히 한다.
❷ ❶의 식에 A, B, C를 대입한다. 이때 반드시 괄호를 사용한다.
❸ 동류항끼리 모아 간단히 한다.

유제 10

$\frac{3x-1}{4}\times\left(-\frac{5}{2}\right)$를 계산하였을 때의 x의 계수를 a, $\frac{x+3}{3}\div\frac{6}{5}$을 계산하였을 때의 상수항을 b라 할 때, $\frac{a}{b}$의 값을 구하시오.

유제 11

n이 자연수일 때, $(-1)^{2n}\times\frac{5x-y}{4}-(-1)^{2n+1}\times\frac{x+4y}{2}$를 간단히 하시오.

UP 유제 12

오른쪽 그림과 같은 직사각형에서 색칠한 사각형의 넓이를 x에 대한 식으로 나타내시오.

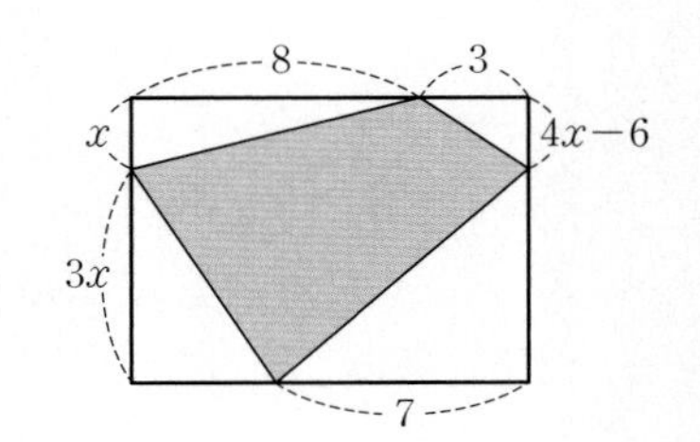

접근 (색칠한 사각형의 넓이)
=(처음 직사각형의 넓이)−(네 직각삼각형의 넓이의 합)

정답과 해설 35쪽

5 일차식의 계산의 응용

✓핵심 심화

(1) 어떤 다항식 ☐에 다항식 ○를 더하면 다항식 △가 된다. ⇨ ☐+○=△이면 ☐=△−○

(2) 어떤 다항식 ☐에서 다항식 ○를 빼면 다항식 △가 된다. ⇨ ☐−○=△이면 ☐=△+○

(3) 어떤 다항식 ☐를 k배 하면 다항식 △가 된다. ⇨ ☐×k=△이면 ☐=△÷k ($k\neq0$)

대표문제 5

어떤 다항식에서 $-6x+5$를 빼어야 할 것을 잘못하여 더하였더니 $4x+3$이 되었다. 바르게 계산한 식을 구하시오.

✓해결 전략

❶ 어떤 다항식을 ☐로 놓고 잘못한 계산을 이용하여 식을 세운다.

❷ ❶에서 어떤 다항식을 구한다.

❸ ❷에서 찾은 어떤 다항식에서 $-6x+5$를 빼어 바르게 계산한 식을 구한다.

유제 13

어떤 다항식을 2배 한 후 $3x-1$을 더하여야 하는 것을 잘못하여 어떤 일차식을 2로 나눈 후 $3x-1$을 빼었더니 $11x+5$가 되었다. 바르게 계산한 식을 구하시오.

유제 14

x에 대한 두 일차식 A, B에 대하여 A의 상수항은 -2이고 B의 x의 계수는 4이다. x에 대한 일차식 $3B-(2A+B)+A$의 x의 계수는 7, 상수항은 2일 때, $A+B$를 x에 대한 식으로 나타내시오.

UP 유제 15

오른쪽과 같은 규칙에 따라 다음 ㈎, ㈏, ㈐에 알맞은 식을 구하시오.

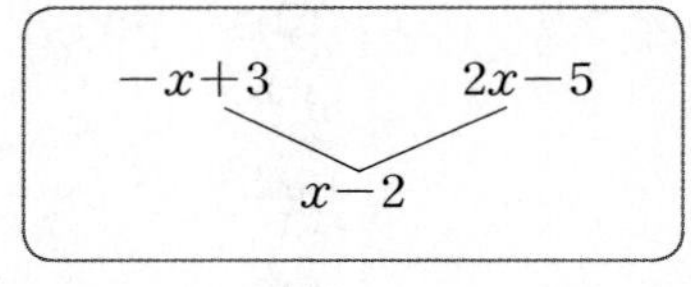

$4x+3$ ㈎ $-(2x+1)$ ㈏

$-3x+3$ ㈐

$5x-2$

접근 위의 두 일차식을 더한 것이 아래의 일차식이 되는 규칙이다.

정답과 해설 36쪽

1 문자를 사용한 식

1 $a \div \{c \div (3 \div d) \times b\} \times 2 \div e$를 곱셈 기호 ×, 나눗셈 기호 ÷를 생략하여 나타내면?

① $\dfrac{2abd}{3ce}$ ② $\dfrac{2ad}{3bce}$ ③ $\dfrac{2a}{3bcde}$
④ $\dfrac{6abc}{de}$ ⑤ $\dfrac{6a}{bcde}$

빈출

2 남학생이 a명, 여학생이 b명인 미옥이네 반 학생들의 수학 시험 성적의 평균을 구해 보니 남학생의 평균은 x점, 여학생의 평균은 y점이었다. 미옥이네 반 전체 학생의 평균 성적을 a, b, x, y를 사용한 식으로 나타내면?

① $(ax+by)$점 ② $(bx+ay)$점
③ $\dfrac{x+y}{a+b}$점 ④ $\dfrac{ax+by}{a+b}$점
⑤ $\dfrac{ax+by}{x+y}$점

3 백의 자리의 숫자가 a, 십의 자리의 숫자가 b, 일의 자리의 숫자가 8인 세 자리 자연수를 2로 나누었을 때의 몫을 a, b를 사용한 식으로 나타내면?

① $50ab$ ② $50ab+4$
③ $50a+5b$ ④ $50a+5b+4$
⑤ $50a+5b+8$

2 식의 값

학평기출 · 고1 2008년 3월 서울교육청 22번

4 $x=-2$, $y=-\dfrac{1}{3}$일 때, $8x^2-\dfrac{9}{y}+10$의 값을 구하시오.

5 $x=-4$, $y=-3$, $z=-6$이고

$$A=\frac{8}{x}-\frac{3}{y},\ B=x^2-y^3+z^2,\ C=(-y)^3+\frac{z^2}{x}$$

일 때, $A+B-C$의 값은?

① 51 ② 55 ③ 60
④ 62 ⑤ 71

6 자연수 n에 대하여 $x=-3$, $y=-1$일 때, $\dfrac{xy^n}{3}-\dfrac{3^2y^{n+3}}{x^2}+\dfrac{3^3y^{4n}}{x^3}$의 값을 구하시오.

7 다음 그림은 한 변에 바둑돌이 2개, 3개, 4개, …씩 놓이도록 바둑돌을 규칙적으로 배열하여 정삼각형 모양을 만든 것이다. 한 변에 놓인 바둑돌의 개수가 99개인 정삼각형에 사용되는 바둑돌의 총 개수를 구하시오.

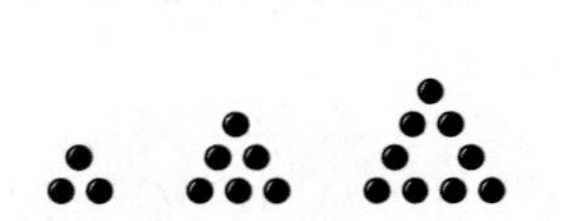
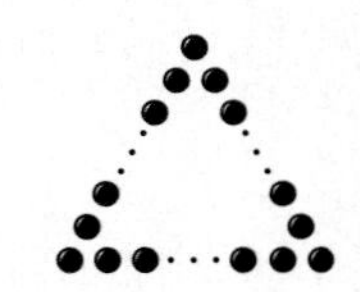

3 일차식의 계산

8 x에 대한 다항식

$$a(x^2+x)+b(x+2)-2x^2+x-3$$

이 상수항이 3인 일차식일 때, x의 계수는?

(단, a, b는 상수이다.)

① 3 ② 4 ③ 5
④ 6 ⑤ 7

9 $-3(2-x)-\left[-x+\frac{1}{3}\{3-(5x-3)-x\}\right]$를 간단히 하면?

① $6x-8$ ② $6x+4$ ③ $-6x+2$
④ $-6x-4$ ⑤ $-6x-8$

학평기출 • 고1 2008년 3월 서울교육청 3번

10 $A=2x-3y$, $B=-3x+5y$일 때, $3A-(A-B)$를 간단히 한 것은?

① $2x-3y$ ② $2x-y$ ③ $x-y$
④ $x-3y$ ⑤ $2x+3y$

11 네 다항식 A, B, C, D가

$A=-x+4y$, $B=2x+y$,
$C=-3x-y$, $D=-x$

일 때, 다음 중 주어진 식을 x, y에 대한 식으로 나타낸 결과가 나머지 넷과 다른 하나는?

① $B-C$ ② $2B-A$
③ $A-2B-10D$ ④ $A+2C-12D$
⑤ $3B+C-2D$

12 다항식 A를 3배 한 후 $-4x-2$를 빼면 $-2x+11$일 때, $5x+2(A-3x)-x+1$을 간단히 하면?

① $-7x+6$ ② $-6x+7$ ③ $-5x+6$
④ $-5x+4$ ⑤ $-4x+5$

빈출

13 다항식 A에서 $\frac{1}{4}x+4$를 더하여야 할 것을 잘못하여 빼었더니 $\frac{4}{5}x-7$이 되었을 때, 바르게 계산한 식의 x의 계수를 a, 상수항을 b라 하자. 또, 다항식 B에서 $2x+1$을 빼어야 할 것을 잘못하여 더하였더니 x가 되었을 때, 바르게 계산한 식의 x의 계수를 c, 상수항을 d라 하자. 이때 $abcd$의 값을 구하시오.

4 일차식의 계산과 식의 값

14 $\frac{2x-1}{a+b}=\frac{2}{3}$일 때, $\frac{5a+5b}{6x-3}$의 값은?

① $\frac{5}{6}$ ② $\frac{5}{3}$ ③ $\frac{5}{2}$
④ 3 ⑤ 5

15 $\frac{a}{b}=\frac{2}{3}$일 때, $\frac{4a-3b}{a+b}$의 값은?

① $-\frac{2}{11}$ ② $-\frac{1}{5}$ ③ $-\frac{2}{9}$
④ $\frac{1}{4}$ ⑤ $\frac{2}{7}$

빈출

16 $x:y:z=3:2:5$일 때, $\dfrac{y^2-2yz+z^2}{xz-xy+x^2}$의 값은?

① $\frac{1}{2}$ ② $\frac{2}{3}$ ③ $\frac{3}{4}$
④ $\frac{4}{5}$ ⑤ $\frac{5}{6}$

17 $a+b+c=0$, $abc\neq0$일 때, 다음 식을 간단히 하면?

$$\frac{2abc}{(a+b)(b+c)}+\frac{3abc}{(b+c)(c+a)}-\frac{abc}{(c+a)(a+b)}$$

① $-2a+b-3c$ ② $2a+3b-c$
③ $a-2b-3c$ ④ $-a+2b+3c$
⑤ $-3a+b-2c$

5 일차식의 계산의 활용

18 어떤 노래 경연 대회에 500명이 참가하였다. 전체 참가자 중 x %가 1차 심사를 통과하였고, 1차 심사에서 탈락한 사람 중 20 %가 패자 부활전을 통해 2차 심사에 참가하게 되었을 때, 2차 심사의 참가자 수는?

① $(x+100)$명 ② $(x+400)$명
③ $(4x+100)$명 ④ $(4x-100)$명
⑤ $(4x+400)$명

19 학생 10명의 수학 시험 성적을 조사하니 90점인 학생이 a명, 80점인 학생이 b명이고, 나머지 학생은 모두 70점이었다. 이들 10명의 수학 시험 성적의 평균을 a, b에 대한 식으로 나타내시오.

20 오른쪽 그림에서 색칠한 부분의 넓이를 x에 대한 식으로 나타내시오.

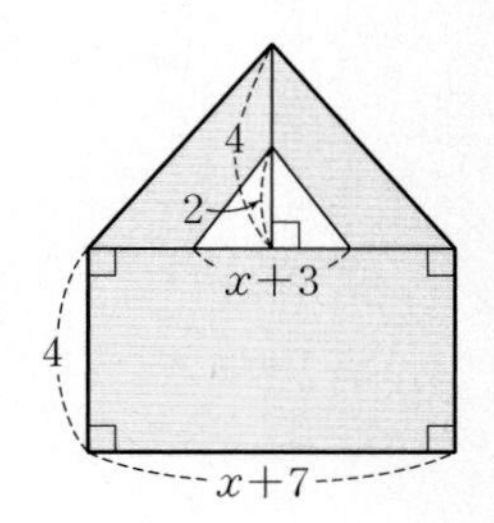

21 어떤 문구점에서 원가가 1000원인 공책 100권을 구입하여 한 권당 300원의 이익을 붙여 정가를 정하여 판매하였다. x권까지 판매한 후 정가의 30 %를 할인하여 나머지를 모두 팔았을 때, 옳은 것만을 〈보기〉에서 모두 고른 것은?

보기
ㄱ. 공책 한 권의 정가와 할인가의 차이는 300원이다.
ㄴ. 공책 100권을 모두 팔아 얻게 되는 전체 이익금은 $(390x-9000)$원이다.
ㄷ. 공책 100권을 모두 팔아 손해를 보지 않으려면 정가로 판매한 공책이 24권 이상이어야 한다.

① ㄱ ② ㄴ ③ ㄷ
④ ㄱ, ㄴ ⑤ ㄴ, ㄷ

정답과 해설 39쪽

빈출

22 어느 중학교의 작년 신입생 중 남학생은 x명이었고, 여학생보다 10명이 많았다. 올해 이 학교에 입학한 남학생 수는 작년보다 10 % 감소했고, 여학생 수는 작년보다 20 % 증가했다고 한다. 이 학교의 올해 신입생 수는?

① $\left(\frac{21}{10}x+12\right)$명　② $\left(\frac{19}{10}x-6\right)$명
③ $\left(\frac{21}{10}x-6\right)$명　④ $\left(\frac{19}{10}x-12\right)$명
⑤ $\left(\frac{21}{10}x-12\right)$명

23 오른쪽 그림과 같이 정삼각형의 각 변의 한가운데에 있는 점을 이어 새로운 정삼각형을 여러 개 만들었다. 가장 큰 정삼각형의 넓이가 a일 때, 색칠한 부분의 넓이는?

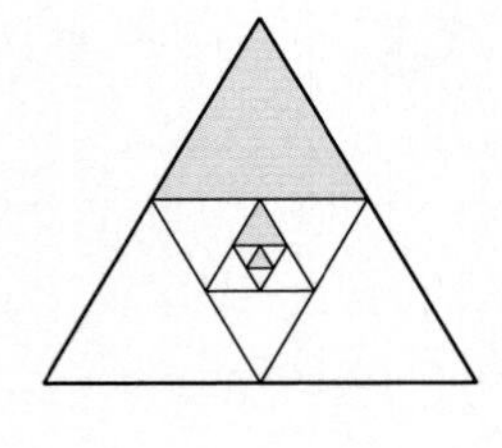

① $\frac{65}{256}a$　② $\frac{33}{128}a$　③ $\frac{67}{256}a$
④ $\frac{17}{64}a$　⑤ $\frac{69}{256}a$

교과서 속 창의·융합

24 책상 앞 의자에 앉아 많은 시간을 보내는 청소년에게는 바른 성장을 위한 바른 자세가 매우 중요하다.
의자에 앉는 바른 자세는 오른쪽과 같고, 가장 적당한 의자의 높이는 앉는 사람의 키의 23 %, 책상의 높이는 키의 41 %라 한다. 키가 x cm인 학생에게 가장 적당한 의자의 높이와 책상의 높이를 x를 사용한 식으로 나타내시오.

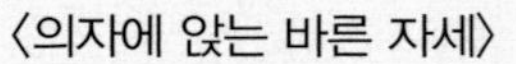
<의자에 앉는 바른 자세>
※ 엉덩이가 의자 뒷부분에 닿도록 한다.
※ 머리, 목, 허리가 일직선에 가깝도록 한다.
※ 허벅지와 종아리가 90°가 되도록 하고 양쪽 발이 땅에 닿도록 한다.

25 두 마트 A, B에서 정가가 a원인 오렌지주스를 할인 판매하고 있다. 할인 행사에 대한 전단지를 보고 다음 빈칸에 알맞은 것을 써넣으시오. (단, 마트까지의 교통비는 생각하지 않는다.)

주말에 오렌지주스를 한 병 구입할 때
(가) A 마트에서의 판매 가격은 ☐원이다.
(나) B 마트에서의 판매 가격은 ☐원이다.
(다) ☐ 마트에서 구입하는 것이 경제적이다.

A 마트
달콤 오렌지주스
이번 달 40 % 할인!
주말 동안 추가
20 % 할인합니다.

B 마트
묻지도 않고
따지지도 않고
무조건
55 % 할인!

만점 굳히기 문제

Key Point

1 $\frac{1}{x}-\frac{1}{y}=5$일 때, $\frac{11x+5xy+4y}{7x-5xy+5y}$의 값을 구하시오. (단, $y\neq-2x$)

$\frac{1}{x}-\frac{1}{y}=5$에서 $\frac{y-x}{xy}=5$

2 $x=\frac{3}{abc}$, $a+\frac{1}{b}=1$, $b+\frac{2}{c}=1$일 때, $\frac{x+y}{2}-\frac{y+z}{2}+\frac{z+x}{2}$의 값을 구하시오. (단, $abc\neq0$)

a, c를 b를 사용한 식으로 나타낸다.

빈출

3 한 변의 길이가 8 cm인 정사각형 모양의 종이 n장을 한 꼭짓점이 각 정사각형의 중심에 놓이도록 겹쳐서 다음 그림과 같이 만들었다. 이때 보이는 부분의 넓이를 n에 대한 식으로 나타내시오.

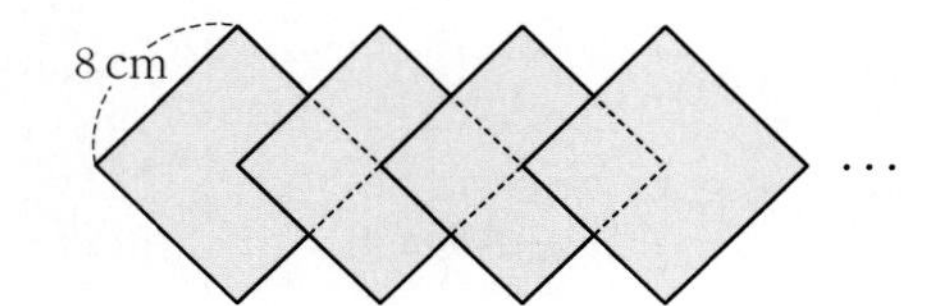

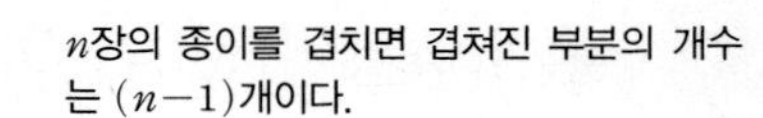

n장의 종이를 겹치면 겹쳐진 부분의 개수는 $(n-1)$개이다.

빈출

4 주형이는 a %의 소금물 500 g, 시현이는 b %의 소금물 200 g을 가지고 있다. 주형이의 소금물 중 100 g을 덜어 내어 시현이의 소금물 200 g에 섞은 다음, 섞은 소금물 중 100 g을 다시 남아 있던 주형이의 소금물에 섞으려 한다. 모든 작업이 끝난 후, 주형이의 소금물의 농도를 a, b를 사용한 식으로 나타내시오.

처음 섞은 소금물 300 g에 들어 있는 소금의 양부터 구한다.

Challenge

5 오른쪽 그림과 같이 한 변의 길이가 5 cm인 정육각형의 한 점 A를 출발하여 변을 따라 시계 반대 방향으로 도는 점 P와 정육각형의 한 점 C를 출발하여 변을 따라 시계 반대 방향으로 도는 점 Q가 있다. 점 P는 매초 3 cm의 속력으로 움직이고 점 Q는 매초 4 cm의 속력으로 움직일 때, 점 P가 점 A를 출발하여 n바퀴 돌고 난 후 점 D에 도착하는 데 걸리는 시간과 점 Q가 점 C를 출발하여 m바퀴 돌고 난 후 다시 점 C로 돌아오는 데 걸리는 시간이 같다. $\frac{a}{2}m=bn+5$일 때, 두 자연수 a, b의 값을 각각 구하시오.

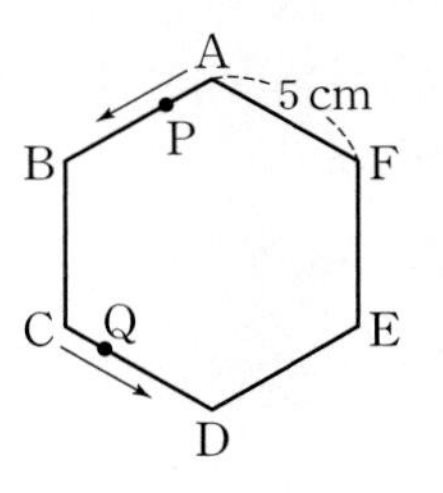

두 점이 움직이는 데 걸리는 시간이 같음을 이용한다.

6 일차방정식

1 방정식과 항등식

(1) **등식**: 등호(=)를 사용하여 두 수나 두 식이 서로 같음을 나타낸 식

(2) **방정식**: 미지수의 값에 따라 참이 되기도 하고 거짓이 되기도 하는 등식

① **미지수**: 방정식에 있는 문자

② **방정식의 해(근)**: 방정식이 참이 되게 하는 미지수의 값

③ **방정식을 푼다**: 방정식의 해 또는 근을 구하는 것

(3) **항등식**: 미지수에 어떤 값을 대입하여도 항상 참이 되는 등식

예 $x+2x=3x$, $2(x-3)=2x-6$

$2x-1=1$ (미지수: x)

$2\times1-1=1$ (해 또는 근: 1)

2 등식의 성질

(1) **등식의 성질**: $a=b$이면

① $a+c=b+c$ ② $a-c=b-c$

③ $a\times c=b\times c$ ④ $\frac{a}{c}=\frac{b}{c}$ (단, $c\neq0$)

(2) **이항**: 등식의 성질을 이용하여 등식의 어느 한 변에 있는 항을 부호를 바꾸어 다른 변으로 옮기는 것

$2x+4=5$ → 이항 → $2x=5-4$

3 일차방정식의 풀이

(1) **일차방정식**: 방정식에서 우변에 있는 모든 항을 좌변으로 이항하여 정리했을 때,

$(x$에 대한 일차식$)=0$, 즉 $ax+b=0$ $(a\neq0)$

의 꼴로 나타낼 수 있는 방정식

(2) **일차방정식의 풀이**

① 미지수 x를 포함하는 항은 좌변으로, 상수항은 우변으로 이항한다.

② 양변을 정리하여 $ax=b$ $(a\neq0)$의 꼴로 나타낸다.

③ x의 계수 a로 양변을 나누어 해를 구한다. → $x=\frac{b}{a}$

(3) **특수한 해를 갖는 방정식**: x에 대한 방정식 $ax=b$에서

① 해가 없을 조건 ⇨ $a=0$, $b\neq0$

② 해가 무수히 많을 조건 ⇨ $a=0$, $b=0$

참고 $a\neq0$일 때는 해가 1개이다.

4 일차방정식의 활용

일차방정식의 활용 문제는 다음 순서로 푼다.

① **미지수 정하기**: 문제의 뜻을 이해하고 구하는 것을 미지수 x로 놓는다.

② **일차방정식 세우기**: 수량 사이의 관계를 일차방정식으로 나타낸다.

③ **일차방정식 풀기**: 일차방정식을 풀어 해를 구한다.

④ **답 확인하기**: 구한 해가 문제의 뜻에 맞는지 확인한다.

+ 개념

꼭 기억!

- 등호의 왼쪽 부분을 좌변, 오른쪽 부분을 우변이라 하고, 좌변과 우변을 통틀어 양변이라 한다.

⇨ $2x-1=1$ (좌변 $2x-1$, 우변 1, 양변)

꼭 기억!

- x에 대한 항등식의 여러 가지 표현
  ① x의 값에 관계없이 항상 성립한다.
  ② 모든 x에 대하여 성립한다.
  ③ x에 어떤 값을 대입하여도 항상 성립한다.

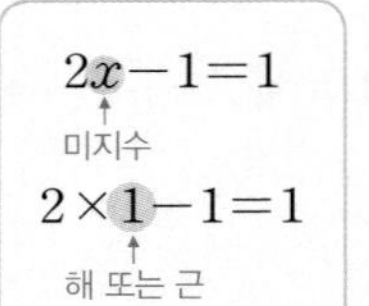

+심화

- 등식의 성질에서 $a=b$이면 $ac=bc$이지만 $ac=bc$라고 해서 반드시 $a=b$인 것은 아니다.

예 $2\times0=3\times0$이지만 $2\neq3$

+심화

- x에 대한 방정식 $Ax^2+Bx+C=0$이 일차방정식이 되기 위한 조건 ⇨ $A=0$, $B\neq0$

꼭 기억!

- 비례식 $a:b=c:d$로 주어진 경우에는 $ad=bc$임을 이용하여 일차방정식을 만들어 푼다.
- 복잡한 일차방정식의 풀이
  ① 괄호가 있을 때는 분배법칙을 이용하여 괄호를 푼다.
  ② 계수가 소수이면 양변에 10의 거듭제곱을 곱하고, 계수가 분수이면 양변에 분모의 최소공배수를 곱하여 계수를 정수로 바꾼다.

꼭 나오는 대표 빈출로 핵심 확인

난이도 중하-중

정답과 해설 40쪽

방정식과 항등식

1 다음 중 [ ] 안의 수가 주어진 방정식의 해인 것은?

① $2x+3=5$ [-1]
② $-x+2=x+3$ [1]
③ $2(x-1)=x+2$ [4]
④ $\frac{4x-3}{2}=x+1$ [2]
⑤ $0.3x+1=0.2x-4$ [-5]

방정식과 항등식

2 다음 중 x의 값에 관계없이 항상 성립하는 것은?

① $3x-2=5x$ ② $5(x-2)=5x-2$
③ $-x+2=x-2$ ④ $-2(2-x)=2x-4$
⑤ $3=2(x-1)+2x$

등식의 성질

3 다음 중 옳지 않은 것은?

① $a=b$이면 $1-2a=1-2b$이다.
② $3a-1=3b-1$이면 $\frac{a}{2}=\frac{b}{2}$이다.
③ $a+2=b+3$이면 $a-1=b$이다.
④ $a=3b$이면 $a-3=3(b-1)$이다.
⑤ $3a=5b$이면 $\frac{a}{3}=\frac{b}{5}$이다.

등식의 성질

4 다음 중 밑줄 친 항을 바르게 이항한 것은?

① $3x\underline{+2}=4$ ⇨ $3x=4+2$
② $5x-1=\underline{4x}$ ⇨ $5x-1-4x=0$
③ $-x+1=x\underline{-3}$ ⇨ $-x+1-3=x$
④ $2x\underline{+1}=\underline{-x}+3$ ⇨ $2x-x=3+1$
⑤ $\underline{-x}+5=3x\underline{-2}$ ⇨ $5-2=3x-x$

일차방정식의 풀이

5 다음 일차방정식 중 해가 가장 큰 것은?

① $2x+1=5$ ② $x+5=-x+9$
③ $x+2=2(x-2)$ ④ $\frac{3x-3}{2}=x+1$
⑤ $0.5x-1=0.3x-\frac{3}{5}$

일차방정식의 풀이

6 x에 대한 두 일차방정식

$$2(x-1)+1=\frac{2x-1}{3}+2,\ ax+2=a$$

의 해가 서로 같을 때, 상수 a의 값은?

① -2 ② -1 ③ 1
④ 2 ⑤ 3

일차방정식의 활용

7 연속하는 세 짝수의 합이 72일 때, 세 짝수 중 가장 큰 수는?

① 18 ② 20 ③ 22
④ 24 ⑤ 26

일차방정식의 활용

8 가로의 길이가 4 cm, 세로의 길이가 3 cm인 직육면체의 겉넓이가 108 cm^2일 때, 이 직육면체의 부피는?

① 72 cm^3 ② 84 cm^3 ③ 96 cm^3
④ 108 cm^3 ⑤ 120 cm^3

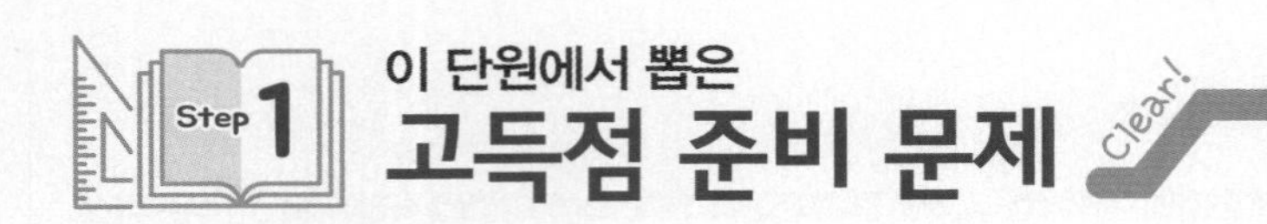

난이도 중-중상

1 해 또는 해의 조건이 주어진 일차방정식

✓핵심 ✓심화

(1) 방정식의 해가 $x=a$로 주어질 때
⇨ $x=a$를 방정식에 대입하면 등식이 성립한다.

(2) 두 방정식의 해가 같을 때
⇨ 한 방정식을 풀어 해를 구하고, 이 해를 다른 방정식에 대입한다.

(3) 방정식의 해의 조건이 주어질 때
⇨ 주어진 방정식의 해를 미지수를 포함한 식으로 나타내고 해의 조건에 맞는 값을 구한다.

고수 비법
$\frac{\triangle}{\square}$ (□, △는 자연수)가 자연수이면 △는 □의 배수, □는 △의 약수임을 이용한다.

대표문제 1

x에 대한 일차방정식 $2x-\frac{1}{3}(x-a)=3$의 해가 자연수가 되도록 하는 자연수 a의 값을 구하시오.

✓해결 전략
❶ 방정식의 해를 $x=$(a를 사용한 식)의 꼴로 나타낸다.
❷ $x=$(a를 사용한 식)의 값이 1, 2, 3, ⋯이 되도록 하는 a의 값을 찾는다.
❸ 자연수 a의 값을 구한다.

유제 1

x에 대한 일차방정식 $-9x+2(ax-1)=-a$에서 상수 a의 부호를 잘못 보고 풀었더니 해가 $x=-1$이었다. 이때 주어진 방정식의 해를 바르게 구하시오.

유제 2

x에 대한 다음 두 일차방정식의 해가 서로 같을 때, 상수 a의 값을 구하시오.

$$6x+3=5a-1, \qquad \frac{2}{3}-x=0.6+\frac{x+1}{5}$$

Up 유제 3

x에 대한 일차방정식 $ax-1=1-(3x-4)$의 해가 음의 정수가 되도록 하는 정수 a의 개수를 구하시오.

접근 $x=$(a를 사용한 식)의 값이 -1, -2, -3, ⋯이 되도록 하는 정수 a의 값을 찾는다.

정답과 해설 41쪽

2 특수한 해를 갖는 방정식

✓핵심 심화

(1) x에 대한 방정식 $ax=b$에서
  ① 해가 없을 조건: $a=0$, $b\neq0$
  ② 해가 무수히 많을 조건: $a=0$, $b=0$
  ③ 해가 오직 하나뿐일 조건: $a\neq0$

(2) x에 대한 방정식 $ax+b=cx+d$에서
  ① 해가 없을 조건: $a=c$, $b\neq d$
  ② 해가 무수히 많을 조건: $a=c$, $b=d$
  ③ 해가 오직 하나뿐일 조건: $a\neq c$

고수 비법
방정식이
$0\times x=0$의 꼴이면 해는 모든 수이고,
$0\times x=$(0이 아닌 수)의 꼴이면 해는 없다.

x에 대한 방정식 $\frac{ax+4}{5}-\frac{x-3}{3}=x+\frac{7}{15}$의 해가 존재하지 않을 때, 상수 a의 값을 구하시오.

✓해결 전략
❶ 주어진 식의 양변에 적당한 수를 곱하고 동류항끼리 간단히 하여 $px=q$의 꼴로 정리한다.
❷ 해가 존재하지 않을 조건을 이용하여 a의 값을 구한다.

유제 4 x에 대한 방정식 $ax+4x-4=3x+b-5$의 해가 존재하지 않기 위한 상수 a, b의 조건을 각각 구하시오.

유제 5 x에 대한 방정식 $a(x+3)=b+5$의 해가 모든 수일 때, $10a+b$의 값을 구하시오.(단, a, b는 상수이다.)

유제 6 x에 대한 방정식 $(4a-1)x+5=2x-4$의 해는 없고 $bx-6=c$의 해는 모든 수일 때, $\frac{a}{c}+b$의 값을 구하시오. (단, a, b, c는 상수이다.)

3 일차방정식의 활용 - 증감과 과부족

✓핵심 심화

(1) x가 a % 증가하면 $x+\frac{a}{100}x$

(2) x가 b % 감소하면 $x-\frac{b}{100}x$

⊕ Plus 과부족에 대한 문제에서 식 세우기

(1) 사람들에게 물건을 나누어 주는 경우 ⇨ 사람 수를 x로 놓고 나누어 주는 것의 총 개수를 x에 대한 식으로 나타낸다.
(2) 사람을 몇 명씩 묶는 경우 ⇨ 묶음의 개수를 x로 놓고 사람 수를 x에 대한 식으로 나타낸다.

대표문제 3

어느 중학교의 작년의 전체 학생 수는 1500명이었다. 올해는 작년보다 남학생 수가 5 % 증가하고 여학생 수가 2 % 감소하여 전체 학생 수는 1519명이 되었다. 올해의 남학생과 여학생 수를 각각 구하시오.

✓해결 전략

❶ 작년 남학생 수를 x명으로 놓고 방정식을 세운다.
❷ 방정식을 풀어 작년 남학생 수와 여학생 수를 각각 구한다.
❸ 올해 남학생 수와 여학생 수를 각각 구한다.

유제 7

성욱이가 키우는 달팽이는 8개월마다 그 수가 10 %씩 늘어난다고 한다. 처음에 달팽이를 몇 마리 사서 키우다가 달팽이를 산 지 8개월 후와 16개월 후에 각각 30마리씩 팔았더니 남은 달팽이의 수가 58마리가 되었다. 처음에 산 달팽이는 몇 마리인지 구하시오.

유제 8

강당의 긴 의자에 학생들이 앉는데 한 의자에 7명씩 앉으면 12명이 앉지 못하고, 9명씩 앉으면 마지막 의자에는 3명이 앉고 빈 의자가 2개 생긴다. 이때 학생 수를 구하시오.

4 일차방정식의 활용 - 원가, 정가

✓핵심 심화

원가 a원에 x %의 이익을 붙여 정가를 정할 때

(정가)=(원가)+(이익)$=a+a\times\frac{x}{100}$(원)

대표문제 4

어느 과일 가게에서는 원가가 한 개에 1000원인 배를 300개 구입하여 40 %의 이익을 붙여 정가를 정하였다. 전체 배의 70 %는 정가로 팔고, 나머지 30 %는 신선도가 떨어져 정가의 x %를 할인하여 모두 팔았더니 전체 이익금이 94800원이 되었다. x의 값을 구하시오.

✓해결 전략

❶ 배 한 개의 정가 및 할인 가격을 구한다.
❷ (판매액)−(원가)=(이익금)임을 이용하여 방정식을 세운다.
❸ 방정식을 풀어 x의 값을 구한다.

유제 9

어떤 문구점에서는 형광펜을 도매점으로부터 5개에 1500원의 가격으로 여러 개 구입하였다. 이 중 60 %는 2개에 800원의 가격으로 팔고, 나머지는 할인하여 3개에 600원의 가격으로 모두 팔아 전체 30000원의 이익금이 생겼다. 이 문구점에서 처음 구입한 형광펜의 개수를 구하시오.

유제 10

원가에 20 %의 이익을 붙여 정가를 정한 상품이 하나도 팔리지 않아서 정가의 20 %를 할인하여 팔았더니 1개를 팔 때마다 360원의 손해를 보았다. 이 상품의 원가를 구하시오.

5 일차방정식의 활용 - 거리, 속력, 시간 ✓핵심 ✓심화

(1) (거리)=(속력)×(시간)

(2) (속력)$=\dfrac{(\text{거리})}{(\text{시간})}$ (3) (시간)$=\dfrac{(\text{거리})}{(\text{속력})}$

⊕ Plus 거리, 속력, 시간에 대한 문제에서 식 세우기

(1) 호수 둘레를 서로 반대 방향으로 도는 경우
(처음 만날 때까지 이동한 거리의 합)=(호수의 둘레의 길이)

(2) 호수의 둘레를 같은 방향으로 도는 경우
(처음 만날 때까지 이동한 거리의 차)=(호수의 둘레의 길이)

(3) 기차가 터널을 통과하거나 다리를 지나는 경우
길이가 x m인 열차가 길이가 l m인 터널 또는 다리를 완전히 통과하려면 $(l+x)$ m를 달려야 한다.

대표문제 5

둘레의 길이가 1700 m인 호수의 둘레를 소윤이는 분속 60 m, 정은이는 분속 40 m의 속력으로 같은 지점에서 서로 반대 방향으로 동시에 출발하였다. 출발한 후 두 사람이 처음으로 만날 때까지 걸린 시간은 몇 분인지 구하시오.

✓ 해결 전략

❶ 두 사람이 처음으로 만날 때까지 걸린 시간을 x분으로 놓는다.

❷ (이동한 거리의 합)=(호수 둘레의 길이)임을 이용하여 식을 세운다.

❸ 방정식을 풀어 걸린 시간을 구한다.

유제 11

일정한 속력으로 달리는 열차가 길이 590 m인 터널을 완전히 통과하는 데 50초가 걸렸다. 또, 이 열차가 길이 1530 m인 철교를 건너기 시작하여 1분 40초 만에 철교 출구에 열차의 앞부분이 도착하였다. 이 열차의 길이를 구하시오.

6 일차방정식의 활용 - 농도 ✓핵심 ✓심화

(1) (소금물의 농도)$=\dfrac{(\text{소금의 양})}{(\text{소금물의 양})}\times 100(\%)$

(2) (소금의 양)$=\dfrac{(\text{소금물의 농도})}{100}\times$(소금물의 양)

⊕ Plus 농도에 대한 문제에서 식 세우기

(1) 소금물에 물을 넣거나 증발시켜도 소금의 양은 변하지 않는다.

(2) 농도가 다른 두 소금물을 섞는 경우
(섞기 전 두 소금물의 소금의 양의 합)
=(섞은 후 소금물의 소금의 양)

대표문제 6

농도가 각각 4 %, 11 %인 두 소금물을 섞어서 7 %의 소금물 280 g을 만들려고 한다. 넣어야 하는 4 %의 소금물의 양을 구하시오.

✓ 해결 전략

❶ 4 %의 소금물의 양을 x g으로 놓고 11 %의 소금물의 양을 x를 사용하여 나타낸다.

❷ 섞기 전 두 소금물의 소금의 양의 합이 섞은 후 소금물의 소금의 양과 같음을 이용하여 식을 세운다.

❸ 방정식을 풀어 4 %의 소금물의 양을 구한다.

유제 12

소금물 600 g에 물 120 g을 넣었더니 농도가 20 %인 소금물이 되었다. 처음 소금물의 농도를 구하시오.

유제 13

농도가 8 %인 설탕물 500 g이 있다. 이 설탕물을 조금 덜어낸 후 덜어낸 만큼 물을 넣고, 4 %의 설탕물을 추가로 더 넣었더니 5 %의 설탕물 620 g이 되었다. 이때 처음 덜어낸 8 %의 설탕물의 양을 구하시오.

정답과 해설 43쪽

7 일차방정식의 활용 - 일의 양

✓핵심 ✓심화

A가 일을 모두 끝마치는 데 a일이 걸린다고 하면

(1) (전체 일의 양)=1로 놓고 생각한다.

(2) (A가 하루에 하는 일의 양)$=\frac{1}{a}$

⊕ Plus 물통에 물을 채우는 문제에서 식 세우기

(1) 한 시간 동안 채우는 양이 a이면 x시간 동안 채우는 양은 ax이다.

(2) 한 시간 동안 채우는 양이 a인 호스, 한 시간 동안 빼는 양이 b인 호스로 물을 채우는 동시에 물을 뺄 때, 한 시간 동안 채워지는 물의 양은 $a-b$이다. (단, $a>b$)

대표문제 7

어떤 일을 완성하는 데 한빈이 혼자 하면 10일이 걸리고, 윤서 혼자 하면 15일이 걸린다. 이 일을 한빈이 혼자 5일 동안 한 후 한빈이와 윤서가 함께 하여 일을 완성했을 때, 한빈이가 일한 기간을 구하시오.

✓ 해결 전략

❶ 한빈이와 윤서가 하루에 하는 일의 양을 구한다.

❷ 함께 일한 날수를 x일로 놓는다.

❸ (한빈이가 혼자 한 일의 양)+(한빈이와 윤서가 함께 한 일의 양)=1임을 이용하여 방정식을 세운다.

❹ 방정식을 풀고 한빈이가 일한 기간을 구한다.

유제 14

어떤 물통에 물을 가득 채우려면 A 호스로는 2시간, B 호스로는 3시간이 걸리고, 가득 찬 물을 C 호스로 빼내려면 6시간이 걸린다고 한다. 두 호스 A, B를 함께 사용하여 물을 넣는 동시에 C 호스로 물을 빼낼 때, 물통에 물을 가득 채우는 데 몇 분이 걸리는지 구하시오.

8 일차방정식의 활용 - 시계

핵심 ✓심화

1시간, 즉 60분 동안

(1) 시침은 30°를 움직이므로 1분에 0.5°씩 움직인다.

(2) 분침은 360°를 움직이므로 1분에 6°씩 움직인다.

⇨ x분 동안 시침은 $0.5x°$, 분침은 $6x°$만큼 움직인다.

⊕ Plus 시계에 대한 문제에서 식 세우기

(1) 시침과 분침이 일치하는 경우

⇨ 시침과 분침이 이루는 각의 크기는 0°이다.

(2) 시침과 분침이 서로 반대 방향으로 일직선을 이루는 경우

⇨ 시침과 분침이 이루는 각의 크기는 180°이다.

대표문제 8

3시와 4시 사이에 시계의 시침과 분침이 일치하는 시각을 구하시오.

✓ 해결 전략

❶ 시침과 분침이 일치하는 시각을 3시 x분으로 놓는다.

❷ 시침과 분침이 이루는 각의 크기가 0°임을 이용하여 방정식을 세운다.

❸ 방정식을 풀고 시침과 분침이 일치하는 시각을 구한다.

유제 15

7시와 8시 사이에 시계의 시침과 분침이 서로 반대 방향으로 일직선을 이루는 시각을 구하시오.

유제 16

동주가 4시에 학원 수업을 마치고 집으로 돌아와 시계를 보았더니 4시와 5시 사이에 시계의 시침과 분침이 이루는 작은 쪽의 각의 크기가 120°였다. 이때의 시각을 구하시오.

고득점 실전 문제

정답과 해설 44쪽

1 등식의 성질과 항등식

빈출

1 다음 중 옳은 것을 모두 고르면? (정답 2개)

① $\frac{a-1}{3}=\frac{b-1}{4}$이면 $4a=3b+1$이다.

② $a=3b$이면 $a-4=3(b-4)$이다.

③ $3a-1=b-3$이면 $3ac-1=bc-3$이다.

④ $3ab+1=3bc+1$이면 $a=c$이다.

⑤ $-\frac{a}{4}+1=\frac{b}{2}-1$이면 $-\frac{1}{2}ac+4c=bc$이다.

2 다음 세 등식의 (가), (나), (다)에 알맞은 식의 합을 S라 할 때, $2S$는?

(1) $3a=2b$이면 [(가)] $=b-1$이다.
(2) $2a-1=b+2$이면 $3a=$ [(나)]이다.
(3) $12a-18=6b-30$이면 [(다)] $=\frac{b}{2}+1$이다.

① $3a+5b+1$ ② $3a+5b-6$
③ $3a-5b+11$ ④ $5a+3b+1$
⑤ $5a+3b+11$

3 등식 $3x-7=4+b-a(x-2)$가 x의 값에 관계없이 항상 성립할 때, 두 상수 a, b의 값은?

① $a=-5$, $b=-3$ ② $a=-5$, $b=-2$
③ $a=-3$, $b=-5$ ④ $a=-3$, $b=-3$
⑤ $a=-3$, $b=-1$

4 x에 대한 방정식 $ak+4x-5=5kx-2b$가 k의 값에 관계없이 항상 $x=2$를 해로 가질 때, 상수 a, b에 대하여 ab의 값을 구하시오.

2 일차방정식의 풀이

5 일차방정식 $\frac{2}{5}-0.5x=\frac{-1+x}{2}$의 해가 $x=k$일 때, x에 대한 일차방정식 $k(x-2)+1=3k-2$의 해는?

① $x=\frac{2}{3}$ ② $x=1$ ③ $x=\frac{4}{3}$
④ $x=\frac{5}{3}$ ⑤ $x=2$

6 $(2a-1)x^2+bx-2=(-6a+1)x+4$가 x에 대한 일차방정식일 때, 상수 a, b의 조건으로 옳은 것은?

① $a=\frac{1}{2}$, $b=-2$ ② $a=\frac{1}{2}$, $b\neq-2$
③ $a\neq2$, $b=-2$ ④ $a=2$, $b\neq-2$
⑤ $a=0$, $b\neq-2$

빈출

7 x에 대한 다음 두 일차방정식의 해가 서로 같을 때, 상수 a의 값을 구하시오.

(가) $0.2(2x-0.3)=\frac{x-2}{2}+0.1$
(나) $4x-\{3x-(1+2x)\}=2a(x-3)+3$

8 x에 대한 일차방정식

$$3(0.6x-0.2)=2(x+0.2a)-0.3$$

의 해가 일차방정식 $\frac{x-1}{3}=-\frac{x+2}{2}$의 해의 5배일 때, 상수 a의 값을 구하시오.

9 x에 대한 방정식 $\frac{x+1}{3}-\frac{ax+3}{2}=x+\frac{7}{6}$의 해가 존재하지 않을 때, 상수 a의 값은?

① 2　② $\frac{5}{3}$　③ $\frac{2}{3}$　④ $-\frac{2}{3}$　⑤ $-\frac{4}{3}$

10 x에 대한 방정식 $(3a-2)x+2b+3=-ax+b-5a$가 $x=2$뿐만 아니라 다른 해도 가질 때, $a-b$의 값을 구하시오. (단, a, b는 상수이다.)

11 서로 다른 두 수 a, b에 대하여

(a, b)는 두 수 중 큰 수, $[a, b]$는 두 수 중 작은 수라 할 때, 다음을 만족하는 x의 값은?

$$(x-3,\ x-1)-[3x+1,\ 3x-3]=(1,\ 4)$$

① $\frac{1}{2}$　② $-\frac{1}{2}$　③ -1　④ -2　⑤ $-\frac{5}{2}$

빈출

12 x에 대한 일차방정식 $4x-\frac{1}{2}(x-a)=8$의 해가 자연수가 되도록 하는 모든 자연수 a의 값의 합을 구하시오.

13 x에 대한 일차방정식

$$2(x-1)+a=1-(x-3)$$

에 대한 설명으로 옳은 것만을 〈보기〉에서 모두 고른 것은? (단, a는 상수이다.)

보기
- ㄱ. 방정식의 해가 자연수가 되도록 하는 자연수 a의 값은 3뿐이다.
- ㄴ. 방정식의 해가 음의 정수가 되도록 하는 가장 작은 자연수 a의 값은 12이다.
- ㄷ. a가 자연수일 때, 방정식의 해가 될 수 있는 모든 양의 유리수의 합은 5이다.

① ㄱ　② ㄴ　③ ㄱ, ㄴ　④ ㄱ, ㄷ　⑤ ㄱ, ㄴ, ㄷ

3 일차방정식의 활용

빈출

14 강당의 긴 의자에 학생들이 앉는데 한 의자에 7명씩 앉으면 15명이 앉지 못하고, 9명씩 앉으면 마지막 의자에는 4명이 앉고 빈 의자가 8개 생긴다. 학생 수와 의자의 개수를 차례대로 구하면?

① 346명, 46개　② 337명, 46개
③ 353명, 47개　④ 344명, 47개
⑤ 362명, 47개

학평기출 · 고1 2017년 3월 서울교육청 26번

15 어느 통신회사의 휴대폰 요금제 중에는 다음과 같은 두 가지 요금제가 있다.

	실속 요금제	알뜰 요금제
기본료/월	25000원	10000원
통화료/초	1원	2원
무료통화/월	없음	100분

월 휴대폰 사용시간이 x분이면 두 요금제의 한 달 이용요금이 같아진다. 이때 x의 값을 구하시오.
(단, 휴대폰 사용시간은 초 단위로 계산한다.)

16 각 자리의 숫자의 합이 18인 어떤 세 자리 자연수의 백의 자리의 숫자와 십의 자리의 숫자의 비는 3 : 2이다. 이 세 자리 자연수의 십의 자리의 숫자와 일의 자리의 숫자를 바꾸어 만든 수가 처음 자연수보다 36만큼 클 때, 처음 세 자리 자연수를 구하시오.

17 어느 과일 가게에서 멜론은 원가의 15 %의 이익을 붙여서 한 개에 8050원에 팔았고, 사과는 많이 달지 않아서 원가의 10 %의 손해를 보면서 한 개에 900원에 팔았다. 어느 날, 이 가게에서 멜론과 사과를 합하여 20개를 팔았는데 6050원의 이익금이 생겼다고 할 때, 이날 판매한 멜론과 사과는 각각 몇 개인지 구하시오.

18 석찬이가 등산을 하는데 올라갈 때는 시속 2 km, 내려올 때는 시속 4 km로 걸어서 총 5시간이 걸렸다. 올라갈 때와 내려올 때 걸은 거리의 비가 3 : 4일 때, 석찬이가 걸은 총 거리는?

① 12 km ② 13 km ③ 14 km
④ 15 km ⑤ 16 km

19 기차 A는 길이가 1.7 km인 터널을 완전히 통과하는 데 30초가 걸리고, 길이가 2.4 km인 철교를 완전히 통과하는 데 40초가 걸린다. 기차 A와 기차 B가 3.6 km 떨어진 지점에서 마주 보고 동시에 달려오기 시작하여 기차의 앞부분이 스치는 순간까지 30초가 걸렸을 때, 기차 B의 속력은?
(단, 두 기차 A, B의 속력은 각각 일정하다.)

① 초속 70 m ② 초속 60 m
③ 초속 50 m ④ 초속 40 m
⑤ 초속 30 m

빈출

20 8 %의 설탕물 100 g과 12 %의 설탕물 200 g을 섞은 후 물을 증발시켰더니 20 %의 설탕물이 되었다. 이때 증발시킨 물의 양을 구하시오.

빈출

21 어떤 수영장에 물을 가득 채우려면 A 호스로는 4시간, B 호스로는 3시간이 걸린다. 오전 7시부터 B 호스만 사용하여 물을 채우기 시작하고 도중에 A 호스를 함께 사용하여 오전 9시까지 물을 가득 채웠다고 할 때, A 호스를 사용하기 시작한 시각은?

① 오전 7시 10분 ② 오전 7시 20분
③ 오전 7시 30분 ④ 오전 7시 40분
⑤ 오전 7시 50분

22 오후 7시를 넘은 시각에 도서관에 들어섰을 때 시계를 보니 시침과 분침이 이루는 작은 쪽의 각의 크기가 110°이었다. 책을 다 보고 도서관을 떠날 때 시계를 보니 아직 오후 8시가 되지 않았고 시계의 시침과 분침이 이루는 작은 쪽의 각의 크기가 110°이었다. 도서관에 머문 시간을 구하시오.

교과서 속 **창의·융합**

23 인도의 수학자이자 천문학자인 바스카라가 지은 수학책 [리라버티]에서는 오른쪽 시와 같이 복잡한 기호나 문자 대신 아름다운 시로 수학 문제를 표현하고 있다. 이 시를 읽고 벌이 모두 몇 마리인지 구하시오.

> 샛별같이 빛나는 눈동자의 아름다운 아가씨
> 내게 당신의 향기와도 같은 지혜를 보여 주시오.
> 꽃밭에는 벌떼가 날고,
> 벌떼의 5분의 1은 목련꽃으로
> 3분의 1은 프리지어 나팔꽃으로
> 두 벌떼 수의 차의 3배의 벌들은
> 장미꽃으로 날아갔네.
> 나머지 한 마리 벌은
> 실비아 향기와 자스민 향기에 빠져
> 허공을 맴돌고 있다오.
> 꽃밭에 벌들이 몇 마리였는지 내게 말해 주시오.

24 다음은 세종 대왕의 일생을 정리한 글이다. 이 글을 읽고 세종 대왕의 일생이 총 몇 년이었는지 구하시오.

> 세종 대왕은 1397년에 태어나 일생의 $\frac{2}{9}$를 혼자 살다가 혼인하였고 다시 일생의 $\frac{1}{6}$이 지난 후 조선의 제4대 임금으로 등극하였다. 임금이 된 후 일생의 $\frac{13}{27}$이 지나 한글을 창제하고 그로부터 3년 후 한글을 반포하였으며 한글 반포 4년 후에 승하하였다.

만점 굳히기 문제

정답과 해설 48쪽

1 x에 대한 일차방정식 $-5(2x-k)+4=-2k+3$ ($k=1,\ 2,\ 3,\ \cdots$)의 해를 x_k라 할 때, $x_1+x_2-x_3$의 값을 구하시오.

먼저 x를 k에 대한 식으로 나타낸 후 k 대신 1, 2, 3을 각각 대입한다.

2 $A=\frac{x-2}{2}+\frac{x+3}{3}$, $B=\frac{1}{6}-x$에 대하여 A와 B의 절댓값이 같고 $A\times B<0$일 때, x의 값을 구하시오.

A, B의 절댓값이 같고 $A\times B<0$이면 $A=-B$임을 이용한다.

3 세 수 a, b, c에 대하여 $abc\neq0$, $\frac{1}{a}+\frac{1}{b}+\frac{1}{c}\neq0$일 때, x에 대한 다음 일차방정식의 해를 구하시오.

$$bc(x+b+c)+ca(x+c+a)+ab(x+a+b)=-3abc$$

주어진 방정식의 양변을 abc로 나누고 식을 정리한다.

Challenge

4 몇 대의 차가 주차되어 있는 어떤 주차장에 일정한 속력으로 차가 들어오고 있다. 그런데 오전 11시부터 8분마다 평균 5대의 차가 나가면 오후 12시 20분에는 주차장에 차가 한 대도 없게 되고, 4분마다 평균 2대의 차가 나가면 오후 1시 10분에는 주차장에 차가 한 대도 없게 된다. 이때 처음 주차되어 있던 차의 수를 구하시오.

주차장에 1분마다 평균적으로 들어오는 차의 수를 x대라 하고 처음 주차되어 있던 차의 수로 방정식을 세운다.

Challenge

5 혜송이는 일정한 간격과 일정한 속력으로 달리는 기차의 선로 옆에 나란히 난 길을 시속 4 km로 걷고 있다. 혜송이는 12분마다 기차에 추월당하고, 11분마다 마주 오는 기차와 만난다고 한다. 이때 기차의 속력은 시속 몇 km인지 구하시오.

시속 x km인 기차와 시속 y km인 사람이
(i) 같은 방향으로 움직일 때: 시속 $(x-y)$ km
(ii) 반대 방향으로 움직일 때: 시속 $(x+y)$ km

대단원 평가 문제

A 단계

1 $a=-3$, $b=-2$일 때, 다음 중 옳은 것은?

① $3a-2b=5$ ② $-a-3b=-3$

③ $\frac{a}{3}-\frac{b}{4}=-1$ ④ $\frac{9}{a}+\frac{8}{b}=-7$

⑤ $\frac{81}{a^2}-\frac{b^2}{2}-1=9$

2 다항식 $-5x^2+\frac{3}{4}x-2$에서 x^2의 계수가 a, 다항식의 차수가 b, 항의 개수가 c개일 때, $4ab-2c$의 값은?

① -51 ② -46 ③ -36

④ -31 ⑤ -26

3 $\left(-6x-\frac{4}{3}y+2\right)\div\left(-\frac{2}{3}\right)=ax+by+c$일 때, 상수 a, b, c에 대하여 $\frac{ab}{c}$의 값을 구하시오.

학평기출 · 고1 2017년 3월 서울교육청 2번

4 일차방정식 $7x+3=5x+1$의 해는?

① -2 ② -1 ③ 0

④ 1 ⑤ 2

빈출

5 x에 대한 방정식

$$\frac{2x-1}{3}-\frac{ax+2}{2}=\frac{1}{6}x+3$$

의 해가 존재하지 않을 때, 상수 a의 값은?

① -2 ② -1 ③ 0

④ 1 ⑤ 2

6 연속하는 세 홀수 중 가운데 수의 6배는 나머지 두 수의 합의 4배보다 10만큼 작다고 할 때, 이 세 홀수의 합은?

① 9 ② 13 ③ 15

④ 17 ⑤ 21

B 단계

7 옳은 것만을 〈보기〉에서 모두 고른 것은?

보기

ㄱ. 연속하는 세 홀수 중 가장 작은 수를 $2x+1$이라 하면 세 홀수의 합은 $6x+3$이다.

ㄴ. 과일 40개 중 2500원짜리 복숭아는 x개, 1500원짜리 배는 y개이고 나머지는 모두 1000원짜리 사과일 때, 과일의 가격은 $(1500x+500y+40000)$원이다.

ㄷ. 긴 의자 x개에 학생들이 앉는데 한 의자에 8명씩 앉으면 마지막 의자에는 3명이 앉고 빈 의자가 3개 생길 때, 학생 수는 $(8x-29)$명이다.

① ㄴ ② ㄱ, ㄴ ③ ㄱ, ㄷ

④ ㄴ, ㄷ ⑤ ㄱ, ㄴ, ㄷ

정답과 해설 49쪽

8 $(x+y):(-4x+3y)=1:4$일 때, $\frac{x-4y}{-3x-6y}$의 값을 구하시오.

9 $\frac{a}{2}-\frac{b}{3}=\frac{a+b}{3}$일 때, $\frac{ab}{b^2-a^2}$의 값은? (단, $ab\neq0$)

① $-\frac{8}{15}$ ② $-\frac{7}{15}$ ③ $-\frac{2}{5}$
④ $-\frac{1}{3}$ ⑤ $-\frac{4}{15}$

빈출

10 x에 대한 일차방정식 $5x+a=x-6$의 해가 $x=-1$일 때, x에 대한 일차방정식 $\frac{x}{15}-\frac{x+1}{6}=\frac{1}{a}$의 해를 구하시오. (단, a는 상수이다.)

11 x에 대한 일차방정식 $3x-\frac{2}{3}(x+a)=-4$의 해가 음수일 때, 모든 자연수 a의 값의 합을 구하시오.

12 서윤이와 중현이가 처음에 가지고 있던 용돈의 비는 7 : 8이다. 서윤이가 중현이에게 1000원을 준 후 중현이가 서윤이에게 자기가 가진 금액의 반을 주었더니 서윤이가 가진 금액이 중현이가 가진 금액의 2배가 되었다. 서윤이가 처음에 가지고 있던 용돈이 얼마인지 구하시오.

13 어떤 일을 하는 데 명철이 혼자 하면 2시간이 걸리고 승철이 혼자 하면 3시간이 걸린다. 명철이가 먼저 일을 시작하여 20분마다 두 사람이 번갈아가며 한 명씩 일을 하였더니 명철이가 마지막으로 20분을 일하고 일이 완성되었다. 명철이가 일한 시간은 몇 분인지 구하시오.

14 어떤 문구점에서 원가에 30 %의 이익을 붙여서 정가를 정한 연필이 팔리지 않아 정가에서 10원을 할인하여 팔았다. 1자루를 팔 때마다 원가의 20 %의 이익을 얻을 때, 연필 1자루의 원가를 구하시오.

정답과 해설 51쪽

C 단계

15 두 상수 a, b와 일차식 A에 대하여 <$ak+b$, A>를 $k=A$일 때의 $ak+b$라 할 때,

$$<7k-5,\ 2x-2>-<7k-5,\ x+1>=-7$$

을 만족하는 x의 값을 구하시오.

학평기출 ▪고1 2011년 3월 부산교육청 17번

16 그림과 같이 한 변의 길이가 18인 정사각형 ABCD의 내부에 점 P가 있다. 네 변 AB, BC, CD, DA 위에 선분 AE와 선분 CG의 길이가 변 AB의 길이의 $\frac{1}{2}$, 선분 BF와 선분 DH의 길이가 변 BC의 길이의 $\frac{1}{3}$이 되도록 네 점 E, F, G, H를 정할 때, 삼각형 PAE, 삼각형 PBF, 삼각형 PCG, 삼각형 PDH의 넓이의 합은?

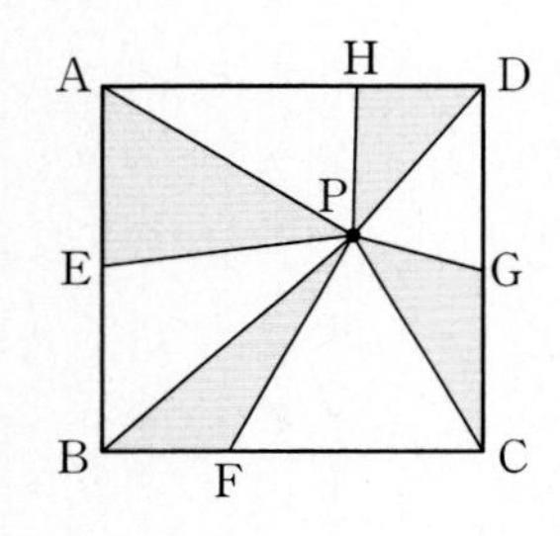

① 120 ② 125 ③ 130
④ 135 ⑤ 140

17 두 유리수 a, b에 대하여 기호 $[a,\ b]$가 두 수 a, b 중 작지 않은 수를 나타낼 때, $[5x-4,\ 3x+8]=0$을 만족하는 x의 값을 구하시오.

빈출

18 양선이가 자전거를 타고 집에서 도서관까지 가는데 시속 10 km와 시속 5 km의 속력으로 번갈아 달려 1시간 6분이 걸렸다. 도서관에서 집으로 돌아올 때는 같은 길을 시속 6 km의 일정한 속력으로 달려 1시간 20분이 걸렸다고 할 때, 양선이가 시속 10 km의 속력으로 달린 거리는?

① 4.5 km ② 4.8 km ③ 5 km
④ 5.2 km ⑤ 5.5 km

Challenge

19 비커 A에는 20 % 소금물 100 g, 비커 B에는 농도를 알 수 없는 소금물 100 g이 들어 있다. 비커 B의 소금물 30 g을 덜어내어 버리고, 비커 A의 소금물 30 g을 덜어 비커 B에 옮겨 담은 후 비커 A에는 물 30 g을 담는다. 같은 방법으로 한 번 더 소금물을 옮긴 후 두 비커 A, B의 소금물의 농도가 같아졌을 때, 비커 B에 처음 들어 있던 소금물의 농도를 구하시오.

Challenge

20 주은이가 친구와의 약속 장소에 나가기 위해 집을 나서면서 시계를 보았더니 오후 1시와 2시 사이에서 시계의 시침과 분침이 정확히 서로 반대 방향을 가리키고 있었다. 약속 장소까지 40분이 걸렸다고 할 때, 주은이가 친구와의 약속 장소에 도착한 시각을 구하시오.

서술형으로 끝내기

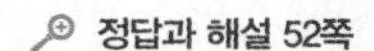
정답과 해설 52쪽

1 가로의 길이가 $10a$ cm, 세로의 길이가 12 cm인 직사각형 모양의 종이가 있다. 이 종이의 네 모퉁이에서 한 변의 길이가 4 cm인 정사각형을 잘라내고, 남은 부분을 접어서 뚜껑 없는 직육면체 모양의 상자를 만들었다. 다음 물음에 답하시오.

(1) 만든 직육면체 모양의 상자의 밑면의 이웃한 두 변의 길이를 구하시오.

(2) 만든 직육면체 모양의 상자의 높이를 구하시오.

(3) 만든 직육면체 모양의 상자의 부피를 a를 사용한 식으로 나타내시오.

2 섭씨온도가 a ℃일 때의 화씨온도가 b °F이면 $b=\frac{9}{5}a+32$이다. 또, 기온이 섭씨온도로 x ℃일 때, 흰나무 귀뚜라미가 1분 동안 우는 횟수는 $\left(\frac{36}{5}x-32\right)$회라 한다. 다음 물음에 답하시오.

(1) 화씨온도가 68 °F일 때, 섭씨온도를 구하시오.

(2) 기온이 화씨온도로 68 °F일 때와 86 °F일 때, 흰나무 귀뚜라미가 1분 동안 우는 횟수의 차를 구하시오.

3 아래 그림과 같이 성냥개비를 이용하여 'ㄱ' 자 모양을 비스듬히 이어붙인 도형을 만들 때, 다음 물음에 답하시오.

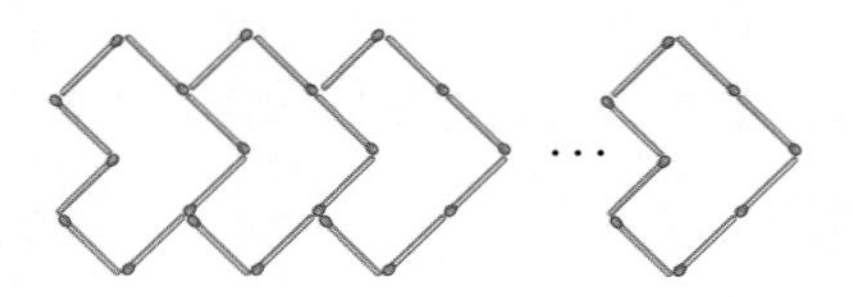

(1) 'ㄱ' 자 모양을 하나 더 만들어 붙일 때, 추가로 필요한 성냥개비의 개수를 구하시오.

(2) 'ㄱ' 자 모양을 n개 만들 때, 필요한 성냥개비의 개수를 n을 사용한 식으로 나타내시오.

(3) 성냥개비 140개를 이용하여 도형을 만들 때, 만들어지는 'ㄱ' 자 모양의 개수를 구하시오.

4 서경이는 오후 4시에 출발하는 버스를 타기 위해 집에서 터미널까지 자전거를 타고 분속 250 m의 속력으로 가다가 이 속력으로 계속 가면 2분 늦게 도착하게 된다는 사실을 깨닫고 집에서 2 km 떨어진 지점부터는 시속 30 km의 속력으로 갔더니 버스가 출발하기 5분 전에 터미널에 도착하였다. 다음 물음에 답하시오.

(1) 서경이가 터미널까지 처음 속력으로 갈 때에 비하여 단축한 시간은 몇 분인지 구하시오.

(2) 서경이가 집에서 터미널까지 가는 데 걸린 시간은 몇 분인지 구하시오.

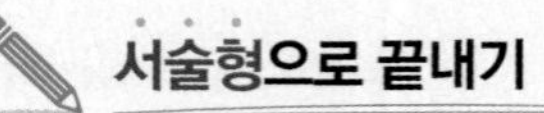

5 어느 중학교의 올해 학생 수는 작년에 비해 남학생은 3 % 감소, 여학생은 5 % 증가하여 전체 학생 수는 작년보다 32명이 증가하였다. 작년의 전체 중학교 학생 수가 1920명이었을 때, 올해의 남학생과 여학생 수를 각각 구하시오.

풀이

답

6 어떤 PC방의 이용 요금은 시간당 800원이고, 요금을 선불로 결제해야 이용할 수 있다. 형석이가 이 PC방에서 선불로 10000원을 결제하고, 이틀 동안 이용한 후의 잔액이 1200원이었다. 첫째 날 이용한 시간이 둘째 날 이용한 시간의 1.2배일 때, 첫째 날 이용한 시간을 구하시오.

풀이

답

7 비즈공예를 배우는 지은이는 목걸이와 팔찌를 만드는데 목걸이 한 개를 만드는 것이 팔찌 한 개를 만드는 것보다 7분이 더 걸린다고 한다. 지은이는 8시간 동안 5분씩 총 9번을 쉬면서 목걸이와 팔찌 60개를 만들었다. 만든 목걸이의 개수가 팔찌의 개수의 3배일 때, 목걸이 한 개를 만드는 데 걸리는 시간을 구하시오.

풀이

답

8 홍일이네 학교 동아리에서 체험 학습을 가는데 선생님들은 자동차로, 학생들은 걸어서 동시에 출발하였다. 선생님들은 학교에서 a km 떨어진 지점 A에서 차에서 내려 체험 학습 장소까지 걸어가고, 한 분은 자동차를 몰고 학교 쪽으로 되돌아가다가 지점 B에서 학생들을 만나 태우고 체험 학습 장소까지 왔더니 선생님들과 학생들이 모두 같은 시각에 도착하였다. 학교에서 체험 학습 장소까지의 거리는 12 km이고 자동차는 시속 50 km로 움직이며 선생님들과 학생들은 모두 시속 6 km로 걸을 때, 두 지점 A, B 사이의 거리를 구하시오.

풀이

답

IV

좌표평면과 그래프

7 좌표평면과 그래프

1 좌표와 좌표평면

(1) **수직선 위의 점의 좌표**: 수직선 위의 한 점 P에 대응하는 수를 a라 할 때, a를 점 P의 좌표라 하고, 이것을 기호로 P(a)와 같이 나타낸다.

(2) **순서쌍**: 순서를 생각하여 두 수를 괄호 안에 짝지어 나타낸 것

(3) **좌표평면**: 두 수직선이 점 O에서 서로 수직으로 만날 때

① x축: 가로의 수직선 ┐
y축: 세로의 수직선 ┘→ 좌표축

② **좌표평면**: 좌표축이 그려진 평면

③ **원점**: 두 좌표축이 만나는 점 O

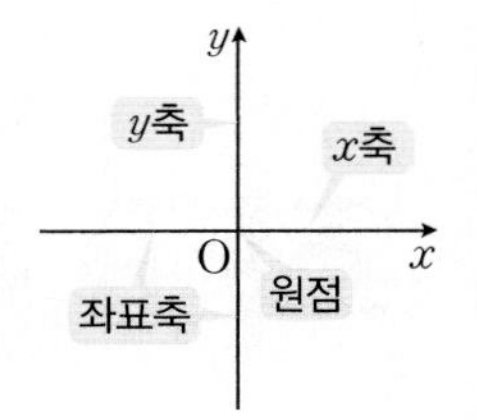

(4) **좌표평면 위의 점의 좌표**: 좌표평면 위의 한 점 P에서 x축, y축에 수선을 내려 x축, y축과 만나는 점에 대응하는 수를 각각 a, b라 할 때, 순서쌍 (a, b)를 점 P의 좌표라 하고, 이것을 기호로 P(a, b)와 같이 나타낸다.
(a: x좌표, b: y좌표)

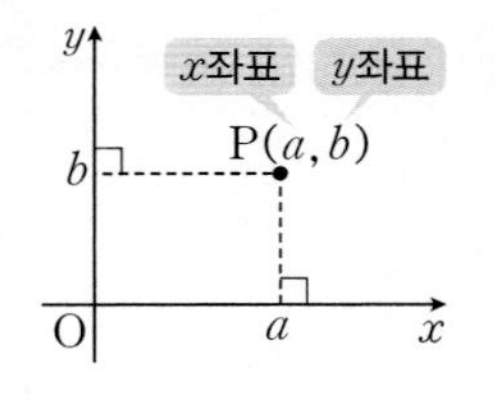

(5) **사분면**: 좌표평면은 좌표축에 의하여 네 부분으로 나누어지는데, 이 네 부분을 각각 제1사분면, 제2사분면, 제3사분면, 제4사분면이라 한다.

제2사분면 (−, +)	제1사분면 (+, +)
제3사분면 (−, −)	제4사분면 (+, −)

- 순서쌍은 두 수의 순서를 생각한 것이므로 $(2, 3)$과 $(3, 2)$는 서로 다르다.

- 좌표평면에서
  ① 원점의 좌표: $(0, 0)$
  ② x축 위에 있는 점의 좌표: $(a, 0)$의 꼴
  ③ y축 위에 있는 점의 좌표: $(0, a)$의 꼴
- 두 점 $(1, 0)$, $(0, 2)$와 같이 x축 또는 y축 위에 있는 점은 어느 사분면에도 속하지 않는다.

2 그래프의 이해

(1) **변수**: x, y와 같이 여러 가지로 변하는 값을 나타내는 문자

(2) **그래프**: 두 변수 x, y 사이의 관계를 좌표평면 위에 그림으로 나타낸 것

(3) **그래프의 이해**: 두 변수 x, y 사이의 관계를 그래프로 나타내면 변화하는 상황을 알아보기 쉽다.

예 시간과 속력 사이의 관계를 나타낸 그래프로부터 시간의 변화에 따른 속력의 변화를 다음과 같이 해석할 수 있다.

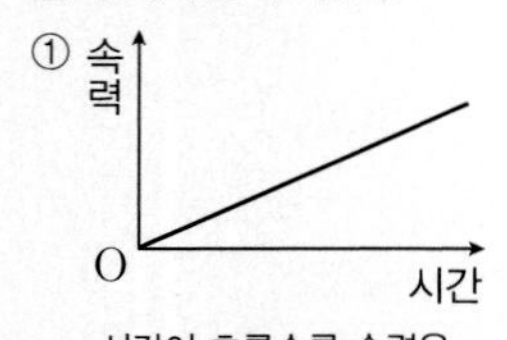

시간이 흐를수록 속력은 일정하게 증가한다.

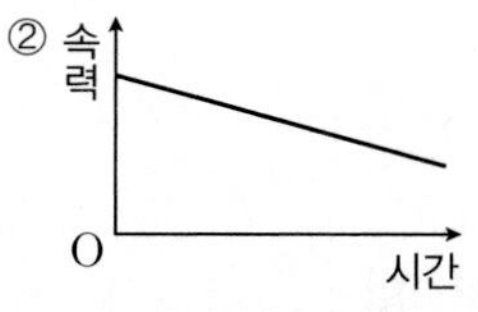

시간이 흐를수록 속력은 일정하게 감소한다.

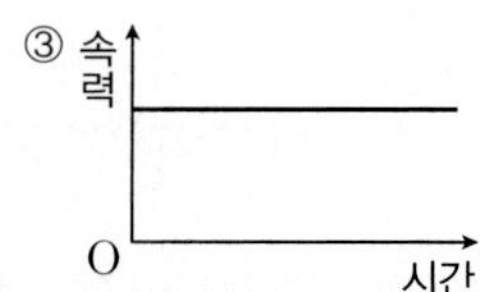

시간이 흘러도 속력은 일정하게 유지된다.

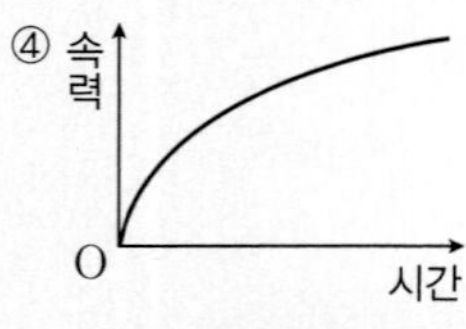

시간이 흐를수록 속력은 점점 느리게 증가한다.

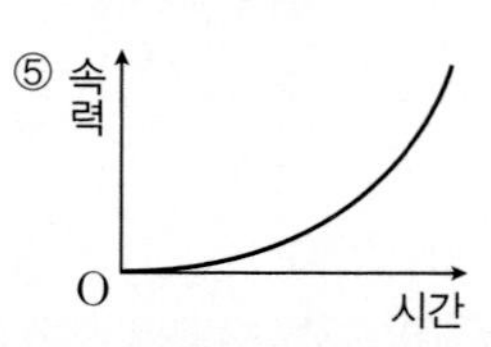

시간이 흐를수록 속력은 점점 빠르게 증가한다.

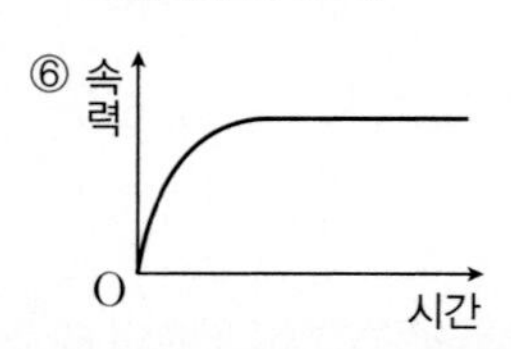

시간이 흐를수록 속력이 점점 느리게 증가하다가 어느 순간부터 일정하게 유지된다.

- 변수와 달리 일정한 값을 가지는 수나 문자를 상수라 한다.

꼭 나오는 대표 빈출로 핵심 확인

난이도 중하-중

정답과 해설 55쪽

좌표와 좌표평면

1 다음 중 오른쪽 좌표평면 위의 점 A, B, C, D, E의 좌표를 나타낸 것으로 옳은 것은?

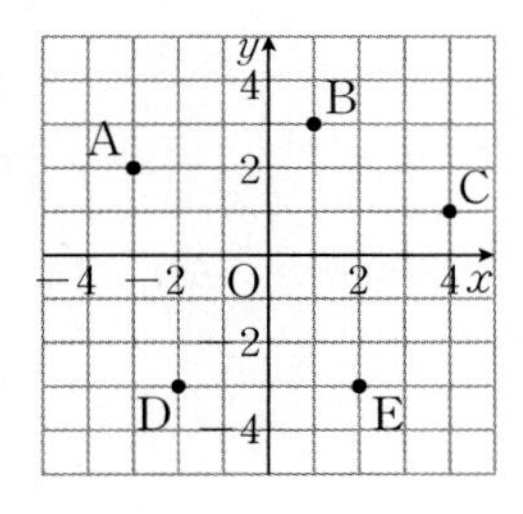

① A(3, 2)
② B(3, 1)
③ C(1, 4)
④ D(−2, −3)
⑤ E(−3, 2)

좌표와 좌표평면

2 점 $(2a+3,\ 3a-2)$가 x축 위에 있는 점일 때, 이 점의 x좌표는?

① 5　② $\frac{13}{3}$　③ $\frac{7}{3}$
④ 2　⑤ $\frac{2}{3}$

좌표와 좌표평면

3 다음 중 좌표평면 위의 점과 그 점이 속한 사분면이 바르게 연결된 것은?

① A(3, −5) ⇨ 제1사분면
② B(2, 3) ⇨ 제2사분면
③ C(−1, −5) ⇨ 제3사분면
④ D(−4, 1) ⇨ 제4사분면
⑤ E(3, 0) ⇨ 제1사분면

좌표와 좌표평면

4 $a>0$, $\frac{a}{b}<0$일 때, 제4사분면 위의 점만을 〈보기〉에서 모두 고른 것은?

보기
ㄱ. $(b,\ a)$　ㄴ. $(a-b,\ b)$　ㄷ. $(ab,\ b-a)$

① ㄱ　② ㄴ　③ ㄷ
④ ㄱ, ㄴ　⑤ ㄴ, ㄷ

좌표와 좌표평면

5 세 점 A(3, 4), B(−1, 1), C(5, 1)을 꼭짓점으로 하는 삼각형 ABC의 넓이는?

① 6　② 8　③ 9
④ 12　⑤ 15

그래프의 이해

6 오른쪽 그림은 어느 도시의 시각과 강수량 사이의 관계를 나타낸 그래프이다. 강수량이 줄어든 시간은 a시간, 강수량이 늘어난 시간은 b시간일 때, $a-b$의 값을 구하시오.

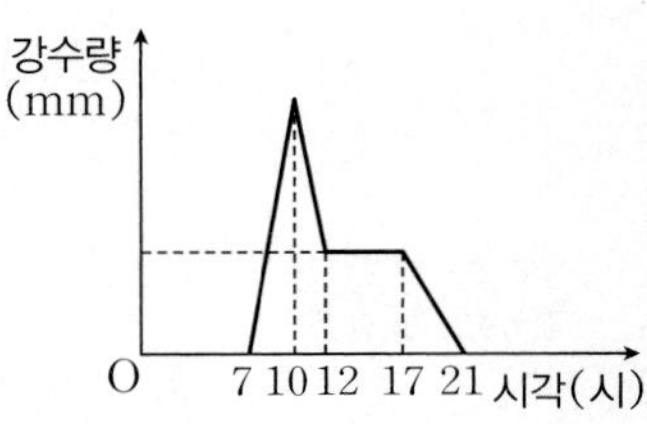

그래프의 이해

7 은정이는 오후 2시에 정류장에서 출발하는 버스를 타기 위하여 집에서 출발하였다. 처음에는 일정한 속력으로 걸어가다가 늦을 것 같아서 중간에 속력을 일정하게 올리며 뛰어갔다. 은정이가 집에서 출발하여 정류장에 도착할 때까지 걸린 시간과 속력 사이의 관계를 나타낸 그래프로 알맞은 것을 〈보기〉에서 고르시오.

보기

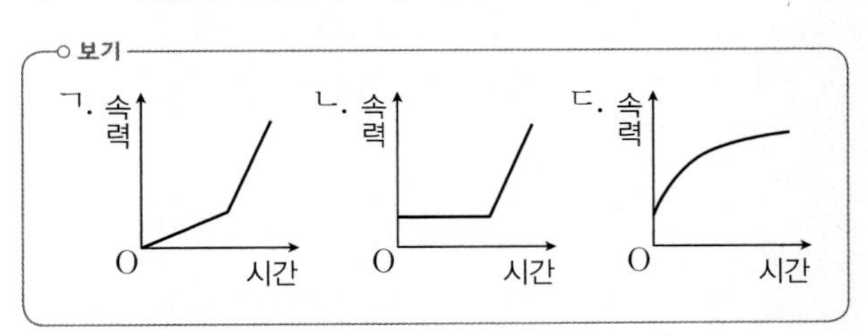

그래프의 이해

8 오른쪽 그림은 준영이가 집에서 3 km 떨어져 있는 친구네 집에 다녀올 때, 걸린 시간과 이동 거리 사이의 관계를 나타낸 그래프이다. 준영이가 친구네 집에 머무른 시간은 몇 분인지 구하시오.

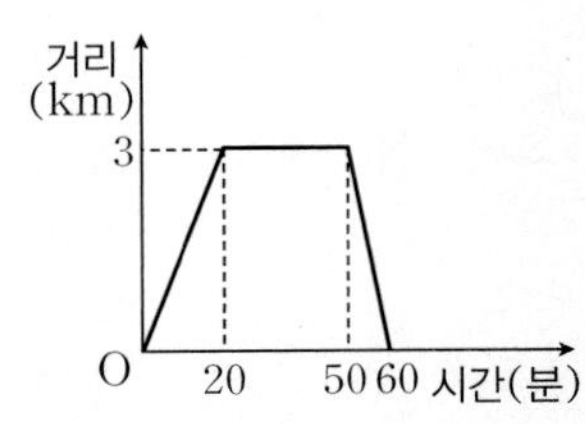

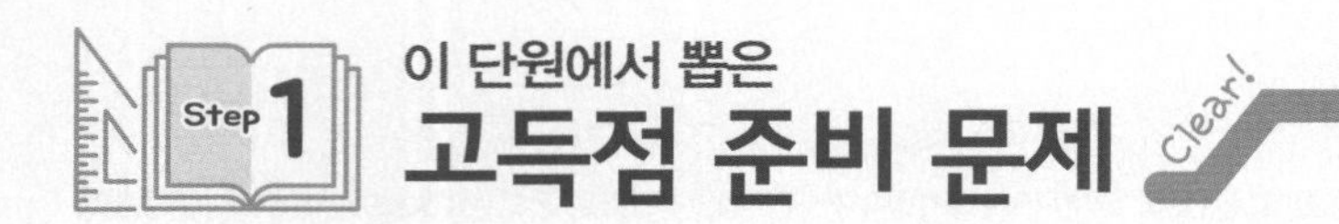

난이도 중-중상

1 순서쌍과 좌표평면

✓핵심 심화

(1) 점의 좌표가 문자로 주어질 때, 각 사분면 위의 점의 x좌표, y좌표의 부호를 이용하여 문자의 부호를 결정한다.

(2) x축 위에 있는 점의 y좌표는 0, y축 위에 있는 점의 x좌표는 0이다.

	제1사분면	제2사분면	제3사분면	제4사분면
x좌표의 부호	$+$	$-$	$-$	$+$
y좌표의 부호	$+$	$+$	$-$	$-$

Plus 점 (a, b)와 대칭인 점의 좌표는 다음과 같다.
① x축에 대하여 대칭인 점 ⇨ y좌표의 부호가 반대 ⇨ $(a, -b)$
② y축에 대하여 대칭인 점 ⇨ x좌표의 부호가 반대 ⇨ $(-a, b)$
③ 원점에 대하여 대칭인 점 ⇨ x좌표, y좌표의 부호가 각각 반대 ⇨ $(-a, -b)$

대표문제 1

점 $(3a-1, 0.2a-4)$는 x축 위에 있고, 점 $(-2b+3, -4b-1)$은 y축 위에 있을 때, ab의 값을 구하시오.

✓해결 전략
❶ x축 위에 있는 점의 y좌표는 0임을 이용하여 a의 값을 구한다.
❷ y축 위에 있는 점의 x좌표는 0임을 이용하여 b의 값을 구한다.
❸ ab의 값을 구한다.

유제 1

x좌표가 -3이고 x축 위에 있는 점의 좌표가 (a, b), x좌표가 5이고 y좌표가 -4인 점의 좌표가 (c, d)일 때, $ad-bc$의 값을 구하시오.

유제 2

점 $P(a, b)$가 제2사분면 위의 점이고, 점 $Q(c, d)$가 제4사분면 위의 점일 때,
두 점 $A(a^3-d^2, ad+bc)$, $B(a-d^2, ac+bd)$는 각각 어느 사분면 위의 점인지 구하시오.

Up 유제 3

점 (a, b)와 x축에 대하여 대칭인 점의 좌표가 $(-4, 3)$일 때, 점 (b, a)와 원점에 대하여 대칭인 점의 좌표를 구하시오.

접근 x축에 대하여 대칭인 두 점의 y좌표의 부호는 반대이고, 원점에 대하여 대칭인 두 점의 x좌표, y좌표의 부호는 각각 반대임을 이용한다.

정답과 해설 55쪽

2 좌표평면 위의 도형의 넓이

핵심 ✓심화

각 꼭짓점의 좌표가 주어진 도형의 넓이는 다음 순서로 구한다.
① 좌표평면 위에 도형의 각 꼭짓점을 나타낸다.
② 각 꼭짓점을 선분으로 연결하여 도형을 그린다.
③ 도형의 변의 길이, 높이 등을 이용하여 넓이를 구한다.

고수 비법
도형의 변의 길이, 높이 등을 알 수 없을 때는 구하는 도형을 포함하는 직사각형을 만들고, 그 직사각형의 넓이에서 필요 없는 부분의 넓이를 빼어 구한다.

대표문제 2

세 점 A$(-5, 2)$, B$(-4, -5)$, C$(3, -2)$를 꼭짓점으로 하는 삼각형 ABC의 넓이를 구하시오.

✓해결 전략
❶ 좌표평면 위에 세 점 A, B, C를 나타낸다.
❷ 보조선을 그어 삼각형 ABC를 포함하는 가장 작은 직사각형을 만든다.
❸ ❷의 직사각형의 넓이에서 필요 없는 부분의 넓이를 빼어 삼각형 ABC의 넓이를 구한다.

유제 4

네 점 P$(-1, 2)$, Q$(-5, 0)$, R$(-2, -5)$, S$(2, -3)$을 꼭짓점으로 하는 사각형 PQRS의 넓이를 구하시오.

유제 5

세 점 A$(-1, 3)$, B$(3, -1)$, C$(a, 3)$을 꼭짓점으로 하는 삼각형 ABC의 넓이가 10일 때, a의 값을 구하시오. (단, $a>0$)

유제 6

점 A$(-3, -5)$와 x축에 대하여 대칭인 점을 B, 원점에 대하여 대칭인 점을 C라 할 때, 삼각형 ABC의 넓이를 구하시오.

3 그래프의 이해

✓핵심 심화

두 양 사이의 관계를 나타낸 그래프의 모양에 따라 두 양의 변화 관계를 해석할 수 있다.

예 시간과 비행기의 높이 사이의 관계를 나타낸 그래프로부터 시간의 변화에 따른 비행기의 높이의 변화를 해석하면 아래의 표와 같다.

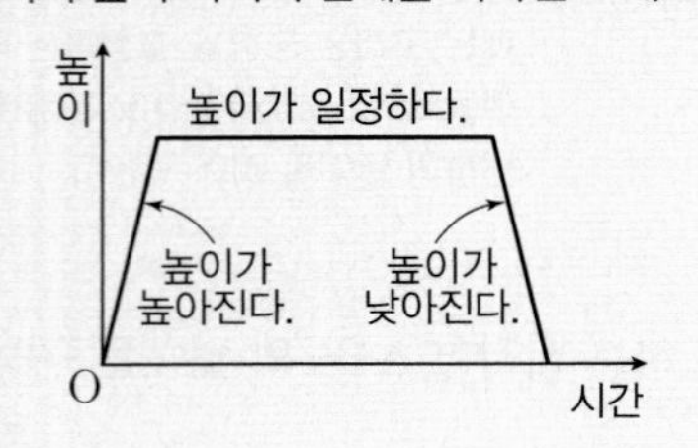

⇨

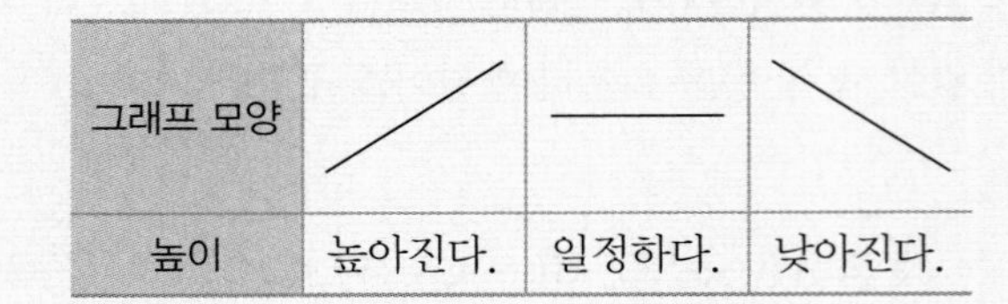

그래프 모양	/	—	\
높이	높아진다.	일정하다.	낮아진다.

대표문제 3

오른쪽 그림은 움직이는 자동차의 시간과 속력 사이의 관계를 나타낸 그래프이다. 이 그래프에 대한 다음 설명의 빈칸에 알맞은 것을 써넣으시오.

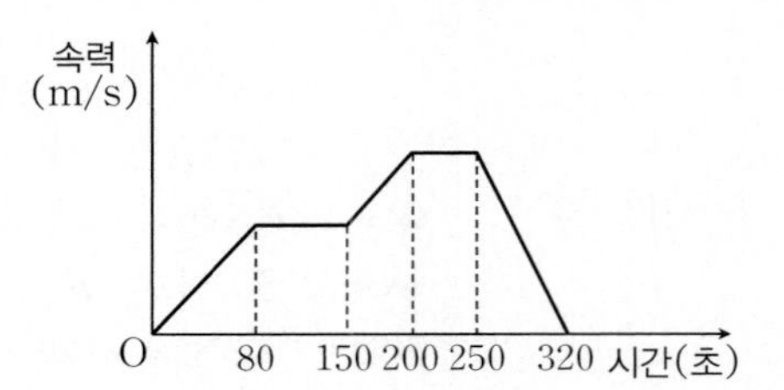

(가) 자동차는 ☐초 동안 일정한 속력으로 움직였다.

(나) 자동차가 움직이기 시작하여 정지할 때까지 걸린 시간은 ☐초이다.

✓ **해결 전략**

❶ 그래프에서 속력의 변화가 없는 부분을 찾아 (가)의 빈칸을 채운다.

❷ 그래프에서 속력이 다시 0이 되는 지점을 찾아 (나)의 빈칸을 채운다.

유제 7

오른쪽 그림은 빛나가 집에서 4 km 떨어진 학교까지 갈 때, 이동 시간과 이동 거리 사이의 관계를 나타낸 그래프이다. 이 그래프에 대한 다음 설명의 빈칸에 알맞은 것을 써넣으시오.

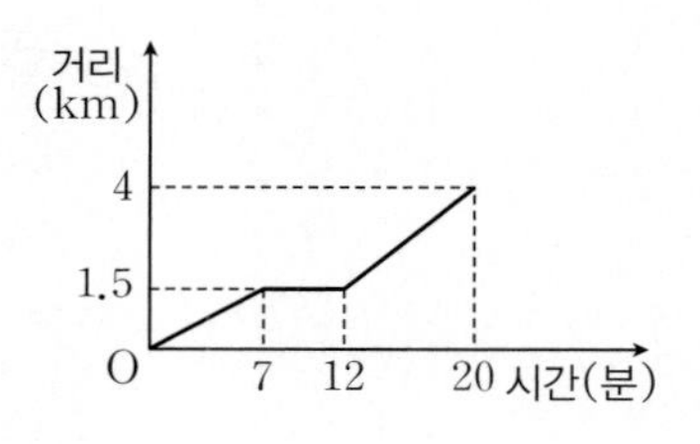

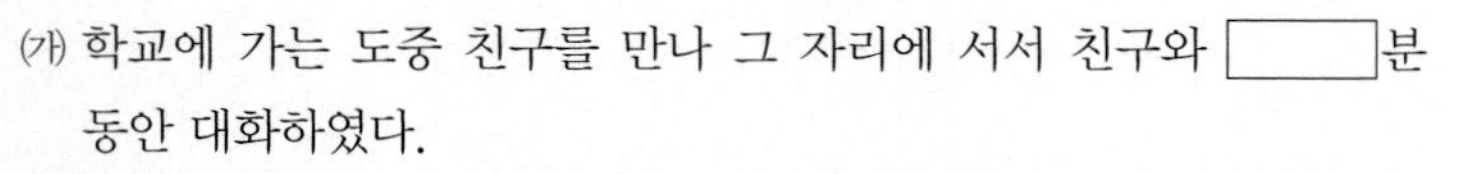

(가) 학교에 가는 도중 친구를 만나 그 자리에 서서 친구와 ☐분 동안 대화하였다.

(나) 빛나가 친구를 만난 곳은 집으로부터 ☐ km 떨어진 곳이다.

(다) 빛나는 집에서 출발한 지 ☐분 후에 학교에 도착하였다.

고득점 실전 문제

정답과 해설 56쪽

1 좌표와 좌표평면

1 점 $\left(\frac{1}{2}a+3,\ 5a+5\right)$가 x축 위에 있는 점이고 점 $(3b-6,\ 2b-3)$이 y축 위에 있는 점일 때, 점 $(a,\ b)$는 어느 사분면 위의 점인가?

① 제1사분면 ② 제2사분면 ③ 제3사분면
④ 제4사분면 ⑤ 알 수 없다.

2 점 $A(a,\ b)$에 대하여 세 점 B, C, D는 각각 점 A와 y축, 원점, x축에 대하여 대칭이다. 사각형 ABCD의 둘레의 길이가 36일 때, 다음 중 점 A의 좌표가 될 수 없는 것은? (단, $a\neq0$, $b\neq0$)

① $(1,\ 8)$ ② $(-2,\ 7)$ ③ $(-3,\ 6)$
④ $(4,\ -5)$ ⑤ $(-5,\ -5)$

빈출

3 세 점 $A(2,\ 3a+3)$, $B(2a+b-3,\ 5)$, $C(ab,\ a+b)$에 대하여 점 A는 x축 위에 있는 점이고 점 B는 y축 위에 있는 점일 때, 삼각형 ABC의 넓이는?

① 12 ② $\frac{25}{2}$ ③ 13
④ $\frac{27}{2}$ ⑤ 14

2 그래프의 이해

4 다음 그림은 형과 동생이 달리기를 할 때, 이동 시간과 이동 거리 사이의 관계를 나타낸 그래프이다.

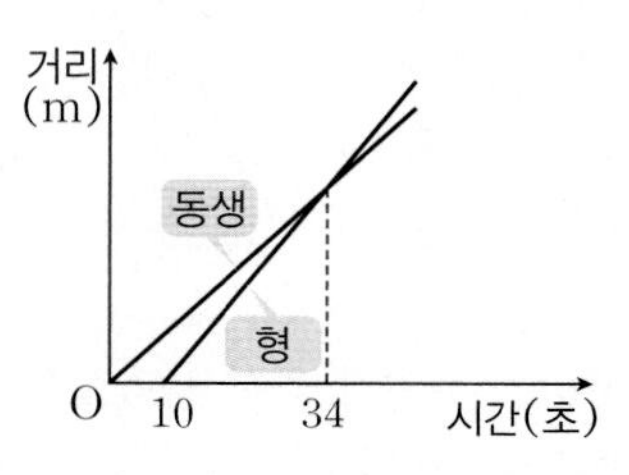

형은 동생이 출발한 지 a초 후에 출발하여 출발한 지 b초 후에 동생과 만났다. 이때 $b-a$의 값을 구하시오.

5 오른쪽 그림은 재윤이가 집에서 2 km 떨어진 도서관까지 걸어갈 때, 이동 시간과 이동 거리 사이의 관계를 나타낸 그래프이다. 옳은 것만을 〈보기〉에서 모두 고른 것은?

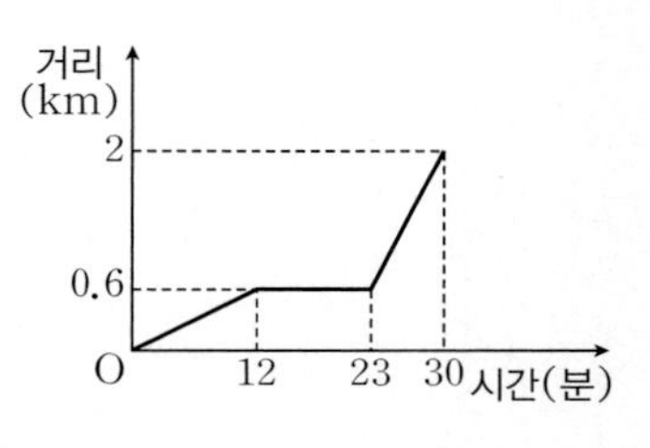

보기

ㄱ. 집에서 출발하여 12분 동안 걷고 23분 동안 쉬고 다시 30분을 걸어 도서관에 도착하였다.
ㄴ. 집에서 출발하여 600 m를 걸어가는 동안의 재윤이의 속력은 분속 50 m이다.
ㄷ. 마지막 7분 동안의 재윤이의 속력은 분속 200 m이다.

① ㄴ ② ㄱ, ㄴ ③ ㄱ, ㄷ
④ ㄴ, ㄷ ⑤ ㄱ, ㄴ, ㄷ

6 오른쪽 그림은 일정한 속력으로 회전하는 관람차의 운행 시간과 지면에서의 높이 사이의 관계를 나타낸 그래프이다. 다음에서 $a+b$의 값을 구하시오.

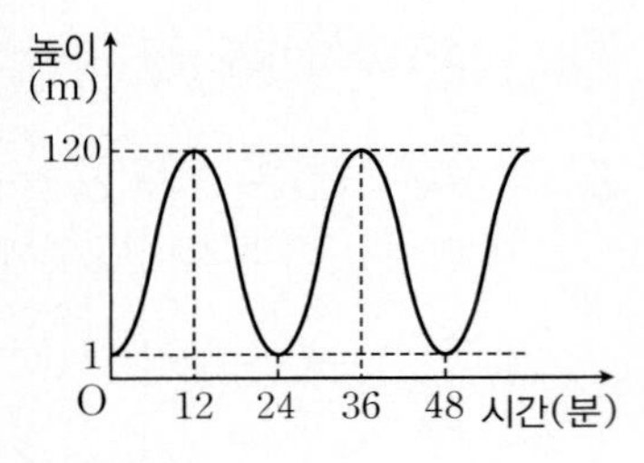

(가) 관람차가 가장 높이 올라갔을 때, 지면에서의 높이는 a m이다.
(나) 관람차가 한 바퀴 회전하는 데 걸리는 시간은 b분이다.

7 기온에 대한 (가), (나)의 설명에 가장 알맞은 그래프를 <보기>에서 찾아 짝지으시오.

(가) 등교할 때는 추웠는데 점심 시간에 운동장에 나가니 상당히 더웠다. 하교 후 학원에 가서 공부를 하다 저녁 때 집으로 돌아가는 길에는 아침보다 더 추웠다.
(나) 아침부터 무더웠지만 점점 더 기온이 올라 점심을 먹은 직후가 가장 더웠다. 오후 4시쯤 소나기가 한차례 지나간 후 더위가 좀 가셨고, 다시 기온이 아침만큼 올라가더니 밤에는 열대야로 잠을 이루지 못했다.

보기

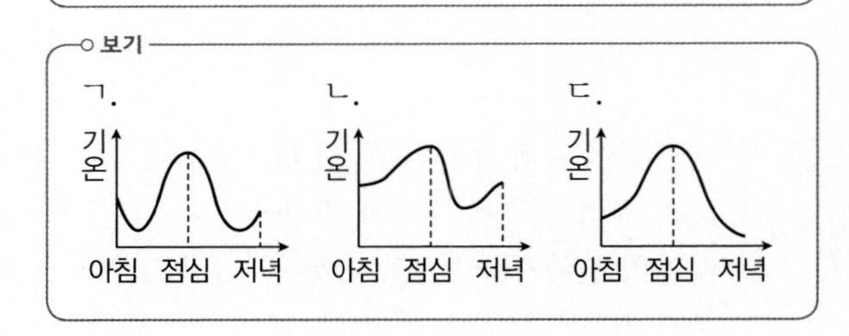

교과서 속 창의·융합

8 인공지능 바둑 프로그램 알파고(AlphaGo)는 2016년 우리나라의 이세돌과의 경기에서 4승 1패로 승리하고, 2017년 중국의 커제와의 경기에서 모두 승리하여 세계를 놀라게 하였다.

오른쪽 그림은 2017년에 있었던 알파고와 커제의 두 번째 경기를 기록한 것이다. 알파고가 검은 돌, 커제가 흰 돌을 놓았고 돌마다 적힌 번호 순서대로 총 155수를 둔 후, 커제의 기권으로 알파고가 승리하였다.

바둑판의 한가운데에 있는 점을 원점 O로 하여 x축, y축을 그림과 같이 정하고 바둑판의 한 칸의 간격을 1로 할 때, 119번째 검은 돌의 좌표는 $(1,\ 1)$로 나타낼 수 있다. 알파고가 마지막으로 둔 검은 돌의 좌표를 구하시오.

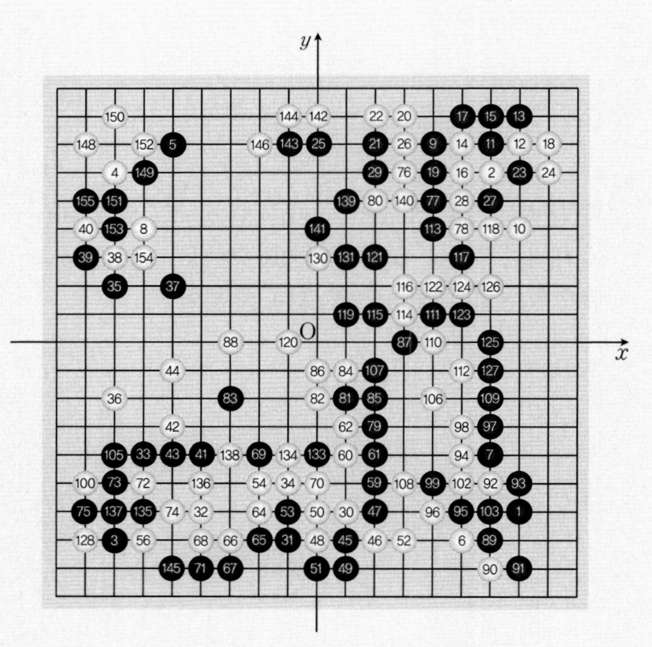

만점 굳히기 문제

정답과 해설 57쪽

빈출

1 두 수 a, b에 대하여 $a-b>0$, $ab<0$, $|a|<|b|$일 때, 점 $A(b^3-a, a+b)$는 어느 사분면 위의 점인지 구하시오.

> a, b의 부호를 결정하여 b^3-a, $a+b$의 부호를 결정한다.

2 두 점 $A(4, 3)$, $B(-6, 1)$에 대하여 점 C는 점 A와 원점에 대하여 대칭이고 점 D는 점 B와 x축에 대하여 대칭일 때, 네 점 A, B, C, D를 꼭짓점으로 하는 사각형의 넓이를 구하시오.

> 원점에 대하여 대칭인 두 점의 x좌표, y좌표의 부호는 각각 반대이고 x축에 대하여 대칭인 두 점의 y좌표의 부호는 반대이다.

Challenge

3 세 점 $A(0, 2)$, $B(a, -3)$, $C(b, -3)$을 꼭짓점으로 하는 삼각형 ABC의 넓이가 20일 때, $a>b$, $ab<0$인 두 정수 a, b에 대하여 $a+b$의 값 중 가장 큰 값을 구하시오.

> 곱이 음수인 두 정수 중 하나는 양수, 하나는 음수이다.

4 가영이는 집에서 3.5 km 떨어진 친구네 집까지 걸어가는 길에 문구점과 편의점에 차례대로 들러 필요한 물품을 구입하였다. 오른쪽 그림은 가영이의 이동 시간과 이동 거리 사이의 관계를 나타낸 그래프이다. 가영이가 문구점에서 편의점까지 갈 때의 속력으로 친구네 집에서 출발하여 집으로 곧장 걸어올 때 걸리는 시간을 구하시오.

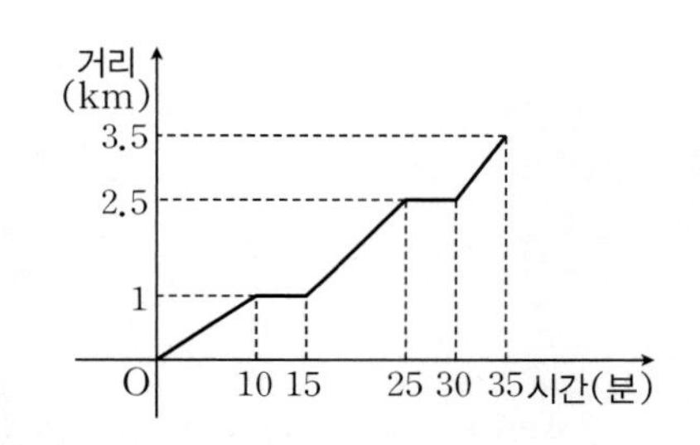

> 거리는 3.5 km로 정해져 있으므로 문구점에서 편의점까지 갈 때의 속력을 구하여 $(\text{시간})=\frac{(\text{거리})}{(\text{속력})}$임을 이용한다.

Challenge

5 오른쪽 그림은 일정한 속력으로 움직이는 회전목마의 운행 시간과 지면에서의 높이 사이의 관계를 나타낸 그래프이다. 회전목마가 한 바퀴 회전하는 데 3분이 걸린다고 할 때, 회전목마가 한 바퀴 회전하는 동안 지면에서 가장 높은 위치에 올라가는 횟수를 구하시오.

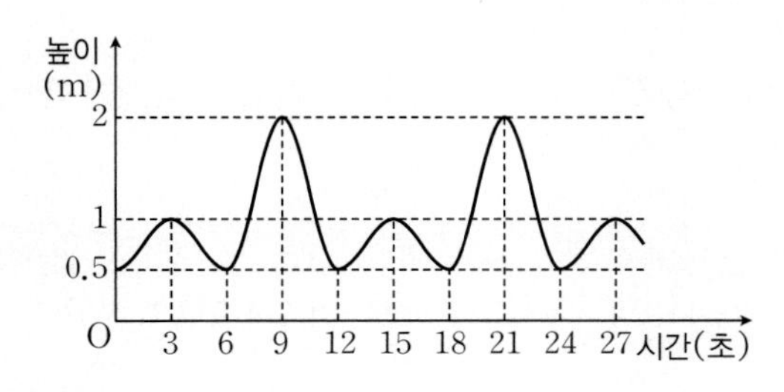

> 처음 출발한 회전목마는 1 m 높이에 한 번, 2 m 높이에 한 번 올라가는 것을 이 순서로 계속 반복한다.

8 정비례와 반비례

1 정비례

(1) 정비례

① 두 변수 x, y에 대하여 x의 값이 2배, 3배, 4배, …가 될 때, y의 값도 2배, 3배, 4배, …가 되는 관계가 있으면 y는 x에 정비례한다고 한다.

② y가 x에 정비례할 때, x와 y 사이의 관계식은 $y=ax\ (a\neq0)$로 나타낼 수 있다.

(2) 정비례 관계 $y=ax\ (a\neq0)$의 그래프

정비례 관계 $y=ax\ (a\neq0)$의 그래프는 원점을 지나는 직선이다.

$a>0$	$a<0$
• 제1사분면과 제3사분면을 지난다. • 오른쪽 위로 향하는 직선이다. • x의 값이 커지면 y의 값도 커진다.	• 제2사분면과 제4사분면을 지난다. • 오른쪽 아래로 향하는 직선이다. • x의 값이 커지면 y의 값은 작아진다. 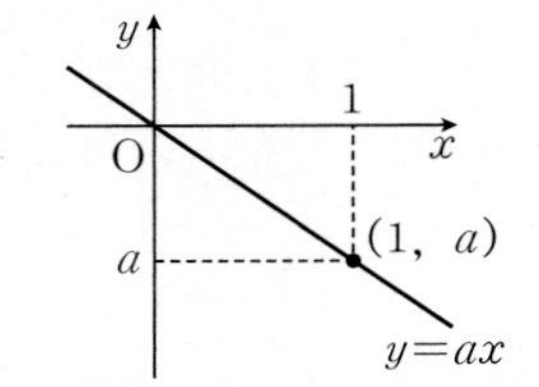

꼭 기억!

• y가 x에 정비례할 때, $\frac{y}{x}$의 값은 항상 일정하다.

⇨ $y=ax$에서 $\frac{y}{x}=a$ (일정)

• 정비례 관계 $y=ax\ (a\neq0)$의 그래프는 a의 절댓값이 클수록 y축에 가까워진다.

2 반비례

(1) 반비례

① 두 변수 x, y에 대하여 x의 값이 2배, 3배, 4배, …가 될 때, y의 값이 $\frac{1}{2}$배, $\frac{1}{3}$배, $\frac{1}{4}$배, …가 되는 관계가 있으면 y는 x에 반비례한다고 한다.

② y가 x에 반비례할 때, x와 y 사이의 관계식은 $y=\frac{a}{x}\ (a\neq0)$로 나타낼 수 있다.

(2) 반비례 관계 $y=\frac{a}{x}\ (a\neq0)$의 그래프

반비례 관계 $y=\frac{a}{x}\ (a\neq0)$의 그래프는 좌표축에 가까워지면서 한없이 뻗어 나가는 한 쌍의 매끄러운 곡선이다.

$a>0$	$a<0$
• 제1사분면과 제3사분면을 지난다.	• 제2사분면과 제4사분면을 지난다.

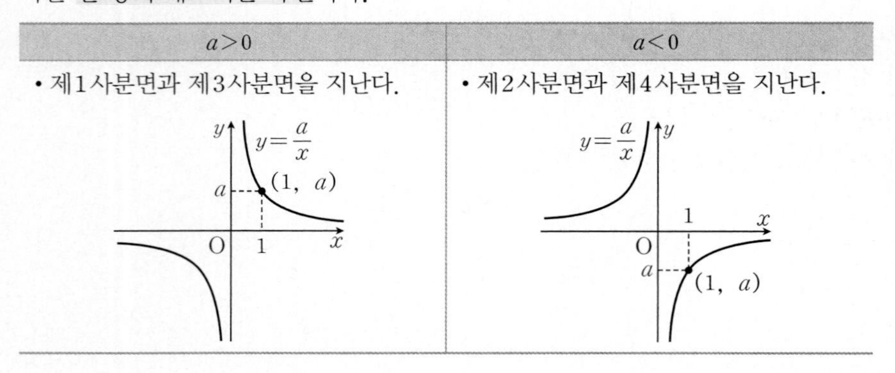

꼭 기억!

• y가 x에 반비례할 때, xy의 값은 항상 일정하다.

⇨ $y=\frac{a}{x}$에서 $xy=a$ (일정)

• 반비례 관계 $y=\frac{a}{x}\ (a\neq0)$의 그래프는 a의 절댓값이 클수록 원점에서 멀어진다.

꼭 나오는 대표 빈출로 핵심 확인

난이도 중하~중

정답과 해설 58쪽

정비례

1 다음 중 정비례 관계 $y=\frac{4}{3}x$의 그래프 위의 점을 모두 고르면? (정답 2개)

① $(-12, 9)$ ② $\left(1, \frac{4}{3}\right)$ ③ $\left(2, \frac{3}{2}\right)$
④ $(3, 4)$ ⑤ $(6, -8)$

정비례

2 다음 중 정비례 관계 $y=ax$ $(a\neq0)$의 그래프에 대한 설명으로 옳은 것은?

① 제1사분면과 제3사분면을 지난다.
② 점 $(a, 1)$을 지난다.
③ x의 값이 커지면 y의 값도 커진다.
④ 원점에 대칭인 한 쌍의 곡선이다.
⑤ $|a|$의 값이 클수록 y축에 가까워진다.

정비례

3 오른쪽 그림과 같이 x, y 사이의 관계를 나타내는 그래프가 두 점 $(-6, 4)$, $(k, -2)$를 지날 때, k의 값을 구하시오.

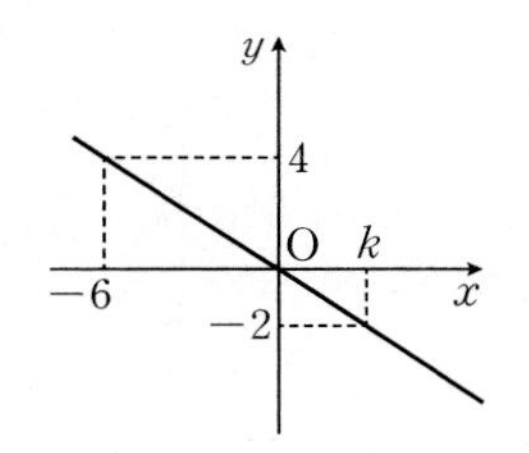

정비례

4 5 L의 휘발유로 40 km를 달리는 자동차가 x L의 휘발유로 y km를 달릴 때, x, y 사이의 관계를 식으로 나타내면?

① $y=5x$ ② $y=8x$ ③ $y=40x$
④ $y=\frac{5}{x}$ ⑤ $y=\frac{8}{x}$

반비례

5 두 점 $(4, a)$, $(b, 12)$가 반비례 관계 $y=-\frac{8}{x}$의 그래프 위의 점일 때, $\frac{a}{b}$의 값을 구하시오.

반비례

6 다음 중 반비례 관계 $y=\frac{12}{x}$의 그래프에 대한 설명으로 옳은 것은?

① 점 $(3, 4)$를 지난다.
② 제1사분면과 제2사분면을 지난다.
③ 원점을 지나는 직선이다.
④ $y=-\frac{6}{x}$의 그래프보다 원점에 가깝다.
⑤ $x>0$일 때, x의 값이 커지면 y의 값도 커진다.

반비례

7 오른쪽 그림은 가로의 길이가 x cm인 직사각형의 세로의 길이가 y cm일 때, x, y 사이의 관계를 그래프로 나타낸 것이다. 직사각형의 가로의 길이가 4 cm일 때, 세로의 길이를 구하시오.

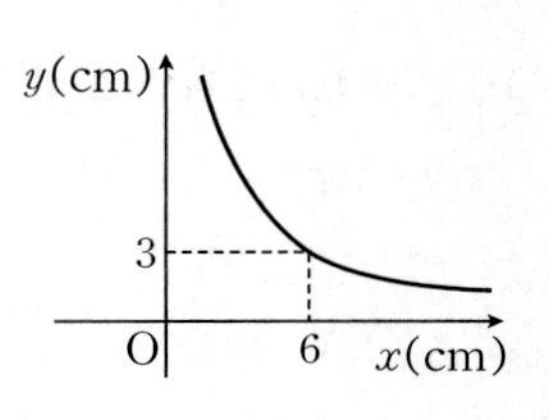

정비례와 반비례

8 오른쪽 그림은 정비례 관계 $y=\frac{3}{4}x$, 반비례 관계 $y=\frac{a}{x}$의 그래프이다. 두 그래프가 만나는 한 점 P의 x좌표가 12일 때, 상수 a의 값을 구하시오.

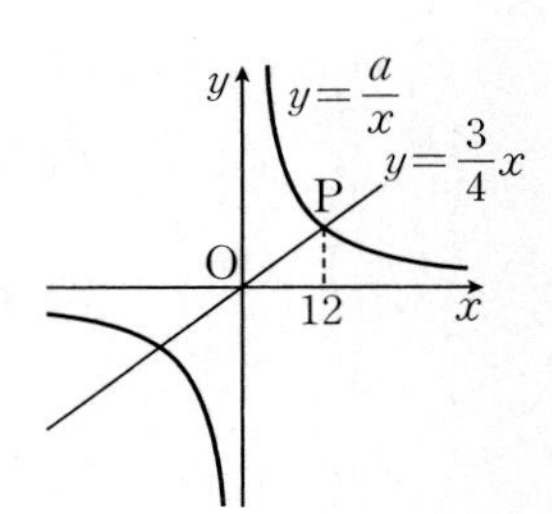

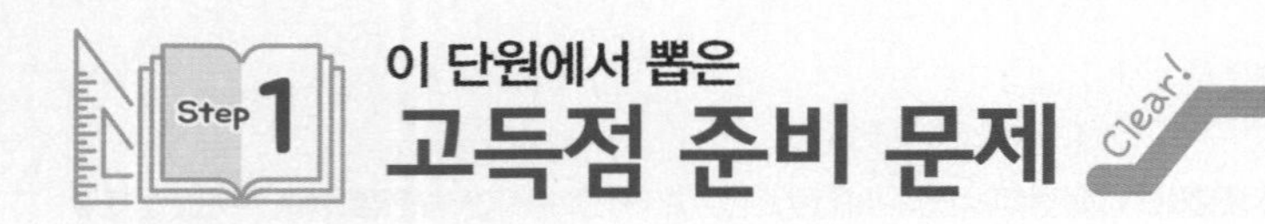

1 정비례 관계의 그래프

✓핵심 ✓심화

정비례 관계 $y=ax$ $(a\neq0)$의 그래프는

① a의 값의 부호에 관계없이 항상 원점과 점 $(1, a)$를 지난다.

② $|a|$의 값이 클수록 y축에 가까워지고, $|a|$의 값이 작을수록 x축에 가까워진다.

③ $a>0$이면 오른쪽 위로 향하는 직선이고, $a<0$이면 오른쪽 아래로 향하는 직선이다.

대표문제 1

오른쪽 그림과 같이 정비례 관계 $y=ax$의 그래프가 두 점 $P(1, 6)$, $Q(12, 2)$를 연결한 선분 PQ와 만날 때, 상수 a의 값의 범위를 구하시오.

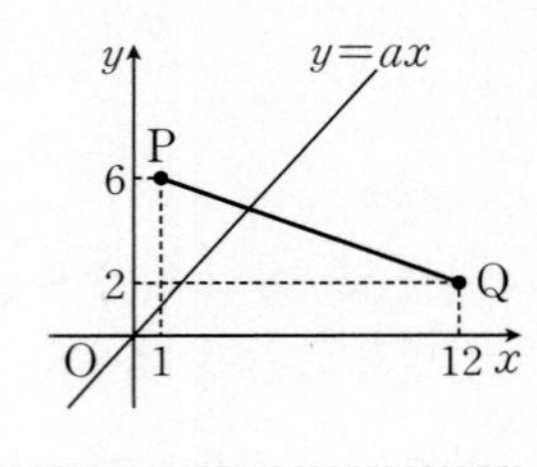

✓ 해결 전략

❶ a의 값이 가장 클 조건과 가장 작을 조건을 파악한다.

❷ 가장 큰 a의 값과 가장 작은 a의 값을 각각 구한다.

❸ a의 값의 범위를 구한다.

유제 1

점 $(-1-p, 3q+5)$와 점 $(3p-5, q+1)$이 서로 같은 점일 때, 오른쪽 그래프가 나타내는 x, y 사이의 관계식을 구하시오.

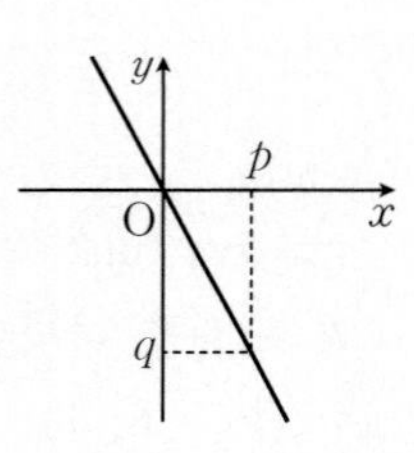

유제 2

원점을 지나는 직선이 세 점 $(-2, a)$, $(8, b)$, $\left(\frac{19}{4}, c\right)$를 지난다. $a+b=-48$일 때, c의 값을 구하시오.

유제 3

오른쪽 그림과 같이 세 점 $A(-5, 5)$, $B(-3, 2)$, $C(3, 4)$를 꼭짓점으로 하는 삼각형 ABC가 있다. 정비례 관계 $y=mx$의 그래프가 삼각형 ABC와 만날 때, 상수 m의 값의 범위를 구하시오.

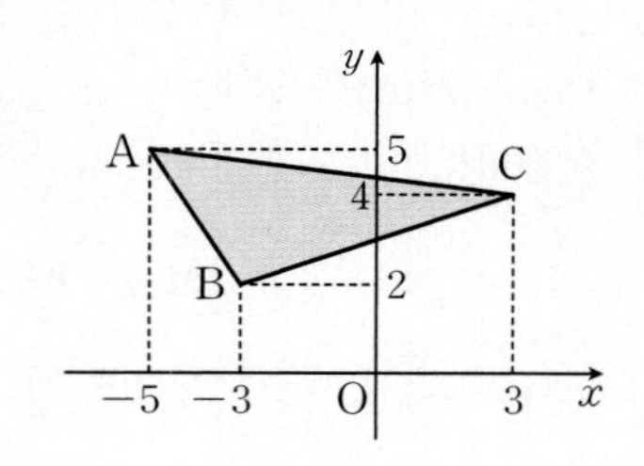

정답과 해설 59쪽

2 반비례 관계의 그래프

✓핵심 ✓심화

반비례 관계 $y=\frac{a}{x}$ $(a\neq0)$의 그래프는

① a의 값의 부호에 관계없이 항상 점 $(1,\ a)$를 지난다.

② $|a|$의 값이 클수록 원점에서 멀어지고, $|a|$의 값이 작을수록 원점에 가까워진다.

③ $a>0$이면 제1사분면과 제3사분면을 지나고, $a<0$이면 제2사분면과 제4사분면을 지난다.

고수 비법

$y=\frac{a}{x}$ $(a\neq0)$의 그래프 위의 점 $(x,\ y)$에 대하여 $xy=a$로 일정하므로 a가 자연수일 때, 그래프 위의 점 중 x좌표, y좌표가 모두 정수인 점의 x좌표, y좌표는 (a의 약수) 또는 $-$(a의 약수)이다.

대표문제 2

오른쪽 그림과 같이 $x>0$에서 반비례 관계 $y=\frac{a}{x}$의 그래프 위의 두 점 P, Q의 x좌표는 각각 5, 7이다. 두 점 P, Q의 y좌표의 차가 3일 때, 점 P의 y좌표를 구하시오.

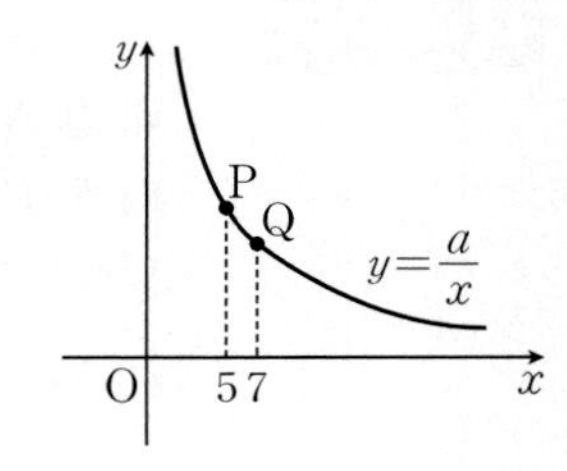

✓ 해결 전략

❶ 두 점 P, Q의 y좌표를 a를 사용하여 나타낸다.

❷ 두 점 P, Q의 y좌표의 차를 이용하여 a의 값을 구한다.

❸ 점 P의 y좌표를 구한다.

유제 4 두 점 A$(4,\ a)$, B$(-3,\ 8)$이 반비례 관계 $y=\frac{b}{x}$의 그래프 위의 점일 때, 상수 a, b에 대하여 $a+b$의 값을 구하시오.

유제 5 정비례 관계 $y=ax$, 반비례 관계 $y=\frac{b}{x}$의 그래프가 두 점 $(2,\ -6)$, $(c,\ 6)$에서 만날 때, 상수 a, b, c에 대하여 abc의 값을 구하시오.

UP 유제 6 점 $(-8,\ -2)$가 반비례 관계 $y=\frac{a}{x}$의 그래프 위의 점일 때, $y=\frac{a}{x}$의 그래프 위의 점 중 x좌표와 y좌표가 모두 정수인 점의 개수를 구하시오. (단, a는 상수이다.)

접근 $y=\frac{a}{x}$에서 $xy=a$이므로 정수 x, y에 대하여 $|x|$, $|y|$는 a의 약수이다.

3 그래프와 도형의 넓이

핵심 ✓심화

정비례 그래프와 도형의 넓이	반비례 그래프와 도형의 넓이
정비례 관계 $y=ax$ $(a\neq0)$의 그래프 위의 점 $\mathrm{A}(k,\ ak)$에 대하여 삼각형 AOB의 넓이는 $\frac{1}{2}\times\lvert k\rvert\times\lvert ak\rvert$ 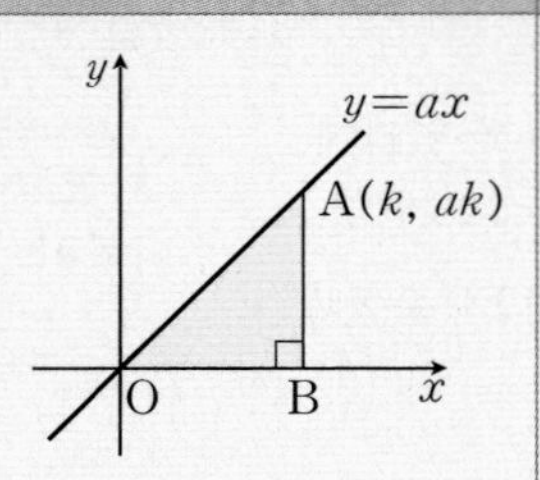	반비례 관계 $y=\frac{a}{x}$ $(a\neq0)$의 그래프 위의 점 $\mathrm{P}\left(k,\ \frac{a}{k}\right)$에 대하여 사각형 OQPR의 넓이는 $\lvert k\rvert\times\left\lvert\frac{a}{k}\right\rvert=\lvert a\rvert$ 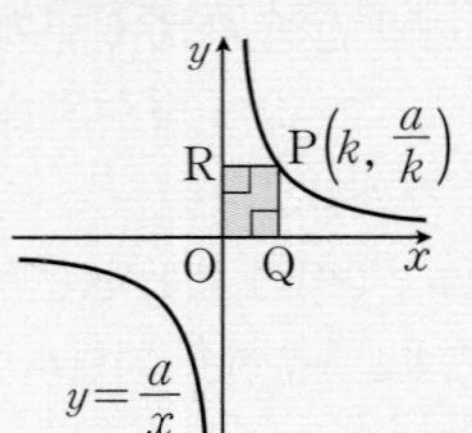

대표문제 3

네 점 A(4, 0), B(8, 0), C(0, 6), D(0, 3)과 정비례 관계 $y=ax$의 그래프 위의 점 P에 대하여 오른쪽 그림의 삼각형 PAB와 삼각형 PCD의 넓이가 같을 때, 상수 a의 값을 구하시오. (단, 점 P는 제1사분면 위의 점이다.)

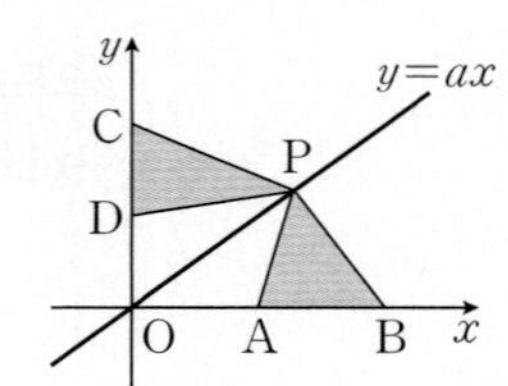

✓ 해결 전략
❶ 점 P의 좌표를 문자를 사용하여 나타낸다.
❷ 삼각형 PAB, 삼각형 PCD의 넓이를 각각 ❶의 문자를 사용하여 나타낸다.
❸ 두 삼각형의 넓이가 같음을 이용하여 a의 값을 구한다.

유제 7

오른쪽 그림과 같이 반비례 관계 $y=\frac{a}{x}$ $(x>0)$의 그래프 위의 점 P에서 x축, y축에 내린 수선이 x축, y축과 만나는 점을 각각 Q, R라 하면 직사각형 OQPR의 넓이가 7이다. 이때 상수 a의 값을 구하시오. (단, O는 원점이다.)

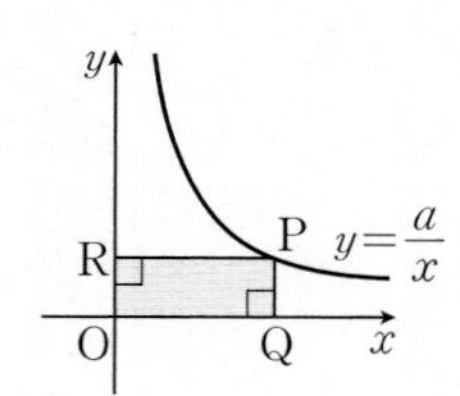

UP 유제 8

오른쪽 그림과 같이 세 점 A(5, 0), B(5, 4), C(2, 4)와 정비례 관계 $y=ax$의 그래프가 있다. $y=ax$의 그래프에 의하여 사각형 OABC는 사각형 OPBC와 삼각형 OAP로 나누어진다. 사각형 OABC와 삼각형 OAP의 넓이의 비가 4 : 1일 때, 상수 a의 값을 구하시오. (단, O는 원점이다.)

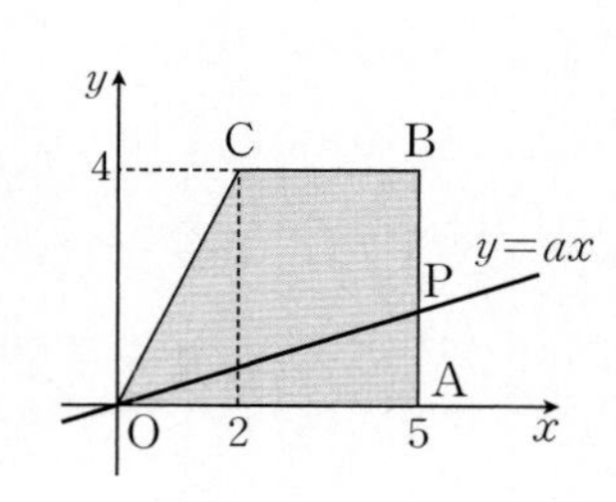

접근 (삼각형 OAP의 넓이)$=\frac{1}{4}\times$(사각형 OABC의 넓이)이다.

정답과 해설 60쪽

4 정비례 관계의 활용

✓ 핵심 ✓ 심화

(1) 변하는 두 양 x, y 사이에 정비례 관계가 있는지 알아본다.

① x의 값이 2배, 3배, 4배, …가 될 때, y의 값도 2배, 3배, 4배, …가 되는 관계가 있는 경우

② $\frac{y}{x}$의 값이 일정한 경우

(2) 정비례 관계가 있으면 x, y 사이의 관계식을 $y=ax$ $(a\neq0)$로 놓고 a의 값을 찾는다.

(3) 답을 구하고 구한 답이 문제의 조건에 맞는지 확인한다.

대표문제 4

매달린 추의 무게에 정비례하여 늘어나는 용수철에 60 g짜리 추를 매달았더니 용수철의 길이가 5 cm 늘어났다. x g짜리 추를 매달아 늘어난 용수철의 길이를 y cm라 할 때, 다음 물음에 답하시오.

(1) x, y 사이의 관계를 식으로 나타내시오.

(2) 늘어난 용수철의 길이가 20 cm가 되도록 할 때, 매달아야 하는 추의 무게를 구하시오.

✓ 해결 전략

❶ x, y가 정비례 관계임을 이용하여 관계식을 구한다.

❷ $y=20$일 때의 x의 값을 구한다.

유제 9

높이가 60 cm인 원기둥 모양의 물통에 매분 일정한 양의 물을 넣을 때, 수면의 높이는 4분에 4.8 cm씩 상승한다. 물을 넣기 시작한 지 x분 후 수면의 높이를 y cm라 할 때, 다음 물음에 답하시오.

(1) x, y 사이의 관계를 식으로 나타내시오.

(2) 물을 넣기 시작한 지 20분 후 수면의 높이를 구하시오.

(3) 물통에 물을 가득 채우는 데 걸리는 시간을 구하시오.

유제 10

오른쪽 그림은 오토바이와 자동차가 각각 x분 동안 이동한 거리 y km에 대하여 x, y 사이의 관계를 나타낸 그래프이다. 다음 물음에 답하시오.

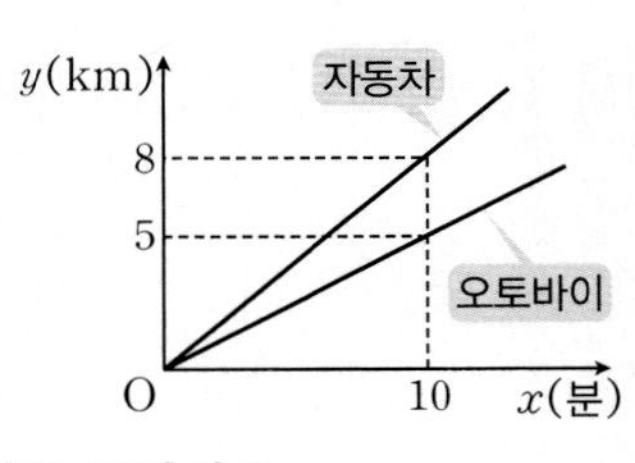

(1) 자동차의 그래프를 보고 x, y 사이의 관계를 식으로 나타내시오.

(2) 오토바이의 그래프를 보고 x, y 사이의 관계를 식으로 나타내시오.

(3) 자동차와 오토바이로 각각 96 km의 거리를 이동할 때, 걸리는 시간의 차를 구하시오.

정답과 해설 61쪽

5 반비례 관계의 활용

✓ 핵심 ✓ 심화

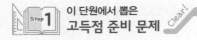

(1) 변하는 두 양 x, y 사이에 반비례 관계가 있는지 알아본다.

① x의 값이 2배, 3배, 4배, …가 될 때, y의 값은 $\frac{1}{2}$배, $\frac{1}{3}$배, $\frac{1}{4}$배, …가 되는 관계가 있는 경우

② xy의 값이 일정한 경우

(2) 반비례 관계가 있으면 x, y 사이의 관계식을 $y=\frac{a}{x}$ $(a\neq0)$로 놓고 a의 값을 찾는다.

(3) 답을 구하고 구한 답이 문제의 조건에 맞는지 확인한다.

대표문제 5

일정한 온도에서 기체의 부피는 기체에 가해지는 압력에 반비례한다. 어떤 기체의 부피가 30 mL일 때의 압력이 5기압이었을 때, 압력 x기압과 기체의 부피 y mL에 대하여 다음 물음에 답하시오.

(1) x, y 사이의 관계를 식으로 나타내시오.

(2) 압력이 10기압일 때, 기체의 부피를 구하시오.

✓ 해결 전략

❶ x, y가 반비례 관계임을 이용하여 관계식을 구한다.

❷ $x=10$일 때의 y의 값을 구한다.

유제 11

똑같은 기계 50대로 35시간을 작업해야 끝나는 일이 있다. 기계 x대로 y시간 작업하여 일을 끝낸다고 할 때, 다음 물음에 답하시오. (단, 기계의 작업 속도는 동일하다.)

(1) x, y 사이의 관계를 식으로 나타내시오.

(2) 이 일을 7시간 만에 끝내려면 적어도 몇 대의 기계가 필요한지 구하시오.

유제 12

1시간에 30톤씩 물을 넣으면 5시간 만에 가득 차는 수족관이 있다. 1시간에 x톤씩 y시간 동안 물을 넣어 이 수족관을 가득 채울 때, 다음 물음에 답하시오.

(1) x, y 사이의 관계를 식으로 나타내시오.

(2) 1시간 30분 동안 물을 넣어 이 수족관을 가득 채울 때, 1시간에 넣어야 할 물의 양을 구하시오.

고득점 실전 문제

정답과 해설 61쪽

1 정비례 관계

1 두 점 $(4,\ 6)$, $(a,\ b)$가 원점을 지나는 한 직선 위의 점일 때, $3a-2b$의 값은?

① 0 ② $\frac{1}{2}$ ③ 1

④ 2 ⑤ $\frac{3}{2}$

2 오른쪽 그림과 같이 정비례 관계 $y=ax$의 그래프가 두 점 $\mathrm{P}(2,\ 8)$, $\mathrm{Q}(10,\ 1)$을 연결한 선분 PQ와 만날 때, 가장 큰 상수 a의 값을 M, 가장 작은 상수 a의 값을 m이라 하자. $5Mm$의 값을 구하시오.

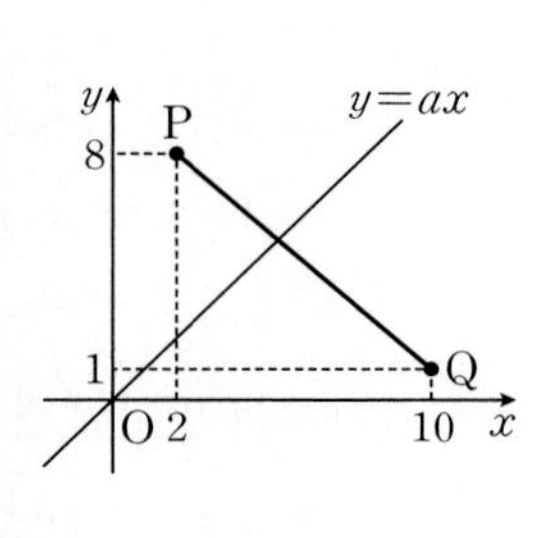

3 오른쪽 그림과 같이 한 변의 길이가 4인 정사각형 ABCD가 있다. 두 점 B, D가 $x<0$에서 각각 정비례 관계 $y=-\frac{1}{3}x$, $y=-3x$의 그래프 위의 점일 때, 정사각형 ABCD의 한가운데에 있는 점 E의 좌표는? (단, 변 AB는 y축에 평행하다.)

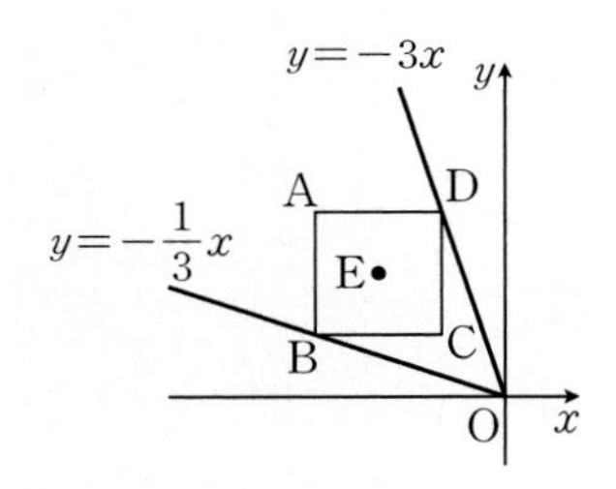

① $(-4,\ 6)$ ② $(-4,\ 5)$ ③ $(-4,\ 4)$
④ $(-3,\ 3)$ ⑤ $(-3,\ 2)$

빈출

4 오른쪽 그림과 같이 세 점 $\mathrm{O}(0,\ 0)$, $\mathrm{A}(10,\ 0)$, $\mathrm{B}(0,\ 6)$을 꼭짓점으로 하는 삼각형 OAB가 있다. 정비례 관계 $y=ax$의 그래프가 삼각형 OAB의 넓이를 이등분할 때, 상수 a의 값을 구하시오.

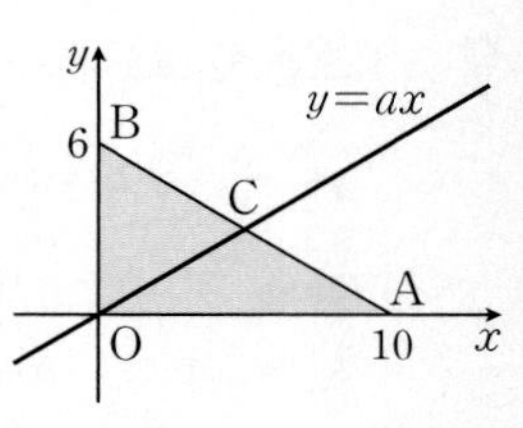

2 반비례 관계

5 제4사분면 위의 점 $\mathrm{P}(ab^2,\ ab)$가 반비례 관계 $y=-\frac{c}{x}\ (c\neq0)$의 그래프 위의 점일 때, 점 $\mathrm{Q}(ab^2+c,\ ab-c)$는 어느 사분면 위의 점인가?

① 제1사분면 ② 제2사분면 ③ 제3사분면
④ 제4사분면 ⑤ 알 수 없다.

6 오른쪽 그림과 같이 점 $(16,\ 1)$을 지나는 반비례 관계 $y=\frac{a}{x}\ (x>0)$의 그래프 위의 점 P에서 x축, y축에 내린 수선이 x축, y축과 만나는 점을 각각 A, B라 하자. 선분 PB의 길이가 선분 PA의 길이의 4배일 때, 점 P의 좌표는?

(단, a는 상수이다.)

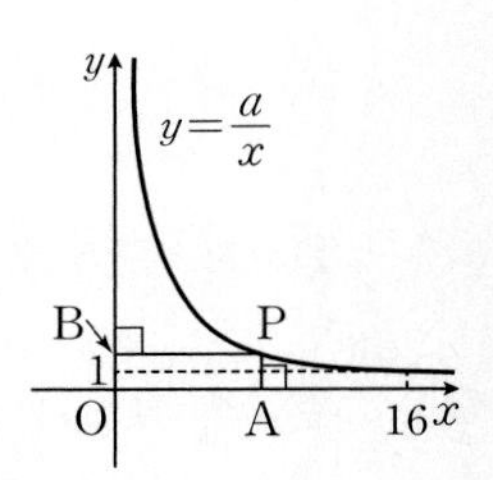

① $(2,\ 8)$ ② $(4,\ 4)$ ③ $\left(6,\ \frac{8}{5}\right)$

④ $(8,\ 2)$ ⑤ $\left(10,\ \frac{8}{5}\right)$

7 오른쪽 그림은 반비례 관계 $y=\frac{5}{x}$ $(x>0)$의 그래프를 나타낸 것이다. 색칠한 부분에 있는 점 중 x좌표와 y좌표가 모두 자연수인 점의 개수는? (단, 그래프 위의 점은 포함하지 않는다.)

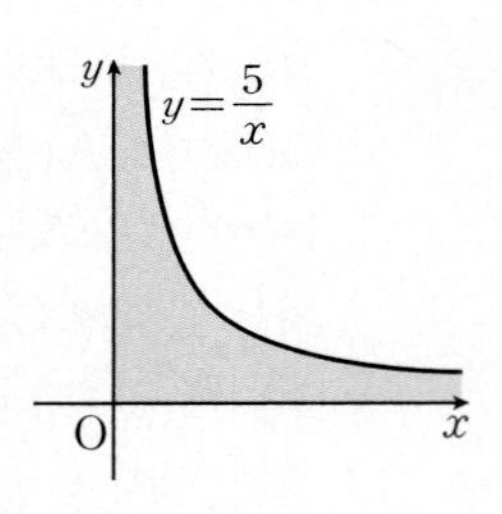

① 9개 ② 8개 ③ 7개 ④ 6개 ⑤ 5개

8 오른쪽 그림과 같이 반비례 관계 $y=\frac{12}{x}$ $(x>0)$의 그래프 위의 두 점 P, Q에서 x축에 내린 수선과 x축이 만나는 점을 각각 A, B라 하고, y축에 내린 수선과 y축이 만나는 점을 각각 C, D라 하자. 점 E는 선분 AP와 선분 DQ가 만나는 점이고 직사각형 CDEP의 넓이가 7일 때, 직사각형 EABQ의 넓이를 구하시오.

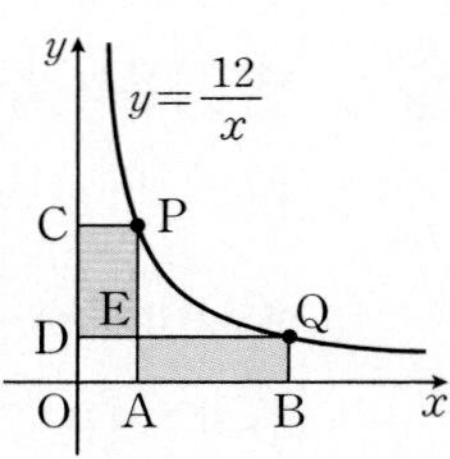

3 정비례와 반비례

빈출

9 오른쪽 그림과 같이 정비례 관계 $y=ax$의 그래프와 반비례 관계 $y=\frac{b}{x}$ $(x<0)$의 그래프가 점 $(-5,\ -2)$에서 만날 때, 상수 a, b에 대하여 ab의 값은?

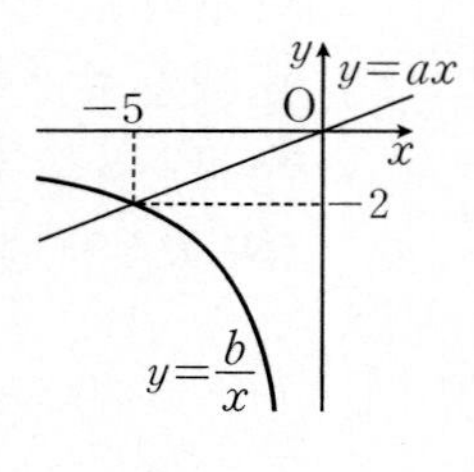

① 2 ② 4 ③ 5 ④ 8 ⑤ 10

10 오른쪽 그림은 $x>0$에서 정비례 관계 $y=ax$의 그래프와 반비례 관계 $y=\frac{b}{x}$의 그래프를 나타낸 것이다. x좌표가 2인 점에서 두 그래프가 만날 때, $a:b$는? (단, a, b는 상수이다.)

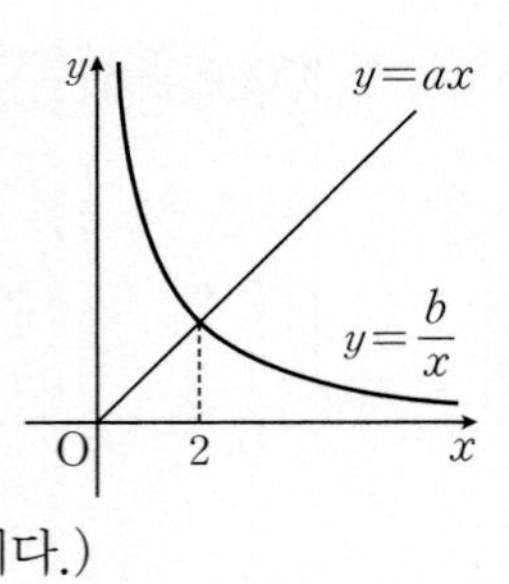

① $1:2$ ② $1:3$ ③ $1:4$ ④ $2:3$ ⑤ $3:4$

11 오른쪽 그림과 같이 $x>0$에서 정비례 관계 $y=ax$의 그래프와 반비례 관계 $y=\frac{12}{x}$의 그래프가 점 $P(3,\ b)$에서 만난다. 색칠한 부분에 있는 점 중 x좌표와 y좌표가 모두 자연수인 점의 개수를 구하시오. (단, a는 상수이고, 그래프 위의 점은 포함하지 않는다.)

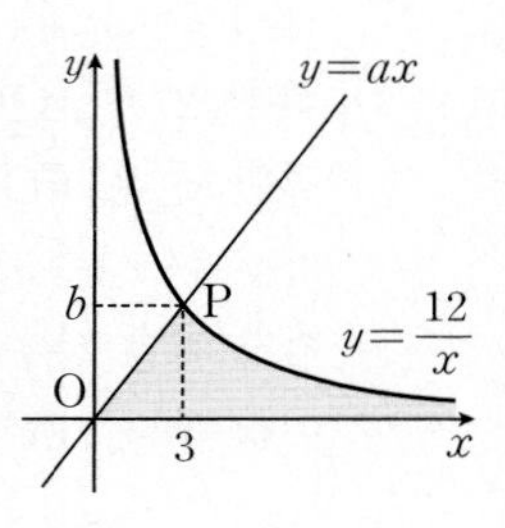

12 오른쪽 그림과 같이 $x>0$에서 정비례 관계 $y=ax$의 그래프와 반비례 관계 $y=\frac{2}{x}$, $y=\frac{b}{x}$의 그래프가 각각 x좌표가 m, n인 두 점 P, Q에서 만난다. $n=2m$일 때, 상수 b의 값을 구하시오. (단, a는 상수이다.)

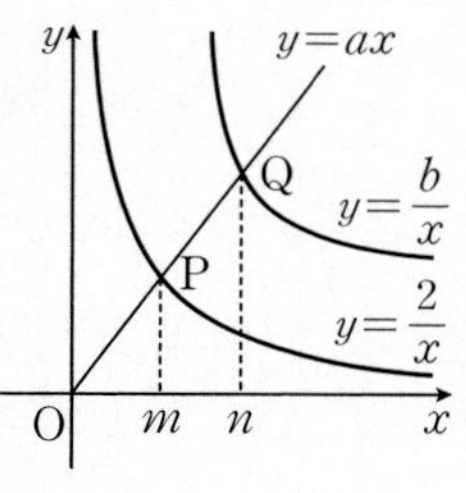

정답과 해설 62쪽

학평기출 • 고1 2016년 3월 서울교육청 25번

13 두 양수 a, b에 대하여 그림과 같이 정비례 관계 $y=ax$의 그래프와 반비례 관계 $y=\frac{b}{x}$의 그래프가 제1사분면에서 만나는 점을 A라 하자. 점 A를 지나고 y축에 평행한 직선이 $y=-\frac{b}{x}$의 그래프와 만나는 점을 B라 하자. y축 위의 두 점 C, D에 대하여 사각형 ACDB가 한 변의 길이가 4인 정사각형일 때, ab의 값을 구하시오.

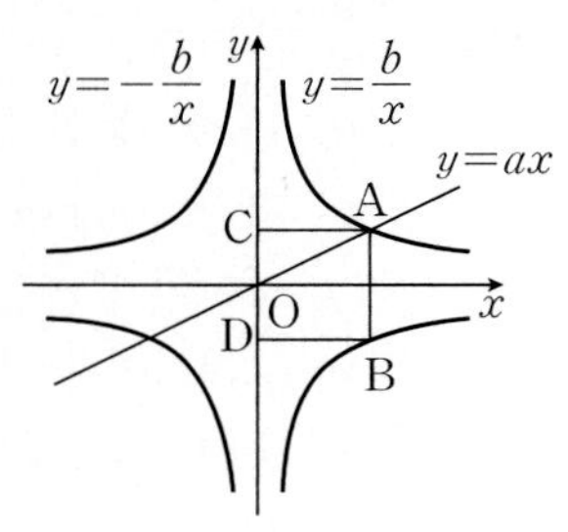

4 정비례 관계와 반비례 관계의 활용

빈출

14 오른쪽 그림은 휘발유 5 L로 60 km를 달리는 자동차가 일정한 속력으로 달릴 때, 이동 시간 x분과 이동 거리 y km 사이의 관계를 나타낸 그래프이다. x, y 사이의 관계를 식으로 나타내고, 15 L의 휘발유로 몇 분 동안 달릴 수 있는지 구하시오.

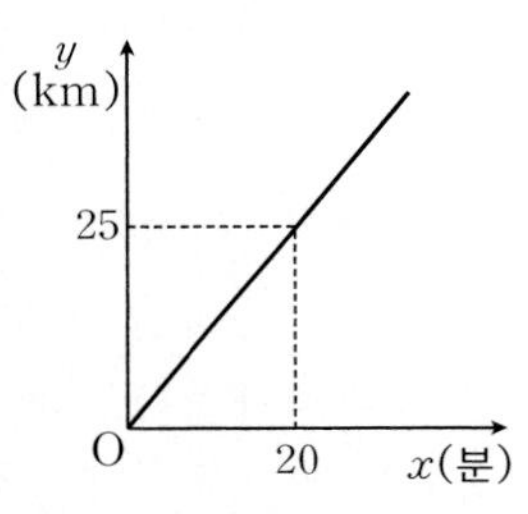

15 오른쪽 그림은 시속 x km로 달리는 열차가 A역을 출발하여 B역에 도착할 때까지 걸리는 시간을 y시간이라 할 때, x와 y 사이의 관계를 나타낸 그래프이다. x, y 사이의 관계를 식으로 나타내고, A역을 출발하여 B역까지 가는 데 3시간이 걸렸을 때의 열차의 속력을 구하시오.

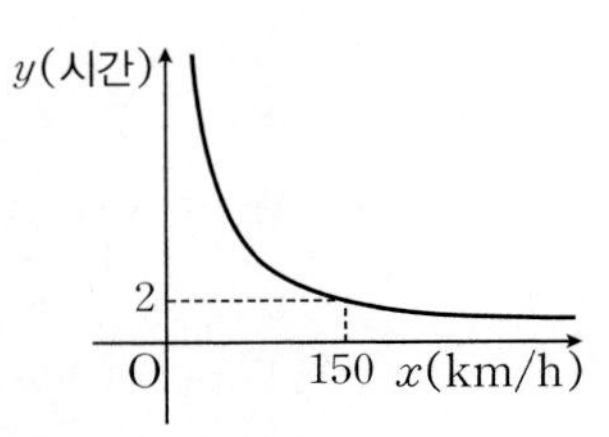

16 서로 맞물려 도는 두 톱니바퀴 A, B가 있다. 톱니가 20개인 톱니바퀴 A가 60회 회전할 때, 톱니가 x개인 톱니바퀴 B는 y회 회전한다. x, y 사이의 관계를 식으로 나타내고, 톱니바퀴 B가 40회 회전하였을 때의 톱니바퀴 B의 톱니 수를 구하시오.

17 해수면에서 받는 압력은 1기압이고, 수심이 10 m 깊어질 때마다 받는 압력은 1기압씩 증가한다. 해녀가 수심 x m인 지점까지 내려갔을 때 해수면에서 받는 압력보다 증가한 압력 y기압에 대하여 x, y 사이의 관계를 식으로 나타내고, 해녀가 수심 12 m인 지점에서 받는 압력을 구하시오.

18 손잡이로부터 양쪽 물체가 매달린 곳까지의 거리와 각 물체의 무게의 곱이 서로 같을 때, 막대저울은 수평을 이룬다고 한다. 다음 그림과 같이 무게가 500 g인 추를 손잡이로부터 8 cm 떨어진 곳에 매달고, 무게가 x g인 배를 손잡이로부터 y cm 떨어진 곳에 매달린 접시 위에 올려놓아 수평을 이루게 하였다. x, y 사이의 관계를 식으로 나타내고, 손잡이로부터 20 cm 떨어진 곳에 매달린 접시 위에 배를 올려놓아 막대저울이 수평을 이루게 만들 때의 배의 무게를 구하시오.

(단, 접시의 무게는 생각하지 않는다.)

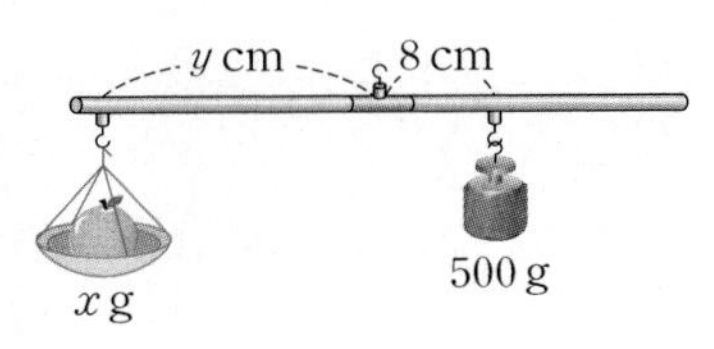

빈출

19 오른쪽 그림과 같은 직사각형 ABCD에서 점 B를 출발하여 점 C까지 변 BC 위를 움직이는 점 P가 x cm만큼 움직였을 때의 삼각형 ABP의 넓이를 y cm²라 하자. x, y 사이의 관계를 나타낸 식 및 삼각형 ABP의 넓이가 28 cm²일 때의 선분 CP의 길이를 차례대로 구하면?

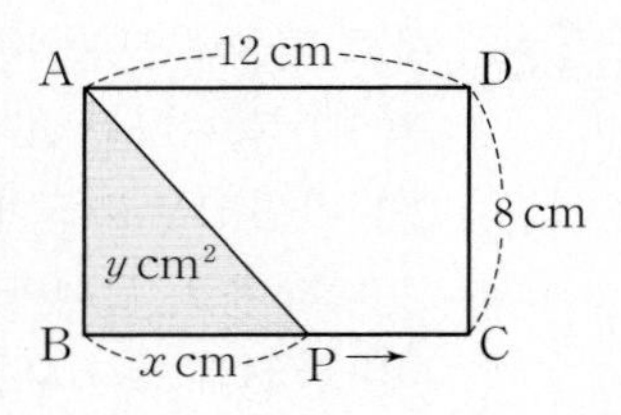

① $y=4x$, 4 cm ② $y=8x$, 5 cm
③ $y=4x$, 5 cm ④ $y=8x$, 7 cm
⑤ $y=4x$, 7 cm

20 오른쪽 그림은 나영이와 소올이가 x분 동안 만든 종이꽃의 개수를 y개라 할 때, x와 y 사이의 관계를 각각 나타낸 그래프이다. 두 사람이 함께 종이꽃 80개를 만드는 데 걸리는 시간은?

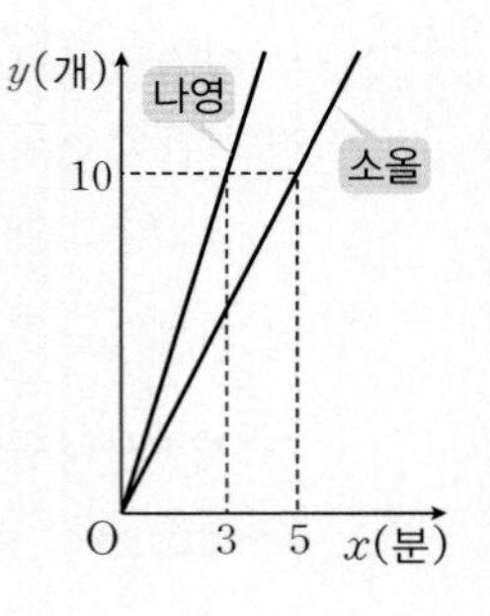

① 12분 ② 13분 ③ 14분
④ 15분 ⑤ 16분

교과서 속 **창의·융합**

21 체온 유지, 호흡, 심장 박동 등과 같은 기초적인 생명 활동을 위해 우리의 몸이 소비하는 에너지의 양을 기초대사량이라 하고, 활동을 하면서 소모되는 에너지의 양을 활동대사량이라 한다. 기초대사량과 활동대사량을 더한 것이 하루 동안 필요한 에너지의 양인데, 이를 계산하는 방법은 다음과 같다. 체중이 x kg인 남성 또는 여성에게 필요한 하루 에너지의 양을 y kcal라 할 때, 다음 설명을 읽고 물음에 답하시오.

> (가) 기초대사량: 개인의 상황과 신체 요소에 따라 다르지만 일반적으로 다음과 같다.
> - (남성의 기초대사량)=(시간)×(체중)(kcal)
> - (여성의 기초대사량)=0.9×(시간)×(체중)(kcal)
>
> (나) 활동대사량: 활동의 종류에 따라 1일 기초대사량에 대한 비율로 구할 수 있다.
> 예 기초대사량의 60 %를 소모하는 청소 등의 가벼운 활동을 하는 경우
> (활동대사량)=(기초대사량)×0.6(kcal)
>
> (다) (하루 동안 필요한 에너지의 양)=(기초대사량)+(활동대사량)(kcal)

(1) 자전거를 타는 남성의 경우에 대하여 x, y 사이의 관계를 식으로 나타내고, 체중이 80 kg인 남성이 자전거를 탈 때 필요한 하루 에너지의 양을 구하시오. (단, 자전거를 타는 경우의 활동대사량은 기초대사량의 70 %로 계산한다.)

(2) 사무를 보는 여성의 경우에 대하여 x, y 사이의 관계를 식으로 나타내고, 체중이 50 kg인 여성이 사무를 볼 때 필요한 하루 에너지의 양을 구하시오. (단, 사무를 보는 경우의 활동대사량은 기초대사량의 20 %로 계산한다.)

만점 굳히기 문제

정답과 해설 65쪽

1 오른쪽 그림과 같이 반비례 관계 $y=\frac{12}{x}$ $(x>0)$의 그래프가 두 정비례 관계 $y=ax$, $y=bx$의 그래프와 만나는 점을 각각 A, B라 하면 점 A의 x좌표는 6이다. 점 A에서 y축에 내린 수선이 y축과 만나는 점을 P라 하면 점 P가 y축의 양의 방향으로 1초에 1.5만큼 움직일 때, 4초 후 점 P의 y좌표와 점 B의 y좌표가 같아진다. 이때 상수 a, b에 대하여 $\frac{b}{a}$의 값을 구하시오.

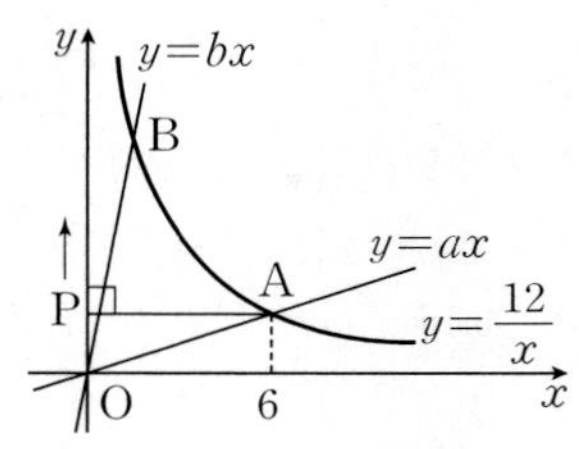

> 점 A의 좌표를 이용하여 상수 a의 값을 구하고, 점 B의 좌표를 이용하여 상수 b의 값을 구한다.

빈출

2 오른쪽 그림과 같이 두 정비례 관계 $y=ax$, $y=bx$의 각각의 그래프 위의 점 A, B와 x축 위에 있는 점 P의 x좌표가 모두 4로 같다. 삼각형 OAP의 넓이는 24이고 삼각형 OAB와 삼각형 OBP의 넓이의 비가 1 : 2일 때, 상수 a, b에 대하여 $a+b$의 값을 구하시오. (단, O는 원점이다.)

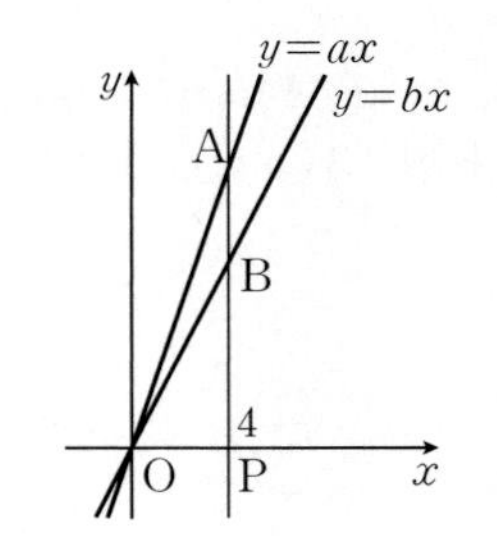

> 삼각형 OAB와 삼각형 OBP의 넓이의 비로부터 선분 AB와 선분 BP의 길이를 구할 수 있다.

Challenge

3 오른쪽 그림과 같이 점 A(4, 0)을 지나고 y축에 평행한 직선이 반비례 관계 $y=\frac{20}{x}$, 정비례 관계 $y=ax$ $(a>0)$의 그래프와 만나는 점을 각각 B, D라 하자. $y=\frac{20}{x}$의 그래프 위의 점 C의 x좌표가 -4이고 삼각형 ABC와 삼각형 OBD의 넓이의 비가 5 : 1일 때, 상수 a의 값을 구하시오.

(단, O는 원점이다.)

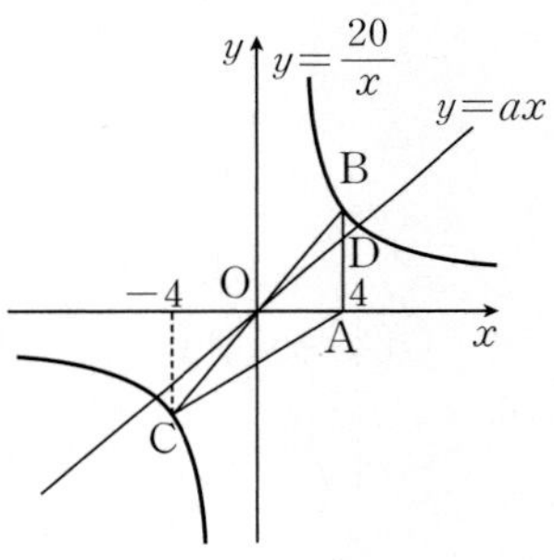

> 삼각형 ABC, 삼각형 OBD는 밑변이 각각 선분 AB, 선분 BD이고 높이가 각각 8, 4인 삼각형이다.

Challenge

4 다음 [그림 1]과 같이 높이가 30 cm인 직육면체 모양의 수조의 내부에 세로의 길이가 20 cm인 칸막이가 바닥면에 수직으로 놓여 있다. 수조의 ㉮ 칸으로 매초 800 cm³의 물을 넣으면서 그림처럼 자로 물의 높이를 재었더니, 물을 넣은 시간과 물의 높이 사이의 관계가 [그림 2]의 그래프와 같았다.

[그림 1]

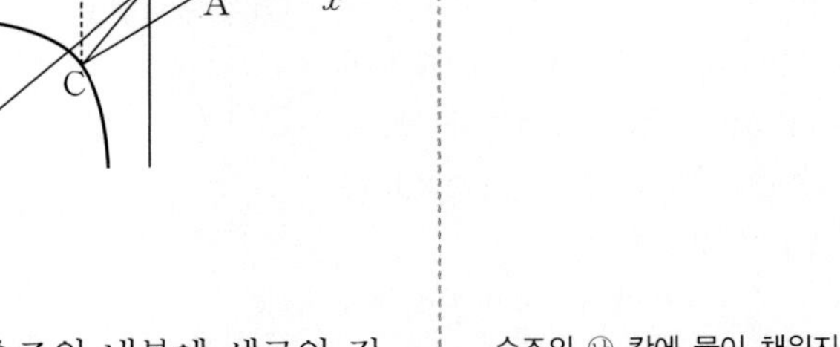

[그림 2]

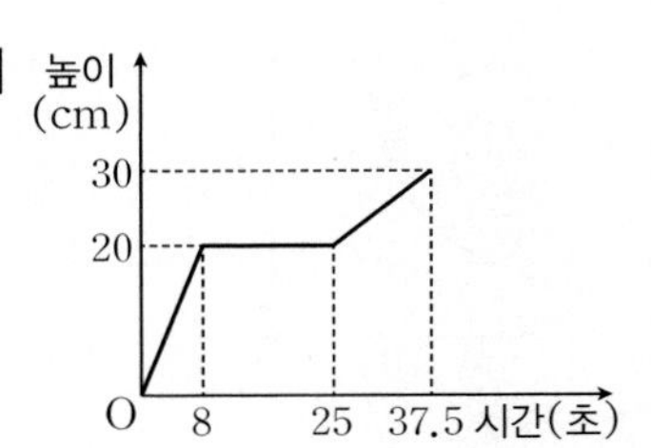

수조를 비우고 칸막이를 제거한 후 같은 속도로 다시 물을 채울 때, 물을 넣는 시간 x초와 물의 높이 y cm 사이의 관계를 식으로 나타내시오.

> 수조의 ㉯ 칸에 물이 채워지는 동안 자로 잰 물의 높이는 칸막이의 세로의 길이로 일정하다.

대단원 평가 문제

A 단계

1 두 점 A$(a-2,\ b+1)$, B$(a+2,\ b)$가 각각 x축, y축 위에 있는 점이고 점 C$(2a+1,\ c-2)$는 어느 사분면에도 속하지 않을 때, $a+b+c$의 값은?

① -4　② -2　③ -1
④ 1　⑤ 4

학평기출　• 고1 2017년 3월 서울교육청 3번

2 반비례 관계 $y=\dfrac{6}{x}$의 그래프가 점 $(3,\ a)$를 지날 때, a의 값은?

① 1　② 2　③ 3
④ 4　⑤ 5

3 오른쪽 그림과 같이 정비례 관계 $y=\dfrac{5}{2}x$의 그래프 위의 한 점 P, y축 위에 있는 한 점 Q에 대하여 선분 PQ는 x축에 평행하다. 점 P의 x좌표가 4일 때, 삼각형 OPQ의 넓이를 구하시오.
(단, O는 원점이다.)

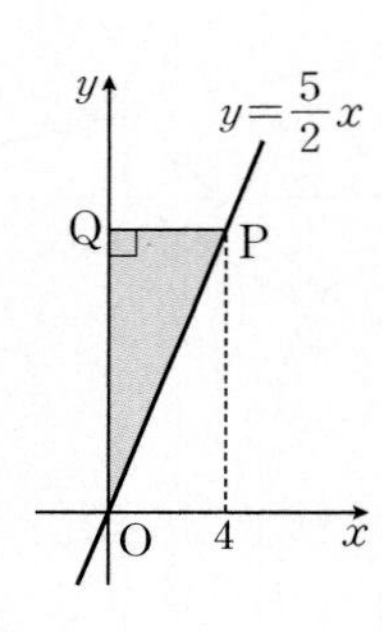

4 오른쪽 그림과 같이 정비례 관계 $y=ax$, 반비례 관계 $y=\dfrac{b}{x}$ $(x<0)$의 그래프가 점 $(-6,\ 10)$에서 만날 때, 상수 a, b에 대하여 ab의 값을 구하시오.

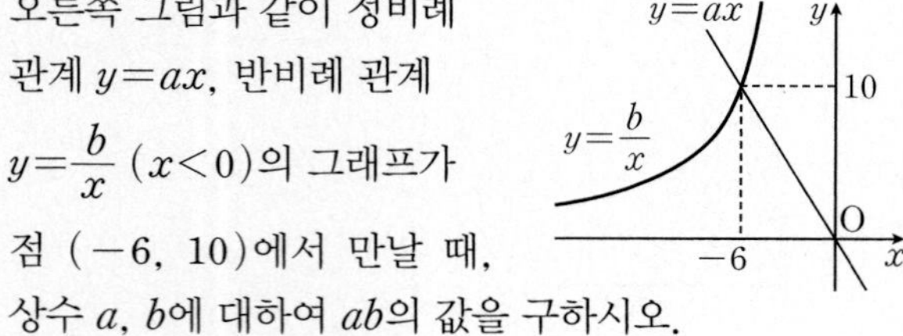

B 단계

빈출
5 점 P$(a,\ b)$가 제4사분면 위의 점일 때, 다음 중 제2사분면 위의 점이 아닌 것은?

① $(b,\ a-b)$　② $(-a,\ b^2)$　③ $(ab,\ a)$
④ $(b^2,\ 2a)$　⑤ $(b-a,\ -b)$

6 두 점 A$(2a+1,\ 2b-4)$, B$(a-3,\ 2b-5)$가 각각 x축, y축 위에 있는 점일 때, 세 점 P$(a,\ 2)$, Q$(b,\ a)$, R$(3,\ -1)$을 꼭짓점으로 하는 삼각형 PQR의 넓이를 구하시오.

7 오른쪽 그림과 같은 모양의 그릇에 일정한 속력으로 물을 넣을 때, 다음 중 물을 넣는 시간과 물의 높이 사이의 관계를 나타낸 그래프로 알맞은 것은?

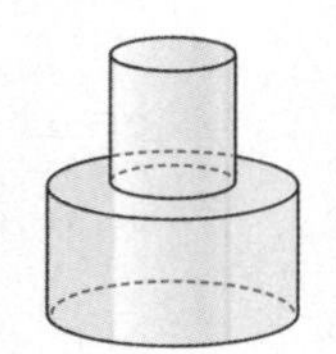

① 높이 / O / 시간

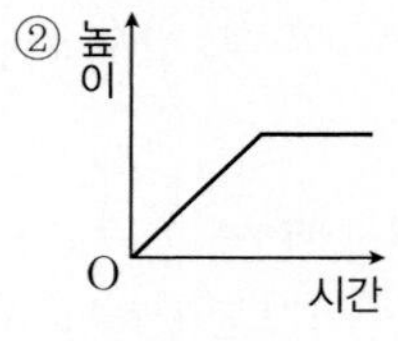

③ 높이 / O / 시간

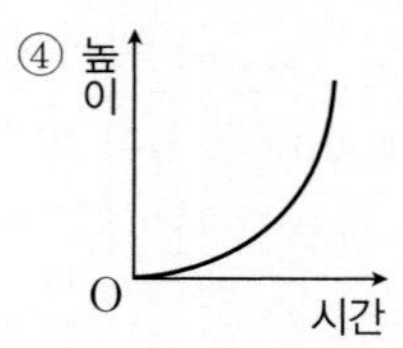

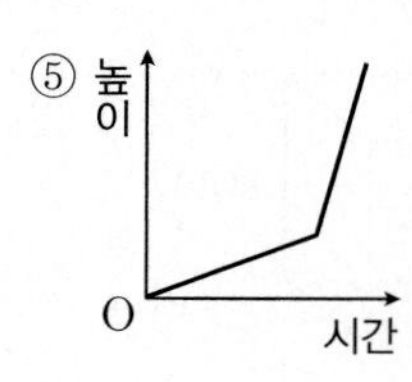

8 형과 동생이 집에서 출발하여 2 km 떨어진 학교까지 일정한 속력으로 걸어갔다. 오른쪽 그림은 두 사람의 이동 시간과 이동 거리 사이의 관계를 각각 나타낸 그래프이다. 옳은 것만을 〈보기〉에서 모두 고른 것은?

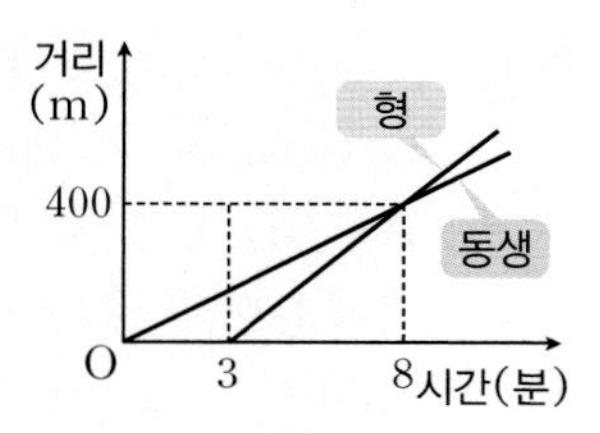

보기
ㄱ. 형은 출발한 지 5분 후에 동생과 만났다.
ㄴ. 형은 분속 80 m, 동생은 분속 40 m의 속력으로 걸었다.
ㄷ. 형은 동생보다 학교에 15분 일찍 도착했다.

① ㄱ ② ㄱ, ㄴ ③ ㄱ, ㄷ
④ ㄴ, ㄷ ⑤ ㄱ, ㄴ, ㄷ

9 오른쪽 그림과 같이 반비례 관계 $y=-\frac{8}{x}$의 그래프 위의 두 점 A, C에 대하여 사각형 ABCD는 각 변이 x축 또는 y축에 평행한 정사각형이다. 정사각형 ABCD의 넓이가 36이고 네 점 A, B, C, D의 x좌표, y좌표는 모두 정수일 때, 제2사분면 위의 점 A의 좌표를 모두 구하시오.

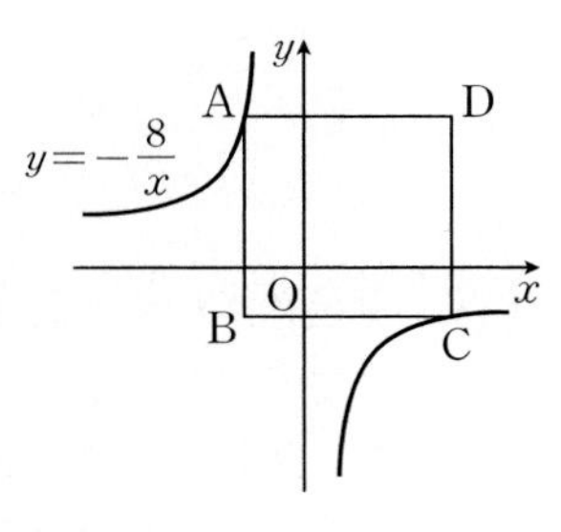

빈출

10 오른쪽 그림은 반비례 관계 $y=\frac{a}{x}$의 그래프이다. 이 그래프 위의 점 중 x좌표와 y좌표가 모두 정수인 점의 개수를 구하시오.
(단, a는 상수이다.)

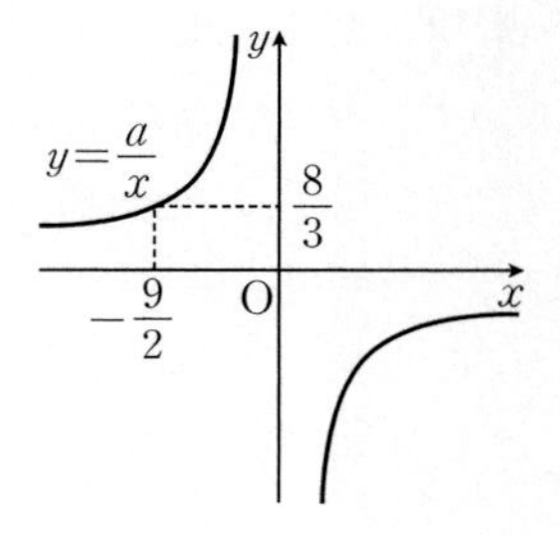

빈출

11 현정이네 자동차는 20 km를 달리는 동안 휘발유 1 L를 사용한다. 오른쪽 그림은 현정이네 자동차의 이동 시간 x분과 이동 거리 y km 사이의 관계를 나타낸 그래프이다. x, y 사이의 관계를 식으로 나타내고, 현정이네 식구가 자동차로 80분 걸리는 유원지에 가려고 할 때 필요한 휘발유의 양을 구하시오. (단, 자동차의 속력은 영향을 미치지 않는다.)

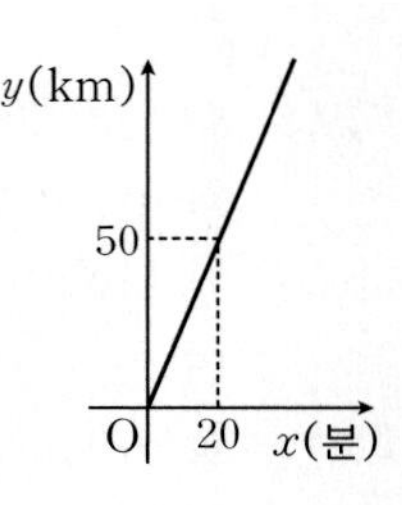

12 같은 시각에 지면에 수직으로 세워진 물체의 햇빛에 의한 그림자의 길이는 물체의 길이에 정비례한다. 길이가 60 cm인 막대기를 바닥에 수직으로 세우고 막대기의 그림자의 길이를 재어 보니 5 cm이었다. 같은 시각에 바닥에 수직으로 세워진 길이 x cm인 물체의 그림자의 길이 y cm에 대하여 x, y 사이의 관계를 식으로 나타내고, 바닥에 수직으로 심어진 나무의 그림자의 길이가 30 cm일 때의 나무의 높이를 구하시오.

13 자동차가 움직이는 동안 앞바퀴와 뒷바퀴는 동시에 회전하여 같은 거리를 간다. 지름의 길이가 1.2 m인 앞바퀴가 3200번 회전하는 동안 지름의 길이가 x m인 뒷바퀴의 회전수 y번에 대하여 x, y 사이의 관계를 식으로 나타내고, 지름의 길이가 80 cm인 뒷바퀴의 회전수를 구하시오. (단, 원주율은 3으로 계산한다.)

빈출

14 어느 공장에서는 지난달 24명의 직원이 15일 동안 일하여 300개의 제품을 만들었다. 300개의 제품을 만들기 위하여 필요한 직원 x명이 일하는 기간 y일에 대하여 x, y 사이의 관계를 식으로 나타내고, 300개의 제품을 9일 동안 만들기 위해 필요한 직원의 수를 구하시오. (단, 직원들이 하는 일의 양은 일정하다.)

C 단계

15 오른쪽 그림과 같이 x축 위에 있는 두 점 A, B 및 제1사분면 위의 점 C, 정비례 관계 $y=4x$의 그래프 위의 점 D를 꼭짓점으로 하는 정사각형 ABCD가 있다. 점 A는 원점 O를 출발하여 x축의 양의 방향으로 1초에 1.5만큼 움직일 때, 점 A가 원점을 출발한 지 3초 후 정사각형 ABCD의 넓이를 구하시오.

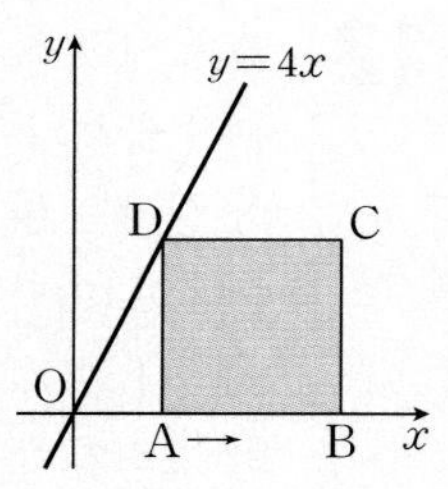

16 오른쪽 그림과 같이 네 점 O(0, 0), A(2, 4), B(6, 0), C(6, 4)를 꼭짓점으로 하는 사각형 AOBC의 넓이를 정비례 관계 $y=ax$의 그래프가 이등분할 때, 상수 a의 값을 구하시오.

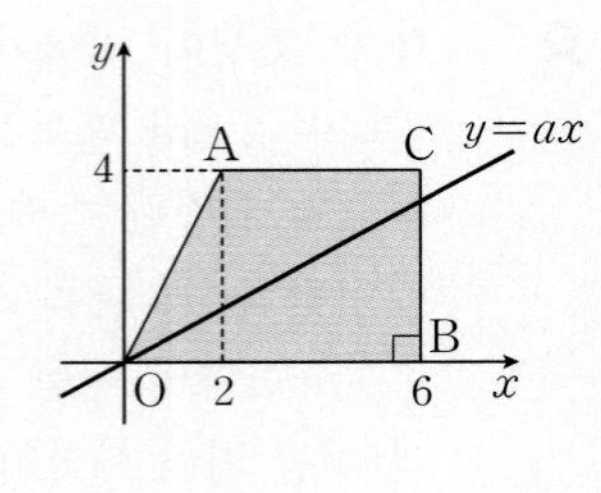

Challenge

17 오른쪽 그림과 같이 반비례 관계 $y=\frac{24}{x}$의 그래프와 정비례 관계 $y=ax$, $y=bx$의 그래프가 제1사분면에서 만나는 점을 각각 P, Q라 하면 점 P의 x좌표는 6, 사각형 OAPB는 직사각형이다. 점 B가 y축의 양의 방향으로 1초에 1만큼 움직일 때, 4초 후 두 점 B, Q의 y좌표가 같아진다. 상수 a, b에 대하여 $9(a+b)$의 값을 구하시오.

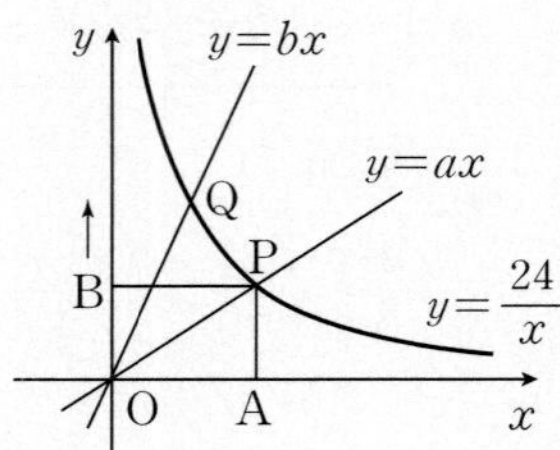

18 오른쪽 그림은 순금과 불순물을 섞어 만든 세 제품 A, B, C에 포함된 순금의 양 x g과 불순물의 양 y g 사이의 관계를 나타낸 그래프이다. 순금의 양이 20 g일 때, 세 제품 A, B, C에 포함된 불순물의 양의 비는?

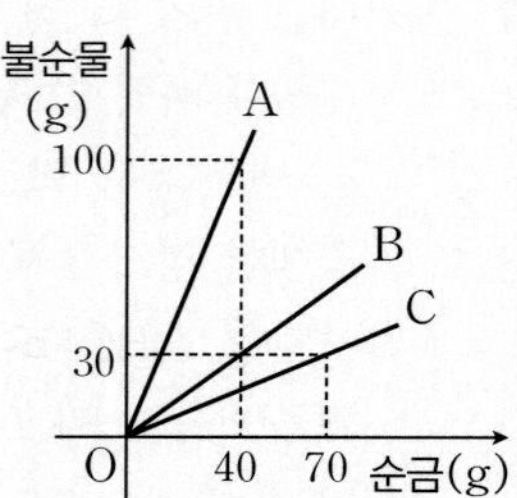

① 4 : 2 : 1　② 8 : 4 : 3　③ 10 : 5 : 2
④ 70 : 21 : 12　⑤ 75 : 30 : 19

서술형으로 끝내기

정답과 해설 68쪽

1 두 점 $P(3a+1,\ 6-2b)$, $Q(3-a,\ 2b+3)$이 각각 x축, y축 위에 있는 점일 때, 다음 물음에 답하시오.

(1) 두 점 P, Q의 좌표를 구하시오.

(2) 세 점 $A(a,\ b)$, $B(2a-1,\ 2-b)$, $C(2-a,\ 2a-b)$를 꼭짓점으로 하는 삼각형 ABC의 넓이를 구하시오.

2 오른쪽 그림과 같은 그릇 (가), (나)에 각각 일정한 속력으로 물을 채울 때, 다음 〈보기〉는 물을 채운 시간과 물의 높이 사이의 관계를 나타낸 그래프이다. 물음에 답하시오.

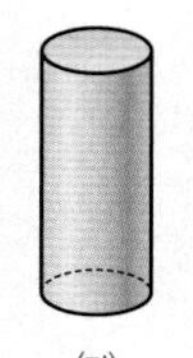
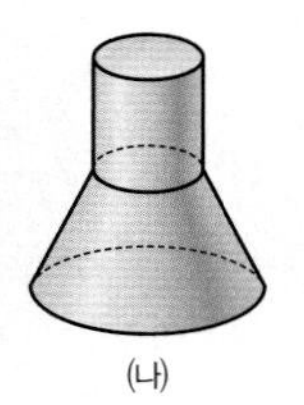

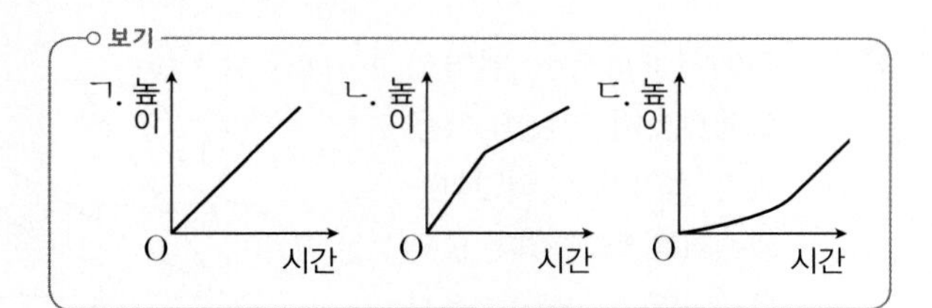

(1) 그릇 (가), (나)에 알맞은 그래프를 짝짓고 그 이유를 설명하시오.

(2) 〈보기〉 중 그릇 (가), (나)의 그래프가 아닌 나머지 하나의 그래프에 알맞은 그릇의 모양을 그림으로 나타내고 그 이유를 설명하시오.
(단, 그릇 밑면은 원 모양이다.)

3 다음 그림과 같이 정비례 관계 $y=\frac{3}{2}x$, $y=\frac{2}{5}x$, $y=ax$의 그래프 위의 세 점 A, B, C의 y좌표는 모두 6이다. 삼각형 OAB와 삼각형 OBC의 넓이의 비가 11 : 6일 때, 다음 물음에 답하시오. (단, a는 상수이고, O는 원점이다.)

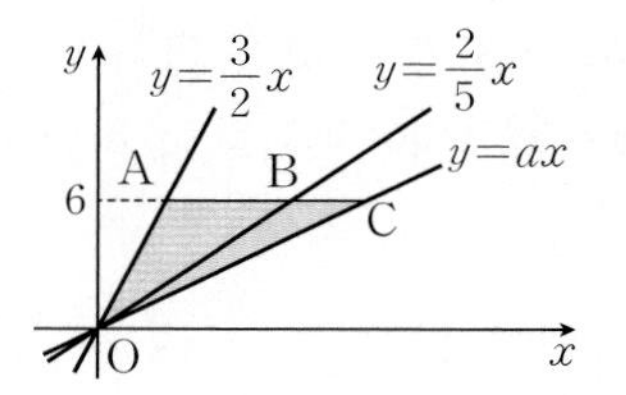

(1) 삼각형 OBC의 넓이를 구하시오.

(2) 점 C의 좌표를 구하시오.

4 어느 아파트에서는 세대별로 음식물 쓰레기를 버릴 때마다 배출 세대와 무게가 입력되어 매달 정해진 날에 그날까지의 총 배출량에 대하여 1 kg당 440원의 수수료가 부과된다고 한다. 음식물 쓰레기 x kg을 버릴 때 부과되는 수수료를 y원이라 할 때, 다음 물음에 답하시오.

(1) x, y 사이의 관계를 식으로 나타내시오.

(2) 5 kg의 음식물 쓰레기를 배출한 세대에 부과되는 수수료를 구하시오.

(3) 10000원의 수수료로 배출할 수 있는 음식물 쓰레기의 양이 A kg일 때, 가장 큰 A의 값을 구하시오. (단, 총 배출량 중 1 kg 미만인 부분도 440원의 수수료가 부과된다.)

정답과 해설 69쪽

5 오른쪽 그림과 같이 정비례 관계 $y=ax$, 반비례 관계 $y=\frac{b}{x}$의 그래프가 두 점 A, B에서 만날 때, 삼각형 ABC의 넓이는 16이다. 점 A의 x좌표가 2이고 두 점 A, C는 x축에 대하여 대칭일 때, $a+b$의 값을 구하시오.

(단, $a>0$, $b>0$)

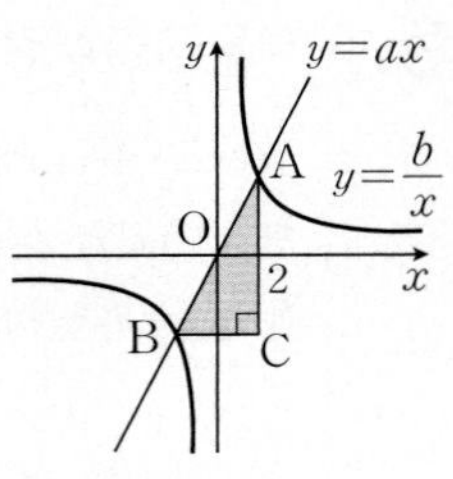

풀이

답

6 다음 그래프는 42.195 km 마라톤 경기 코스에서 출발점으로부터의 거리와 해수면으로부터의 높이 사이의 관계를 나타낸 것이다. 출발점으로부터 결승점까지의 전 구간에서 해수면으로부터의 높이가 가장 높은 곳의 높이를 a m, 오르막길인 구간이 나타나는 횟수를 b회라 할 때, ab의 값을 구하시오.

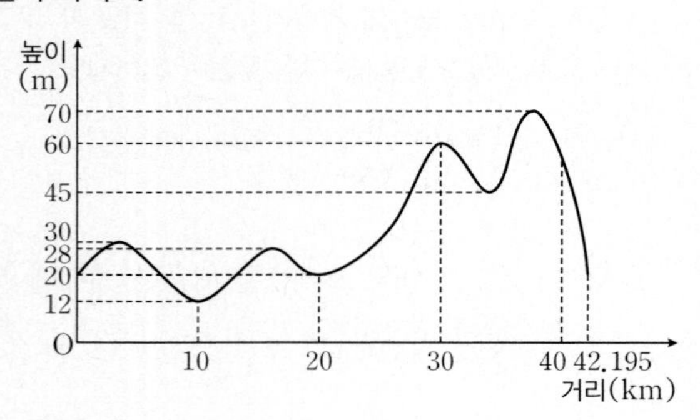

풀이

답

7 시력 검사표에는 고리의 간격이 바깥지름의 $\frac{1}{5}$인 다양한 크기의 란돌트 고리가 그려져 있다. 시력 검사를 할 때, 고리의 간격이 1.5 mm인 란돌트 고리의 열린 방향을 5 m 거리에서 판별할 수 있으면 시력이 1.0이다. 5 m 거리에서 시력을 측정할 때, 란돌트 고리의 열린 방향을 판별할 수 있는 고리의 최소 간격이 x mm인 사람의 시력을 y라 하면 y는 x에 반비례함이 알려져 있다. x, y 사이의 관계를 식으로 나타내고, 시력이 0.2인 사람과 1.5인 사람이 판별할 수 있는 란돌트 고리의 최소 간격의 차를 구하시오.

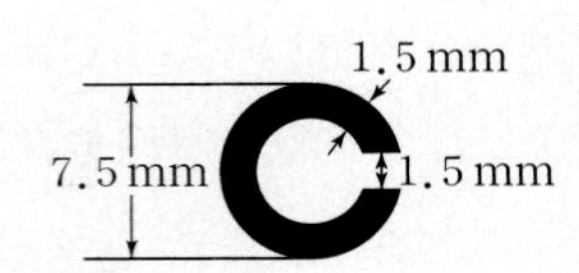

풀이

답

8 집에서 1.8 km 떨어진 도서관까지 가는데 태윤이는 걸어가고, 태민이는 자전거를 타고 갔다. 오른쪽 그림은 두 사람이 동시에 출발할 때, 이동 시간과 이동 거리 사이의 관계를 나타낸 그래프이다. 태윤, 태민에 대하여 각각 이동 시간 x분과 이동 거리 y m 사이의 관계를 식으로 나타내고, 태민이가 도서관에 도착한 후 몇 분을 기다려야 태윤이가 도착하는지 구하시오.

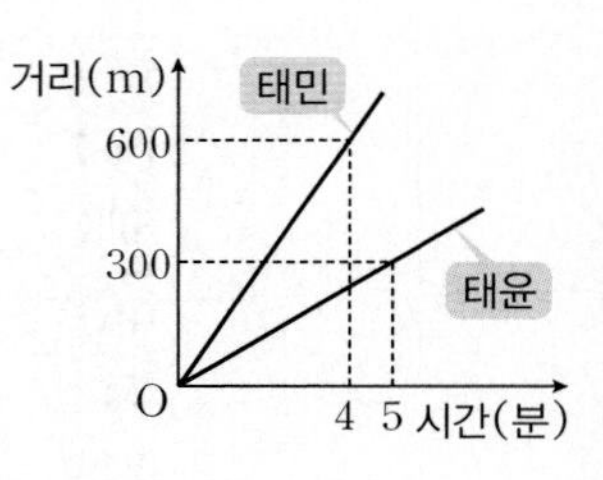

풀이

답

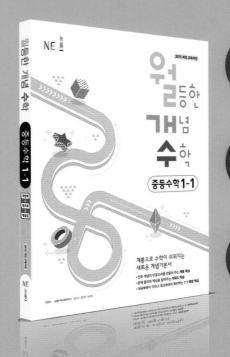

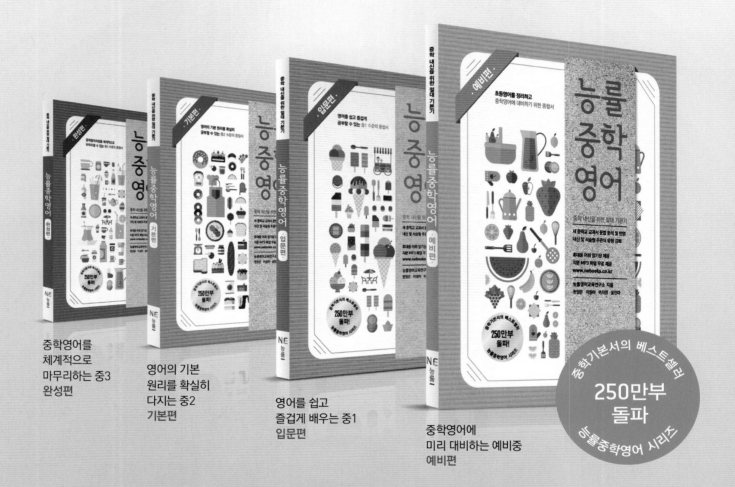

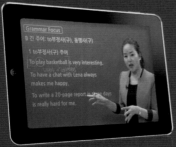

중등 수학

1-1

정답과 해설

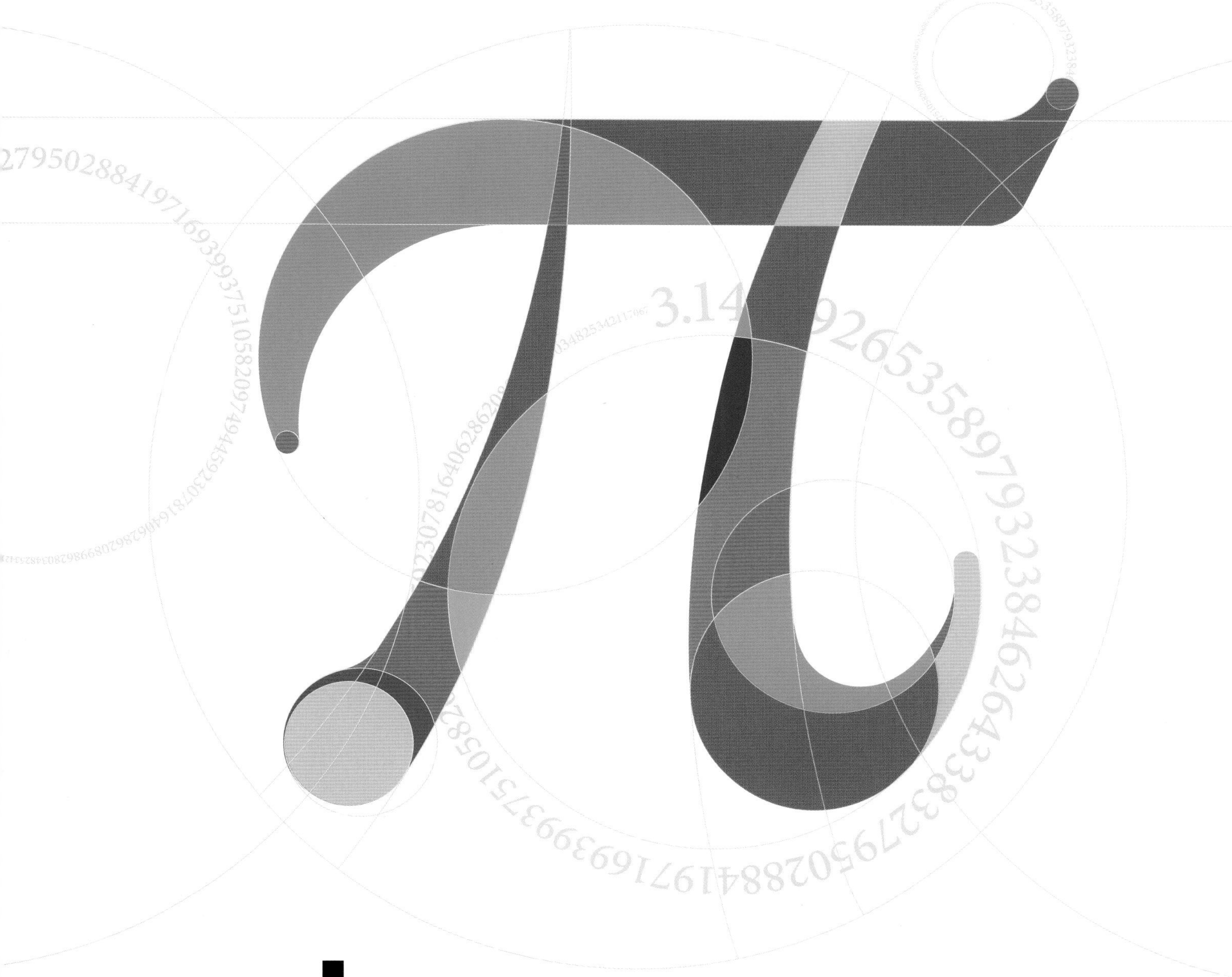

수학의 고수

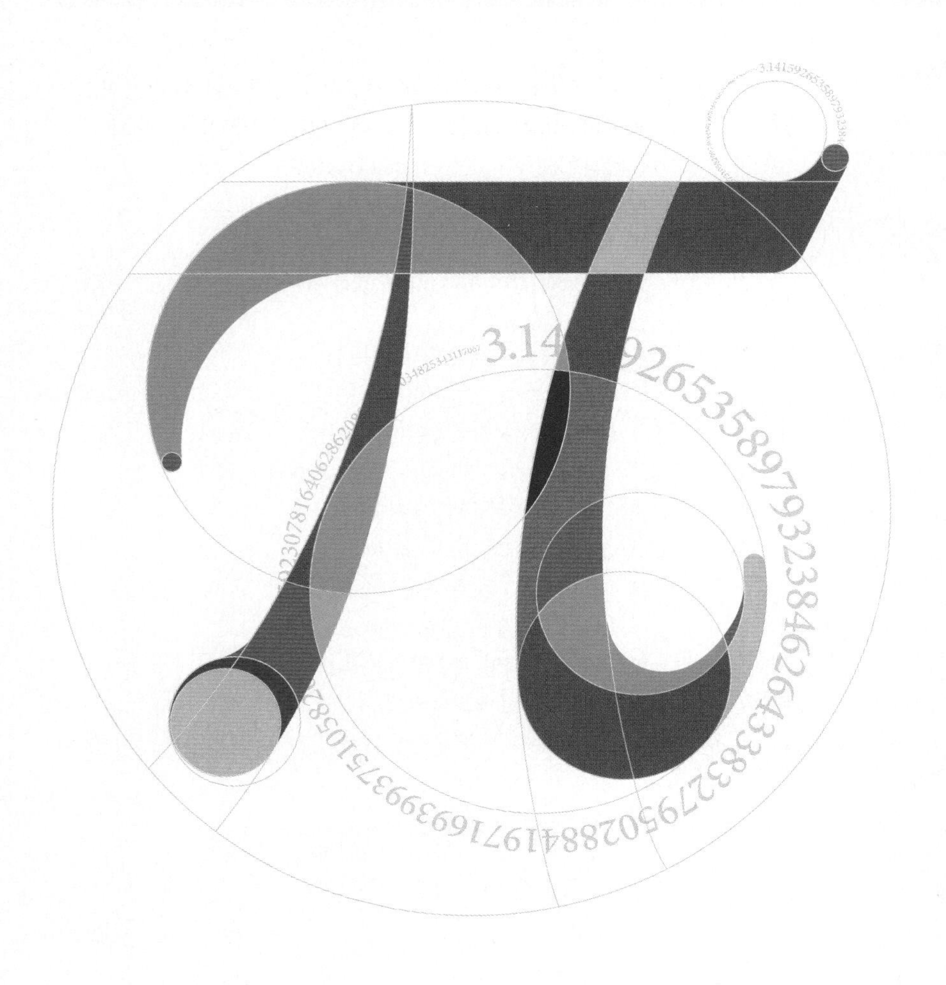

중등 수학

1-1

수학의 고수

정답과 해설

정답과 해설

I. 자연수의 성질

1 소인수분해

꼭 나오는 대표 빈출로 핵심 확인 본문 7쪽

1 10	**2** ②	**3** 25	**4** ④	**5** ③
6 ②	**7** ④	**8** ②		

1 (어떤 수)$=12\times4+11$
$=59$
$=8\times7+3$
따라서 어떤 수를 8로 나눈 몫은 7, 나머지는 3이므로
$a=7,\ b=3$ $\quad\therefore a+b=10$ 답 10

2 ① 2는 소수이지만 짝수이다.
② 1은 소수도 아니고 합성수도 아니다.
또, 2와 3은 소수이다.
이때 $4=1\times4=2\times2$이므로 가장 작은 합성수는 4이다.
③ 소수는 1과 자기 자신만을 약수로 가진다.
④ 자연수는 1 또는 소수 또는 합성수이다.
⑤ 두 소수 3과 5의 합은 $3+5=8$
이때 $8=1\times8=2\times4$이므로 합성수이다.
따라서 옳은 것은 ②이다. 답 ②

3 50보다 작은 자연수 중 큰 수부터 차례대로 생각해 보면
$49=1\times49=7\times7$ ⇦ 합성수
$48=1\times48=2\times24=3\times16=4\times12=6\times8$ ⇦ 합성수
$47=1\times47$ ⇦ 소수
$\therefore a=47$
70보다 큰 자연수 중 작은 수부터 차례대로 생각해 보면
$71=1\times71$ ⇦ 소수
$72=1\times72=2\times36=3\times24=4\times18$
$=6\times12=8\times9$ ⇦ 합성수
$\therefore b=72$
$\therefore b-a=25$ 답 25

4 ① $2\times2\times2\times2=2^4$ ② $3+3+3=3\times3=3^2$
③ $4^2=4\times4$ ⑤ $3\times3\times3\times7\times7\times7=3^3\times7^3$
따라서 옳은 것은 ④이다. 답 ④

5 ① $20=2^2\times5$ ② $32=2^5$
④ $120=2^3\times3\times5$ ⑤ $540=2^2\times3^3\times5$
따라서 소인수분해한 결과가 옳은 것은 ③이다. 답 ③

6 $108=2^2\times3^3$이므로 108을 자연수 x로 나누어 어떤 자연수의 제곱이 되도록 하려면 $x=3\times$(자연수$)^2$의 꼴이어야 한다.
① $3=3\times1^2$ ② $6=3\times2$
③ $12=3\times2^2$ ④ $27=3\times3^2$
⑤ $108=3\times6^2$
따라서 x의 값이 될 수 없는 것은 ②이다. 답 ②

7 ① $20=2^2\times5$의 약수의 개수는
$(2+1)\times(1+1)=6$(개)
② $60=2^2\times3\times5$의 약수의 개수는
$(2+1)\times(1+1)\times(1+1)=12$(개)
③ $72=2^3\times3^2$의 약수의 개수는
$(3+1)\times(2+1)=12$(개)
④ $144=2^4\times3^2$의 약수의 개수는
$(4+1)\times(2+1)=15$(개)
⑤ $189=3^3\times7$의 약수의 개수는
$(3+1)\times(1+1)=8$(개)
따라서 약수의 개수가 가장 많은 것은 ④이다. 답 ④

8 $2^4\times3^a$의 약수의 개수는
$(4+1)\times(a+1)=5\times(a+1)$(개)
이므로 $5\times(a+1)=15,\ a+1=3$
$\therefore a=2$ 답 ②

Step 1 이 단원에서 뽑은 고득점 준비 문제 본문 8~11쪽

대표문제 **1** 1, 4, 7	유제 **1** 5	유제 **2** 1, 3, 5, 7, 9	
	유제 **3** 0, 6		
대표문제 **2** 2	유제 **4** 6	유제 **5** 3	유제 **6** 3
대표문제 **3** 45	유제 **7** 45	유제 **8** 16	유제 **9** 20
대표문제 **4** 12	유제 **10** 1	유제 **11** 24개	유제 **12** 5개

대표문제 **1** 네 자리 자연수 2□15가 3의 배수이려면 각 자리의 숫자의 합 $2+□+1+5=8+□$가 3의 배수이어야 한다.
이때 □는 0 또는 한 자리 자연수이므로 $8+□$의 값으로 가능한 것은 9, 12, 15이다.
따라서 □ 안에 알맞은 수는 1 또는 4 또는 7이다. 답 1, 4, 7

유제 **1** 다섯 자리 자연수 2□614가 9의 배수이려면 각 자리의 숫자의 합 $2+□+6+1+4=13+□$가 9의 배수이어야 한다.
이때 □는 0 또는 한 자리 자연수이므로 $13+□$의 값으로 가능한 것은 18이다.
따라서 □ 안에 알맞은 수는 5이다. 답 5

유제 2 네 자리 자연수 37□2가 4의 배수이려면 일의 자리의 숫자가 0이 아니므로 끝의 두 자리의 수 □2가 4의 배수이어야 한다.
이때 일의 자리의 숫자가 2인 두 자리 4의 배수는 12, 32, 52, 72, 92이므로 □ 안에 알맞은 수는 1 또는 3 또는 5 또는 7 또는 9이다. **답** 1, 3, 5, 7, 9

유제 3 네 자리 자연수 72□0이 12의 배수이려면 72□0은 3의 배수이면서 4의 배수이어야 한다.
(i) 72□0이 3의 배수이려면 각 자리의 숫자의 합 7+2+□+0=9+□가 3의 배수이어야 한다.
이때 □는 0 또는 한 자리 자연수이므로 9+□의 값으로 가능한 것은 9, 12, 15, 18이다.
따라서 □ 안에 알맞은 수는 0 또는 3 또는 6 또는 9이다.
(ii) 72□0이 4의 배수이려면 끝의 두 자리의 수 □0이 00 또는 4의 배수이어야 한다. 이때 일의 자리의 숫자가 0인 두 자리 4의 배수는 20, 40, 60, 80이므로 □ 안에 알맞은 수는 0 또는 2 또는 4 또는 6 또는 8이다.
(i), (ii)에 의하여 □ 안에 알맞은 수는 0 또는 6이다. **답** 0, 6

대표문제 2 $8^1=8$, $8^2=64$, $8^3=512$, $8^4=4096$, $8^5=32768$, …이므로 8의 거듭제곱의 일의 자리의 숫자는 8, 4, 2, 6이 이 순서로 반복된다.
이때 $887=4\times221+3$이므로 8^{887}의 일의 자리의 숫자는 8^3의 일의 자리의 숫자와 같은 2이다. **답** 2

참고 거듭제곱의 값이 커질 때, 거듭제곱의 일의 자리의 숫자는 일의 자리의 숫자끼리의 곱셈으로 생각할 수 있다.
예를 들면 8^3의 일의 자리의 숫자가 2이므로
$2\times8=16$
따라서 8^4의 일의 자리의 숫자는 6이다.

유제 4 $4^1=4$, $4^2=16$, $4^3=64$, $4^4=256$, …이므로 4의 거듭제곱의 일의 자리의 숫자는 4, 6이 이 순서로 반복된다.
이때 $216=2\times108$이므로 4^{216}의 일의 자리의 숫자는 4^2의 일의 자리의 숫자와 같은 6이다. **답** 6

유제 5 13의 거듭제곱의 일의 자리의 숫자는 3의 거듭제곱의 일의 자리의 숫자와 같다.
$3^1=3$, $3^2=9$, $3^3=27$, $3^4=81$, $3^5=243$, …이므로 3의 거듭제곱의 일의 자리의 숫자는 3, 9, 7, 1이 이 순서로 반복된다.
이때 $365=4\times91+1$이므로 13^{365}의 일의 자리의 숫자는 3^{365}의 일의 자리의 숫자, 즉 3^1의 일의 자리의 숫자와 같은 3이다. **답** 3

유제 6 어떤 자연수를 10으로 나눈 나머지는 그 자연수의 일의 자리의 숫자와 같다. 즉, 7^{111}을 10으로 나눈 나머지는 7^{111}의 일의 자리의 숫자와 같다.
$7^1=7$, $7^2=49$, $7^3=343$, $7^4=2401$, $7^5=16807$, …이므로 7의 거듭제곱의 일의 자리의 숫자는 7, 9, 3, 1이 이 순서로 반복된다.
이때 $111=4\times27+3$이므로 7^{111}의 일의 자리의 숫자, 즉 7^{111}을 10으로 나눈 나머지는 7^3의 일의 자리의 숫자와 같은 3이다. **답** 3

대표문제 3 $135=3^3\times5$가 어떤 자연수의 제곱이 되도록 할 때, 곱하여야 하는 자연수는 $3\times5\times(\text{자연수})^2$의 꼴이어야 한다.
따라서 곱하여야 하는 가장 작은 자연수 a는
$a=3\times5\times1^2=15$
두 번째로 작은 자연수 b는
$b=3\times5\times2^2=60$
$\therefore b-a=45$ **답** 45

유제 7 $60\times a=2^2\times3\times5\times a$가 어떤 자연수의 제곱이 되도록 하는 가장 작은 자연수 a는
$a=3\times5=15$
이때 $b^2=60\times3\times5=900=30^2$이므로 $b=30$
$\therefore a+b=45$ **답** 45

유제 8 $567=3^4\times7$을 자연수 a로 나누어 어떤 자연수의 제곱이 되도록 하는 가장 작은 자연수 a는
$a=7$
이때 $b^2=567\div7=9^2$이므로 $b=9$
$\therefore a+b=16$ **답** 16

유제 9 $245\times a=5\times7^2\times a$가 어떤 자연수의 제곱이 되려면 $a=5\times(\text{자연수})^2$의 꼴이어야 한다.
그런데 245는 2의 배수도 아니고 4의 배수도 아니므로 a가 4의 배수가 되어야 한다. 즉,
$a=5\times(\text{자연수})^2\times4=5\times(2\text{의 배수})^2$
의 꼴이어야 한다.
따라서 a의 값으로 가능한 가장 작은 자연수는
$5\times2^2=20$ **답** 20

대표문제 4 $243=3^5$의 약수의 개수는
$5+1=6$(개)
이때 $6=5+1=(2+1)\times(1+1)$이므로 약수의 개수가 6개인 자연수는 a^5 (a는 소수) 또는 $b^2\times c$ (b, c는 서로 다른 소수)의 꼴이다.
(i) a^5의 꼴 중 가장 작은 자연수는
$2^5=32$
(ii) $b^2\times c$의 꼴 중 가장 작은 자연수는
$2^2\times3=12$
(i), (ii)에 의하여 구하는 가장 작은 자연수는 12이다. **답** 12

유제 10 $2^2\times5^2\times11^{\square}$의 약수의 개수는

$(2+1)\times(2+1)\times(\square+1)=3\times3\times(\square+1)$

$=9\times(\square+1)$(개)

이므로 $9\times(\square+1)=18$

$\square+1=2$ $\therefore \square=1$

답 1

유제 11 $\frac{360}{n}$이 자연수이려면 n은 360의 약수이어야 한다.

이때 $360=2^3\times3^2\times5$이므로 구하는 자연수 n의 개수는

$(3+1)\times(2+1)\times(1+1)=24$(개)

답 24개

유제 12 $3=2+1$이므로 약수의 개수가 3개인 수는 (소수)^{2}의 꼴이다.

따라서 150 이하의 자연수 중 (소수)^{2}의 꼴인 수는

$2^2=4$, $3^2=9$, $5^2=25$, $7^2=49$, $11^2=121$의 5개이다.

답 5개

Step 2 고득점 실전 문제

본문 12~14쪽

1 6	2 ①	3 6개	4 7개	5 127
6 ③	7 ⑤	8 15	9 ④	10 ③
11 ⑤	12 6개	13 504	14 ④	
15 2, 3, 5, 7		16 1664	17 6	18 ④
19 SORRY				

1 전략 분수가 자연수가 되려면 분모는 분자의 약수이어야 한다.

$\frac{110}{5\times n-3}$이 자연수가 되려면 $5\times n-3$은 110의 약수이어야 한다.

이때 110의 약수는 1, 2, 5, 10, 11, 22, 55, 110이므로

(i) $5\times n-3=2$일 때, $5\times n=5$ $\therefore n=1$

(ii) $5\times n-3=22$일 때, $5\times n=25$ $\therefore n=5$

(i), (ii)에 의하여 구하는 n의 값의 합은 $1+5=6$

답 6

2 전략 3의 배수의 각 자리의 숫자의 합은 3의 배수이다.

$1+2+3=6$, $1+2+4=7$, $1+3+4=8$, $2+3+4=9$이므로 세 자리 자연수가 3의 배수인 경우는 다음과 같다.

(i) 1, 2, 3을 이용하는 경우

123, 132, 213, 231, 312, 321을 만들 수 있다.

(ii) 2, 3, 4를 이용하는 경우

234, 243, 324, 342, 423, 432를 만들 수 있다.

(i), (ii)에 의하여 가장 큰 수는 432, 가장 작은 수는 123이므로 두 수의 차는

$432-123=309$

답 ①

3 전략 소수를 크기가 작은 것부터 차례대로 나열한다.

소수를 작은 것부터 차례대로 나열하면

2, 3, 5, 7, 11, 13, 17, 19, 23, 29, ⋯

이때 자연수 n보다 작은 소수의 개수가 9개이므로 n의 값으로 가능한 자연수는

24, 25, 26, 27, 28, 29

의 6개이다.

답 6개

4 전략 조건 (나)의 'n의 약수를 모두 더하면 $n+1$이다.'에서 n은 소수이다.

조건 (나)에서 n의 약수는 1과 n뿐이므로 n은 소수이다.

또, 조건 (가)에서 n은 20 이상 50 이하의 자연수이므로

23, 29, 31, 37, 41, 43, 47

의 7개이다.

답 7개

5 전략 (짝수)+(홀수)=(홀수)이다.

(소수)^2+(홀수)=77에서 (소수)^{2}은 짝수가 되어야 한다.

이때 제곱한 값이 짝수인 소수는 2뿐이므로

2^2+(홀수)=77

즉, 4+(홀수)=77에서 (홀수)=73

따라서 $x=2$, $y=73$이므로

$100\times x-y=200-73=127$

답 127

6 전략 배양한 지 n일 후 미생물의 개체 수를 거듭제곱으로 나타낸다.

미생물 2마리를 배양한 지

1일 후 미생물의 개체 수는 2^2마리

2일 후 미생물의 개체 수는 2^3마리

3일 후 미생물의 개체 수는 2^4마리

⋮

이므로 n일 후 미생물의 개체 수는 2^{n+1}마리이다.

따라서 배양한 지 30일 후 미생물의 개체 수는

$2^{30+1}=2^{31}$(마리)

답 ③

7 전략 자연수를 10으로 나눈 나머지는 그 자연수의 일의 자리의 숫자와 같다.

① $3^1=3$, $3^2=9$, $3^3=27$, $3^4=81$, $3^5=243$, ⋯이므로 3의 거듭제곱의 일의 자리의 숫자는 3, 9, 7, 1이 이 순서로 반복된다.

이때 $30=4\times7+2$이므로 3^{30}의 일의 자리의 숫자는 3^2의 일의 자리의 숫자와 같은 9이다.

② $4^1=4$, $4^2=16$, $4^3=64$, $4^4=256$, ⋯이므로 4의 거듭제곱의 일의 자리의 숫자는 4, 6이 이 순서로 반복된다.

이때 $30=2\times15$이므로 4^{30}의 일의 자리의 숫자는 4^2의 일의 자리의 숫자와 같은 6이다.

③ $6^1=6$, $6^2=36$, $6^3=216$, …이므로 6의 거듭제곱의 일의 자리의 숫자는 항상 6이다. 즉, 6^{30}의 일의 자리의 숫자도 6이다.

④ $8^1=8$, $8^2=64$, $8^3=512$, $8^4=4096$, $8^5=32768$, …이므로 8의 거듭제곱의 일의 자리의 숫자는 8, 4, 2, 6이 이 순서로 반복된다.

이때 $30=4\times7+2$이므로 8^{30}의 일의 자리의 숫자는 8^2의 일의 자리의 숫자와 같은 4이다.

⑤ $9^1=9$, $9^2=81$, $9^3=729$, $9^4=6561$, …이므로 9의 거듭제곱의 일의 자리의 숫자는 9, 1이 이 순서로 반복된다.

이때 $30=2\times15$이므로 9^{30}의 일의 자리의 숫자는 9^2의 일의 자리의 숫자와 같은 1이다.

따라서 10으로 나눈 나머지, 즉 일의 자리의 숫자가 가장 작은 것은 ⑤이다.

답 ⑤

8 전략 20, 24, 28을 각각 소인수분해하여 가장 큰 소인수를 구한다.

$20=2^2\times5$에서 $<20>=5$

$24=2^3\times3$에서 $<24>=3$

$28=2^2\times7$에서 $<28>=7$

$\therefore <20>+<24>+<28>=15$

답 15

9 전략 137137은 137로 나누어떨어짐을 이용한다.

137이 소수이므로 오른쪽과 같이 137137을 소인수분해하면

$$\begin{array}{r|r} 137 & 137137 \\ 7 & 1001 \\ 11 & 143 \\ & 13 \end{array}$$

$137137=7\times11\times13\times137$

따라서 137137의 소인수가 아닌 것은 ④이다.

답 ④

10 전략 56을 소인수분해하고 56이 주어진 수의 약수임을 이용한다.

$2^a\times3^b\times7^c$의 약수가 $56=2^3\times7$이므로 a는 3 이상의 자연수, c는 1 이상의 자연수이다.

또, b는 자연수이므로 세 자연수 a, b, c의 값 중 가장 작은 수는 각각 3, 1, 1이다.

따라서 $a+b+c$의 값 중 가장 작은 값은

$3+1+1=5$

답 ③

11 전략 1부터 99까지의 자연수 중 2의 거듭제곱의 배수, 3의 거듭제곱의 배수의 개수를 구한다.

1부터 99까지의 자연수 중

(i) 2의 배수의 개수는 49개

$2^2=4$의 배수의 개수는 24개

$2^3=8$의 배수의 개수는 12개

$2^4=16$의 배수의 개수는 6개

$2^5=32$의 배수의 개수는 3개

$2^6=64$의 배수의 개수는 1개

즉, $1\times2\times3\times\cdots\times99$에 곱해진 2의 개수는

$49+24+12+6+3+1=95$

(ii) 3의 배수의 개수는 33개

$3^2=9$의 배수의 개수는 11개

$3^3=27$의 배수의 개수는 3개

$3^4=81$의 배수의 개수는 1개

즉, $1\times2\times3\times\cdots\times99$에 곱해진 3의 개수는

$33+11+3+1=48$

(i), (ii)에 의하여 $m=95$, $n=48$이므로

$m+n=143$

답 ⑤

12 전략 $\frac{3240}{a}=1$이거나 $\frac{3240}{a}$을 소인수분해하였을 때, 모든 소인수의 지수가 짝수이어야 한다.

$\frac{3240}{a}=\frac{2^3\times3^4\times5}{a}$가 자연수의 제곱이 되도록 하는 a의 값으로 가능한 자연수는

2×5, $2^3\times5$, $2\times3^2\times5$, $2^3\times3^2\times5$, $2\times3^4\times5$, $2^3\times3^4\times5$

의 6개이다.

답 6개

13 전략 14를 곱하여 어떤 자연수의 제곱이 되는 자연수의 꼴을 찾는다.

구하는 자연수를 n이라 하면 조건 ㈎에서 $14=2\times7$, 조건 ㈏에서 소인수의 개수가 3개이므로

$n=2^a\times7^b\times(2, 7$이 아닌 소수$)^c$ (a, b는 홀수, c는 짝수)

의 꼴이어야 한다.

이때 조건 ㈐에서 $a\neq b$이고, n이 가장 작은 수가 되려면 $a>b$이어야 하므로

$a=3$, $b=1$

또, n이 가장 작은 수가 되려면 2, 7이 아닌 소수는 3이어야 하고 $c=2$이어야 한다.

따라서 구하는 가장 작은 자연수는

$n=2^3\times7^1\times3^2=504$

답 504

14 전략 $1\times2\times3\times\cdots\times12$를 소인수분해한다.

$$\begin{aligned}1\times2\times3\times\cdots\times12&=2\times3\times2^2\times5\times(2\times3)\times7\times2^3\times3^2\\&\quad\times(2\times5)\times11\times(2^2\times3)\\&=2^{10}\times3^5\times5^2\times7\times11\end{aligned}$$

이므로 약수의 개수는

$(10+1)\times(5+1)\times(2+1)\times(1+1)\times(1+1)$

$=11\times6\times3\times2\times2$

$=792$(개)

답 ④

15 전략▶ 약수의 개수가 6개인 자연수의 꼴을 찾는다.

$6=5+1=(2+1)\times(1+1)$이므로 약수의 개수가 6개인 자연수는 b^5 (b는 소수) 또는 $c^2\times d$ (c, d는 서로 다른 소수)의 꼴이다.

(i) b^5의 꼴 중 35 이하의 자연수는

$2^5=32$

(ii) $c^2\times d$의 꼴 중 35 이하의 자연수는

$2^2\times3=12$, $2^2\times5=20$, $2^2\times7=28$, $3^2\times2=18$

(i), (ii)에 의하여

$a=2^5\times(2^2\times3)\times(2^2\times5)\times(2^2\times7)\times(3^2\times2)$

$=2^{12}\times3^3\times5\times7$

따라서 a의 소인수는 2, 3, 5, 7이다. 답 2, 3, 5, 7

16 전략▶ 약수의 개수로부터 두 자리 수의 꼴을 찾는다.

약수의 개수가 5개인 수는 (소수)^{4}의 꼴이므로 목격자 (가)가 말하는 앞의 두 자리 수는

$2^4=16$ 또는 $3^4=81$

약수의 개수가 7개인 수는 (소수)^{6}의 꼴이므로 목격자 (나)가 말하는 뒤의 두 자리 수는

$2^6=64$

이때 목격자 (다)는 뒤의 두 자리 수가 앞의 두 자리 수의 배수라 하였으므로 앞의 두 자리 수는 16, 뒤의 두 자리 수는 64이다.

따라서 구하는 뺑소니 차량 번호판의 네 자리 수는 1664이다.

답 1664

17 전략▶ 108의 약수의 개수 $P(108)$을 먼저 구한다.

$108=2^2\times3^3$이므로

$P(108)=(2+1)\times(3+1)=12$

즉, $12\times P(k)=48$이므로 $P(k)=4$

이때 $4=3+1=(1+1)\times(1+1)$이므로 k는

a^3 (a는 소수) 또는 $b\times c$ (b, c는 서로 다른 소수)의 꼴이다.

(i) a^3의 꼴일 때, 가장 작은 자연수는 $2^3=8$

(ii) $b\times c$의 꼴일 때, 가장 작은 자연수는 $2\times3=6$

(i), (ii)에 의하여 가장 작은 자연수 k의 값은 6이다. 답 6

18 전략▶ 98의 약수의 개수를 먼저 구한다.

$98=2\times7^2$의 약수의 개수는

$(1+1)\times(2+1)=6$

이므로 $3^m\times n$의 약수의 개수는 6개이다.

(i) $n=1$이면 $3^m\times n=3^m$의 약수의 개수는

$m+1=6$ $\quad\therefore m=5$

(ii) $n=2$이면 $3^m\times n=2\times3^m$의 약수의 개수는

$(1+1)\times(m+1)=6$, $m+1=3$

$\therefore m=2$

(iii) $n=3$이면 $3^m\times n=3\times3^m=3^{m+1}$의 약수의 개수는

$m+1+1=6$ $\quad\therefore m=4$

(iv) $n=4$이면 $3^m\times n=2^2\times3^m$의 약수의 개수는

$(2+1)\times(m+1)=6$, $m+1=2$

$\therefore m=1$

(v) $n=5$이면 $3^m\times n=3^m\times5$의 약수의 개수는

$(m+1)\times(1+1)=6$, $m+1=3$

$\therefore m=2$

(i)~(v)에 의하여 m의 값으로 가능한 자연수는 1, 2, 4, 5의 4개이다. 답 ④

19 전략▶ 암호의 맨 뒤의 수 2310을 소인수분해한다.

암호 (17, 12, 13, 11, 14 / 2310)의 맨 뒤의 수 2310을 소인수분해하면

$2310=2\times3\times5\times7\times11$

앞의 다섯 개의 수와 2310의 소인수 2, 3, 5, 7, 11을 차례대로 더하면 다음과 같다.

	17	12	13	11	14
+	2	3	5	7	11
	19	15	18	18	25

문자 표에서 19, 15, 18, 18, 25에 해당하는 문자는 차례대로 S, O, R, R, Y이므로 경희가 은수에게 받은 암호를 해독하면 SORRY이다. 답 SORRY

Step 3 만점 굳히기 문제

본문 15쪽

1 2 **2** 209 **3** 2 **4** 10, 40, 90 **5** 2, 3, 5

1 $n+5$가 13의 배수이므로 $(n+5)+13=n+18$도 13의 배수이고, $n+13$이 5의 배수이므로 $(n+13)+5=n+18$도 5의 배수이다. 즉, $n+18$은 13의 배수이면서 5의 배수이므로 65의 배수이다.

따라서 $n+20=(n+18)+2$를 65로 나눈 나머지는 2이다.

답 2

참고 $n+a$가 b의 배수이면 $(n+a)+b$도 b의 배수이다.

2 30보다 크고 60보다 작은 소수 a는

31, 37, 41, 43, 47, 53, 59

$a-b=6$이므로 b의 값은 차례대로

25, 31, 35, 37, 41, 47, 53

이때 b는 소수이므로 b의 값으로 가능한 수는

31, 37, 41, 47, 53

따라서 구하는 합은

$31+37+41+47+53=209$ 답 209

3 $2^1=2$, $2^2=4$, $2^3=8$, $2^4=16$, $2^5=32$, …이므로 2의 거듭제곱의 일의 자리의 숫자는 2, 4, 8, 6이 이 순서로 반복된다.
$3^1=3$, $3^2=9$, $3^3=27$, $3^4=81$, $3^5=243$, …이므로 3의 거듭제곱의 일의 자리의 숫자는 3, 9, 7, 1이 이 순서로 반복된다.
또, $7^1=7$, $7^2=49$, $7^3=343$, $7^4=2401$, $7^5=16807$, …이므로 7의 거듭제곱의 일의 자리의 숫자는 7, 9, 3, 1이 이 순서로 반복된다.
한편, $A(2018)$은 $2^{2018}+3^{2018}+7^{2018}$의 일의 자리의 숫자이다.
이때 $2018=4\times504+2$이므로 2^{2018}의 일의 자리의 숫자는 2^2의 일의 자리의 숫자와 같은 4이고, 3^{2018}의 일의 자리의 숫자는 3^2의 일의 자리의 숫자와 같은 9이고, 7^{2018}의 일의 자리의 숫자는 7^2의 일의 자리의 숫자와 같은 9이다.
따라서 $4+9+9=22$이므로
$A(2018)=2$ 답 2

4 $90\times a\times b\div c$가 어떤 자연수의 제곱이 되려면 모든 소인수의 지수가 짝수가 되어야 한다.
이때 $90=2\times3^2\times5$이고 세 자연수 a, b, c는 1, 2, 3, 4, 5, 6 중 하나이므로 c의 값에 따라 경우를 나누어 생각하면 다음과 같다.
(i) $c=1$일 때
$90\times a\times b\div1=2\times3^2\times5\times a\times b$가 어떤 자연수의 제곱이 되려면 $a\times b=2\times5$이어야 하므로
$a\times b\times c=10$
(ii) $c=2$일 때
$90\times a\times b\div2=3^2\times5\times a\times b$가 어떤 자연수의 제곱이 되려면 $a\times b=1\times5$ 또는 $a\times b=4\times5$이어야 하므로
$a\times b\times c=10$ 또는 $a\times b\times c=40$
(iii) $c=3$일 때
$90\times a\times b\div3=2\times3\times5\times a\times b$가 어떤 자연수의 제곱이 되려면 $a\times b=5\times6$이어야 하므로
$a\times b\times c=90$
(iv) $c=4$일 때
$90\times a\times b\div4=\dfrac{3^2\times5\times a\times b}{2}$가 어떤 자연수의 제곱이 되려면 $a\times b=2\times5$이어야 하므로
$a\times b\times c=40$
(v) $c=5$일 때
$90\times a\times b\div5=2\times3^2\times a\times b$가 어떤 자연수의 제곱이 되려면 $a\times b=1\times2$ 또는 $a\times b=2\times4$ 또는 $a\times b=3\times6$이어야 하므로
$a\times b\times c=10$ 또는 $a\times b\times c=40$ 또는 $a\times b\times c=90$
(vi) $c=6$일 때
$90\times a\times b\div6=3\times5\times a\times b$가 어떤 자연수의 제곱이 되려면 $a\times b=3\times5$이어야 하므로
$a\times b\times c=90$
(i)~(vi)에 의하여 $a\times b\times c$의 값으로 가능한 것은 10, 40, 90이다. 답 10, 40, 90

5 $30\times x=2\times3\times5\times x$의 소인수의 개수가 3개이므로 x의 소인수는 2, 3, 5 이외의 것이 될 수 없다.
$\therefore 30\times x=2^a\times3^b\times5^c$ (a, b, c는 자연수)
이때 $30\times x$의 약수의 개수가 12개이고
$12=(2+1)\times(1+1)\times(1+1)$
이므로 $a=2$, $b=1$, $c=1$ 또는 $a=1$, $b=2$, $c=1$ 또는 $a=1$, $b=1$, $c=2$
(i) $a=2$, $b=1$, $c=1$일 때
$30\times x=2^2\times3\times5$이므로 $x=2$
(ii) $a=1$, $b=2$, $c=1$일 때
$30\times x=2\times3^2\times5$이므로 $x=3$
(iii) $a=1$, $b=1$, $c=2$일 때
$30\times x=2\times3\times5^2$이므로 $x=5$
(i), (ii), (iii)에 의하여 x의 값으로 가능한 자연수는 2, 3, 5이다. 답 2, 3, 5

2 최대공약수와 최소공배수

꼭 나오는 대표 빈출로 핵심 확인 본문 17쪽

1 ④	2 ②	3 ③	4 4	5 ①
6 ③	7 19명	8 105		

1 ① 연속한 두 자연수 중 하나는 짝수, 하나는 홀수이므로 연속한 두 자연수는 반드시 서로소이다.
④ 두 홀수 3과 9의 최대공약수는 3이므로 서로소가 아니다.
따라서 옳지 않은 것은 ④이다. 답 ④

2 두 자연수 m, n의 공약수는 최대공약수 42의 약수이다. 이때 $42=2\times3\times7$이므로 m, n의 공약수의 개수는
$(1+1)\times(1+1)\times(1+1)=8$(개) 답 ②

3
$2^5\times3$
$2^2\times3^2\times7^2$
$2^4\times3^3\times7$
(최대공약수)$=2^2\times3$
(최소공배수)$=2^5\times3^3\times7^2$ 답 ③

4 주어진 두 수의 최대공약수는 $100=2^2\times5^2$

$$\begin{array}{rl} & 2^a\times3^2\times5^3 \\ & \underline{2^3 \quad\;\; \times5^b\times7} \\ (\text{최대공약수})= & 2^2 \quad\;\; \times5^2 \end{array}$$

따라서 $a=2$, $b=2$이므로 $a+b=4$

답 4

5 세 자연수 $6\times x$, $15\times x$, $24\times x$의 최소공배수를 구하면

$$\begin{array}{r|ccc} x & 6\times x & 15\times x & 24\times x \\ 3 & 6 & 15 & 24 \\ 2 & 2 & 5 & 8 \\ & 1 & 5 & 4 \end{array}$$

$\therefore$ (최소공배수)$=x\times3\times2\times1\times5\times4=x\times120$

즉, $x\times120=240$이므로 $x=2$

따라서 세 자연수

$6\times2=12$, $15\times2=30$, $24\times2=48$

의 최대공약수는

$$\begin{array}{r|ccc} 2 & 12 & 30 & 48 \\ 3 & 6 & 15 & 24 \\ & 2 & 5 & 8 \end{array}$$

$2\times3=6$

답 ①

6 두 분수 $\frac{7}{10}$, $\frac{35}{18}$에 각각 곱하여 자연수가 되도록 하는 가장 작은 분수는

$\frac{(10\text{과 }18\text{의 최소공배수})}{(7\text{과 }35\text{의 최대공약수})}$

이때 $10=2\times5$와 $18=2\times3^2$의 최소공배수는

$2\times3^2\times5=90$

7과 35의 최대공약수는 7

따라서 가장 작은 분수는 $\frac{90}{7}$이므로 $x=7$, $y=90$

$\therefore y-x=83$

답 ③

7 최대한 많이 만들 수 있는 반의 수는

$280=2^3\times5\times7$, $252=2^2\times3^2\times7$의 최대공약수이므로

$2^2\times7=28$(개)

따라서 각 반의 남학생 수는 $280\div28=10$(명), 여학생 수는 $252\div28=9$(명)이므로 한 반의 학생 수는

$10+9=19$(명)

답 19명

8 구하는 세 자리 자연수를 4, 6, 9 중 어느 것으로 나누어도 3이 부족하므로 구하는 세 자리 자연수를 A라 하면 $A+3$은 4, 6, 9의 공배수이다.

이때 $4=2^2$, $6=2\times3$, $9=3^2$의 최소공배수는 $2^2\times3^2=36$이므로

$A+3=36, 72, 108, 144, \cdots$

$\therefore A=33, 69, 105, 141, \cdots$

따라서 구하는 가장 작은 세 자리 자연수는 105이다.

답 105

Step 1 이 단원에서 뽑은

고득점 준비 문제

본문 18~20쪽

대표문제 1 21	유제 1 12	유제 2 99	유제 3 2개
대표문제 2 6명, 9명, 18명		유제 4 2개, 3개, 6개	
	유제 5 32	유제 6 12개	
대표문제 3 122명	유제 7 988	유제 8 780	
	유제 9 6월 10일		

대표문제 1 두 자연수 A, B의 최대공약수를 G라 하면

$5292=252\times G$ $\therefore G=21$

이때 A, B는 모두 21보다 크므로 서로소인 두 자연수 a, $b\,(a>b)$에 대하여 $A=a\times21$, $B=b\times21\,(b>1)$이라 하면

$252=a\times b\times21$ $\therefore a\times b=12$

두 수 a, b는 서로소이므로 $a=4$, $b=3$

$\therefore A=84$, $B=63$ $\therefore A-B=21$

답 21

유제 1 $A\times120=24\times840$이므로 $A=168$

이때 $168=2^3\times3\times7$이므로 모든 소인수의 합은

$2+3+7=12$

답 12

유제 2 서로소인 두 자연수 a, b에 대하여

$A=a\times11$, $B=b\times11$이라 하면

$a\times11\times b\times11=968$ $\therefore a\times b=8$

두 수 a, b는 서로소이므로 $a=1$, $b=8$ 또는 $a=8$, $b=1$

따라서 $A=11$, $B=88$ 또는 $A=88$, $B=11$이므로

$A+B=99$

답 99

유제 3 $30=2\times3\times5$, $45=3^2\times5$

이때 30, 45, A의 최대공약수가 5이므로 A는 5를 소인수로 갖고 3을 소인수로 갖지 않아야 한다.

또, 세 수의 최소공배수를 가장 작게 하려면 A는 두 수 30, 45의 최소공배수 $2\times3^2\times5$의 약수가 되어야 한다.

따라서 $A=5\times$(2의 약수)의 꼴이어야 하므로

$A=5$ 또는 $A=10$의 2개이다.

답 2개

대표문제 2 연필은 4자루가 부족하고, 지우개는 3개가 남고, 색연필은 2자루가 남으므로 연필은 $50+4=54$(자루), 지우개는 $39-3=36$(개), 색연필은 $74-2=72$(자루)가 있으면 학생들에게 똑같이 나누어 줄 수 있다.

가능한 학생 수는 54, 36, 72의 공약수이고

$54=2\times3^3$, $36=2^2\times3^2$, $72=2^3\times3^2$의 최대공약수는

$2\times3^2=18$

이때 학생 수는 4보다 커야 하므로 가능한 학생 수는

6명, 9명, 18명이다.

답 6명, 9명, 18명

참고 연필이 4자루 부족하므로 학생 수는 4보다 큰 수이다.

유제 4 만들 수 있는 과일 바구니의 개수는 사과, 배, 귤의 개수의 최대공약수의 약수이다.
$54=2\times3^3$, $84=2^2\times3\times7$, $78=2\times3\times13$의 최대공약수는
$2\times3=6$
이때 하나의 바구니에 모두 담는 경우는 제외하므로 만들 수 있는 과일 바구니의 개수는 2개, 3개, 6개이다.
답 2개, 3개, 6개

유제 5 86을 나누면 2가 남고, 115를 나누면 3이 남는 수로
$86-2=84$, $115-3=112$를 나누면 나누어떨어진다.
구하는 수는 84, 112의 공약수이고
$84=2^2\times3\times7$, $112=2^4\times7$의 최대공약수는 $2^2\times7=28$
이때 구하는 수는 3보다 커야 하므로 4, 7, 14, 28이다.
따라서 가장 큰 수는 28, 가장 작은 수는 4이므로 두 수의 합은
$28+4=32$
답 32

참고 115를 나누었을 때의 나머지가 3이므로 구하는 수는 3보다 큰 수이다.

유제 6 일정한 간격으로 찍는 점의 개수를 가능한 한 적게 하려면 점 사이의 간격은 가능한 한 커야 하므로 36, 48, 60의 최대공약수이어야 한다.
$36=2^2\times3^2$, $48=2^4\times3$, $60=2^2\times3\times5$의 최대공약수는
$2^2\times3=12$
이때 $36\div12=3$, $48\div12=4$, $60\div12=5$이므로 찍어야 하는 점의 개수는
$3+4+5=12$(개)
답 12개

대표문제 3 4명씩, 5명씩, 6명씩 묶어 팀을 만들면 언제나 2명이 남으므로 모임에 참석한 인원 수를 n명이라 하면 $n-2$는 4, 5, 6의 공배수이다.
$4=2^2$, 5, $6=2\times3$의 최소공배수는
$2^2\times3\times5=60$
이므로 $n-2=60, 120, 180, 240, \cdots$
$\therefore n=62, 122, 182, 242, \cdots$
그런데 모임에 참석한 인원 수가 100명 이상 150명 이하이므로 구하는 인원 수는 122명이다.
답 122명

유제 7 6으로 나누면 4가 남고, 9로 나누면 7이 남고, 11로 나누면 9가 남는 수는 6, 9, 11로 나누면 모두 2가 부족한 수이다.
즉, 구하는 수를 x라 하면 $x+2$는 6, 9, 11의 공배수이다.
$6=2\times3$, $9=3^2$, 11의 최소공배수는
$2\times3^2\times11=198$
이므로 $x+2=198, 396, \cdots, 990, 1188, \cdots$
$\therefore x=196, 394, \cdots, 988, 1186, \cdots$
따라서 1000에 가장 가까운 수는 988이다.
답 988

유제 8 만들려는 정육면체의 한 모서리의 길이는 20, 12, 8의 최소공배수이다.
$20=2^2\times5$, $12=2^2\times3$, $8=2^3$의 최소공배수는
$2^3\times3\times5=120$이므로 $a=120$
이때 가로, 세로, 높이 방향으로 쌓이는 벽돌의 개수는 각각
$120\div20=6$(개), $120\div12=10$(개), $120\div8=15$(개)
따라서 필요한 벽돌의 개수는 $6\times10\times15=900$(개)이므로
$b=900$
$\therefore b-a=780$
답 780

유제 9 은수가 다시 쉴 때까지 걸리는 기간은 $4+1=5$(일)
경호가 다시 쉴 때까지 걸리는 기간은 $7+1=8$(일)
즉, 같은 날 운동을 쉰 두 사람은 5, 8의 최소공배수인 40일마다 다시 함께 운동을 쉰다.
따라서 두 사람이 처음으로 다시 함께 운동을 쉬는 날은 5월 1일로부터 40일 후인 6월 10일이다.
답 6월 10일

Step 2 고득점 실전 문제

본문 21~22쪽

1 ④	2 8	3 42	4 ⑤	5 10100원
6 68개	7 58그루	8 ②	9 3명	10 ③
11 29	12 을축년			

1 전략 세 수 A, B, C를 p, q, r, f, d, g를 이용하여 나타낸다.
A를 p로 나눈 몫은 a이고 a를 r로 나눈 몫은 f이므로
$A=p\times a=p\times r\times f$
같은 방법으로 생각하면
$B=p\times b=p\times q\times d$
$C=p\times c=p\times q\times e=p\times q\times r\times g$
① A는 q의 배수가 아니다.
② B는 r의 배수가 아니다.
③ p, q, r, g는 모두 서로 다른 소수이므로
$C=p\times q\times r\times g$의 약수의 개수는
$(1+1)\times(1+1)\times(1+1)\times(1+1)=16$(개)
⑤ 세 수 A, B, C의 최대공약수는 p이다.
따라서 옳은 것은 ④이다.
답 ④

2 전략 자연수의 제곱이 되려면 각 소인수의 지수가 짝수이어야 한다.
$72=2^3\times3^2$이므로 세 자연수의 최소공배수는 다음과 같다.

$$\begin{array}{rl} 72= & 2^3\times3^2 \\ & 2^a\times3^2\times5^2 \\ & 2^2\times3^4\qquad\times7^b \\ \hline (\text{최소공배수})= & 2^a\times3^4\times5^2\times7^b \end{array}$$

이때 최소공배수의 각 소인수의 지수가 짝수이고 a는 3 이상의 자연수이므로 $a=4, 6, 8, \cdots$

또, $b=2, 4, 6, \cdots$이므로 가장 작은 자연수 a, b의 곱은

$a \times b=4 \times 2=8$ 답 8

3 전략 a가 12, 18의 약수이고 b가 12, 18의 배수이면 두 분수는 모두 자연수이다.

A는 두 수 $\frac{12}{a}, \frac{18}{a}$의 분자 $12=2^2 \times 3$과 $18=2 \times 3^2$의 최대공약수이므로 $A=2 \times 3=6$

B는 두 수 $\frac{b}{12}, \frac{b}{18}$의 분모 12와 18의 최소공배수이므로

$B=2^2 \times 3^2=36$

$\therefore A+B=42$ 답 42

4 전략 서로소인 두 수 a, b와 최대공약수 14를 이용하여 두 수 A, B를 나타낸다.

$A=a \times 14,\ B=b \times 14$ (a, b는 서로소, $a<b$)라 하면 두 수 A, B의 최소공배수가 84이므로

$14 \times a \times b=84 \quad \therefore a \times b=6$

(i) $a=1, b=6$일 때, $A=1 \times 14=14,\ B=6 \times 14=84$

$\therefore B-A=70$

그런데 두 수의 차가 14라는 조건에 맞지 않다.

(ii) $a=2, b=3$일 때, $A=2 \times 14=28,\ B=3 \times 14=42$

$\therefore B-A=14$

(i), (ii)에 의하여 $A=28, B=42$이므로

$A+B=70$ 답 ⑤

5 전략 상자를 가능한 한 많이 만들어야 하므로 최대공약수를 이용한다.

상자를 가능한 한 많이 만들어야 하므로 상자의 개수는 가위, 지우개, 자의 개수의 최대공약수이다.

$72=2^3 \times 3^2,\ 48=2^4 \times 3,\ 60=2^2 \times 3 \times 5$의 최대공약수는

$2^2 \times 3=12$

이므로 한 상자에 넣을 가위, 지우개, 자의 개수는 각각

$72 \div 12=6$(개), $48 \div 12=4$(개), $60 \div 12=5$(개)

따라서 한 상자에 넣을 문구들의 가격의 합은

$750 \times 6+400 \times 4+800 \times 5=10100$(원) 답 10100원

6 전략 가능한 한 큰 정사각형 매트를 깔아야 하므로 최대공약수를 이용한다.

오른쪽 그림에서 정사각형 모양의 매트의 한 변의 길이는 90, 120, 210의 최대공약수이다.

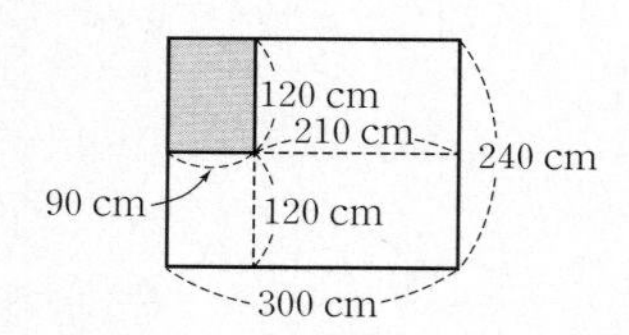

$90=2 \times 3^2 \times 5,\ 120=2^3 \times 3 \times 5,\ 210=2 \times 3 \times 5 \times 7$의 최대공약수는 $2 \times 3 \times 5=30$

따라서 필요한 매트의 개수는

$(120 \div 30) \times (210 \div 30)+(300 \div 30) \times (120 \div 30)$

$=4 \times 7+10 \times 4=68$(개) 답 68개

7 전략 나무를 가능한 한 적게 심으려면 나무 사이의 간격은 가능한 한 커야 한다.

나무 사이의 간격은 360, 336의 최대공약수이다.

$360=2^3 \times 3^2 \times 5,\ 336=2^4 \times 3 \times 7$의 최대공약수는 $2^3 \times 3=24$

따라서 필요한 나무의 수는

$2 \times (360 \div 24+336 \div 24)=2 \times (15+14)$

$=58$(그루) 답 58그루

8 전략 과자와 음료수의 개수의 합이 가장 작아야 하므로 최소공배수를 이용한다.

과자의 무게의 합은 $(75 \times a)$ g이므로 75의 배수이고, 음료수의 무게의 합은 $(120 \times b)$ g이므로 120의 배수이다.

두 무게의 합이 같으려면 과자의 무게의 합과 음료수의 무게의 합이 75와 120의 공배수이어야 하는데, 무게의 합이 75와 120의 최소공배수일 때 a와 b의 값은 각각 가장 작으므로 $a+b$의 값도 가장 작다.

이때 $75=3 \times 5^2,\ 120=2^3 \times 3 \times 5$의 최소공배수는

$2^3 \times 3 \times 5^2=600$이므로 가장 작은 a, b의 값은

$a=600 \div 75=8,\ b=600 \div 120=5$

따라서 $a+b$의 값 중 가장 작은 값은

$8+5=13$ 답 ②

9 전략 학생 수는 3, 4, 5로 나누면 모두 1이 부족한 수이다.

학생 수를 x명이라 하면 $x+1$은 3, 4, 5의 공배수이다.

3, 4, 5의 최소공배수는 $3 \times 4 \times 5=60$이므로

$x+1=60, 120, 180, \cdots$

$\therefore x=59, 119, 179, \cdots$

이때 x는 50 이상 60 미만인 수이므로 $x=59$

따라서 $59=7 \times 8+3$이므로 한 조에 7명씩 배정하면 남는 학생 수는 3명이다. 답 3명

10 전략 동시에 출발하여 처음으로 다시 만날 때까지 걸리는 시간은 최소공배수를 이용하여 구한다.

두 버스 A, B가 종점에서 동시에 출발하여 처음으로 다시 종점에서 만날 때까지 걸리는 시간은 $20=2^2 \times 5,\ 16=2^4$의 최소공배수인 $2^4 \times 5=80$(분)이다.

동시에 도착할 때마다 12분씩 쉬므로 두 버스 A, B가 동시에 출발하여 종점에서 네 번째로 다시 만날 때까지 걸리는 시간은

$(80+12)+(80+12)+(80+12)+80=356$(분)

$356=60\times5+56$에서 356분은 5시간 56분이므로 구하는 시각은 오전 9시로부터 5시간 56분 후인 오후 2시 56분이다.

답 ③

11 전략 '유클리드 호제법'의 규칙에 따라 나누어떨어질 때까지 나눗셈을 한다.

$7917\div1189$를 하면 몫은 6, 나머지는 783이다.
$1189\div783$을 하면 몫은 1, 나머지는 406이다.
$783\div406$을 하면 몫은 1, 나머지는 377이다.
$406\div377$을 하면 몫은 1, 나머지는 29이다.
$377\div29$를 하면 13으로 나누어떨어진다.
따라서 두 자연수 1189, 7917의 최대공약수는 29이다.

답 29

참고 $1189=29\times41$, $7917=3\times7\times13\times29$

12 전략 한 해를 나타내는 이름이 반복되는 기간을 찾는다.

해의 이름은 십간에서 10개의 이름, 십이지에서 12개의 이름이 하나씩 짝지어지므로 $10=2\times5$, $12=2^2\times3$의 최소공배수인 $2^2\times3\times5=60$(년)마다 같은 이름이 반복된다.
$2345-2018=327=60\times5+27$이므로 2345년은 2018년으로부터 27년 후인 2045년과 같은 이름을 갖는다. 2018년은 '무술년'이고 십간은 10년씩 반복되므로 $27=10\times2+7$에서
'무' → 기 → 경 → 신 → 임 → 계 → 갑 → '을'
십이지는 12년씩 반복되므로 $27=12\times2+3$에서
'술' → 해 → 자 → '축'
따라서 2345년은 '을축년'이다.

답 을축년

Step 3 만점 굳히기 문제

본문 23쪽

1 359	2 $A=336$, $B=96$, $C=72$	3 56그루
4 300회	5 42개	

1 $\dfrac{400-A}{126}=\dfrac{400-A}{2\times3^2\times7}$를 분자와 분모의 최대공약수로 약분한 후에도 분자가 7의 배수이므로 분자 $400-A$는 $7^2=49$의 배수이다.
따라서 $400-A=49, 98, 147, \cdots, 392$이므로
$A=351, 302, 253, \cdots, 8$
즉, $M=351$, $m=8$이므로
$M+m=359$

답 359

2 서로소인 두 자연수 a, b에 대하여
$A=48\times a$, $B=48\times b$ $(a>b)$라 하면
$48\times a\times b=672$ $\quad\therefore a\times b=14$
$a=14$, $b=1$일 때, $A=672$, $B=48$
$a=7$, $b=2$일 때, $A=336$, $B=96$
(i) $A=672=2^4\times2^2\times7$, $B=48=2^4\times2$일 때
B, C의 최소공배수가 $288=2^4\times2^2\times3$이고, A, B, C의 최대공약수가 24이면서 $A>B>C$라는 조건을 만족하는 C는 존재하지 않는다.
(ii) $A=336=24\times2\times7$, $B=96=24\times2^2$일 때
B, C의 최소공배수가 $288=24\times2^2\times3$이고, A, B, C의 최대공약수가 24이므로
$C=24\times3=72$
(i), (ii)에 의하여 $A=336$, $B=96$, $C=72$

답 $A=336$, $B=96$, $C=72$

3 묘목을 가능한 한 적게 심어야 하므로 묘목 사이의 간격은 112, 96의 최대공약수이다.
$112=2^4\times7$, $96=2^5\times3$의 최대공약수는 $2^4=16$
묘목은 밭의 경계와 내부 및 네 모퉁이에 모두 심어야 하므로
가로 방향으로 16 m 간격으로 $112\div16+1=8$(줄),
세로 방향으로 16 m 간격으로 $96\div16+1=7$(줄)
을 심어야 한다.
따라서 필요한 사과 묘목의 수는
$8\times7=56$(그루)

답 56그루

4 점 A가 2분에 원을 30바퀴 돌면 1바퀴 도는 데 걸리는 시간은
$\dfrac{2}{30}$(분)$=\dfrac{2}{30}\times60$(초)$=4$(초)
점 B가 2분에 원을 20바퀴 돌면 1바퀴 도는 데 걸리는 시간은
$\dfrac{2}{20}$(분)$=\dfrac{2}{20}\times60$(초)$=6$(초)
점 C가 2분에 원을 40바퀴 돌면 1바퀴 도는 데 걸리는 시간은
$\dfrac{2}{40}$(분)$=\dfrac{2}{40}\times60$(초)$=3$(초)
즉, 세 점이 점 P에서 동시에 출발한 후 처음으로 점 P를 동시에 통과하는 데 걸리는 시간은 $4=2^2$, $6=2\times3$, 3의 최소공배수인 $2^2\times3=12$(초)이다.
따라서 세 점 A, B, C가 1시간, 즉 3600초 동안 점 P를 동시에 통과하는 횟수는
$3600\div12=300$(회)

답 300회

5 $A=0.135791357913579\cdots$는 1, 3, 5, 7, 9의 5개의 숫자가 이 순서로 반복되고 $B=0.135135135\cdots$는 1, 3, 5의 3개의 숫자가 이 순서로 반복된다.
5와 3의 최소공배수는 15이므로 소수점 아래 15개의 숫자마다 같은 수의 배열이 나오게 된다. 또, 15개의 숫자가 반복될 때, 처음 3개의 수만 1, 3, 5로 같은 숫자이다.

$A=0.135791357913579/13579\cdots$
$B=0.135135135135135/13513\cdots$
이때 $200=15\times13+5$이므로 소수점 아래 200번째 자리까지는 15개의 숫자가 13번 반복되고 5개의 숫자가 더 이어진다.
따라서 같은 자리에 같은 숫자가 있는 것의 개수는
$3\times13+3=42$(개) 답 42개

대단원 평가 문제

본문 24~26쪽

1 ③	2 34	3 43	4 ②	5 249
6 ③	7 ③	8 ②	9 ④	10 ③
11 8	12 ②	13 ④	14 ①	15 30
16 35	17 ③	18 24개	19 ②	20 ①

1 $2^2\times3\times5^2$의 약수를 작은 수부터 차례대로 나열하면
1, 2, 3, 2^2, $\cdots$이므로 $a=3$
$2^2\times3\times5^2$의 약수를 큰 수부터 차례대로 나열하면
$2^2\times3\times5^2$, $2\times3\times5^2$, $2^2\times5^2$, $\cdots$이므로
$b=2\times3\times5^2=150$
$\therefore a+b=153$ 답 ③

2 $144=2^4\times3^2$, $180=2^2\times3^2\times5$, $270=2\times3^3\times5$의 최대공약수는 2×3^2이므로 공약수의 개수는
$a=(1+1)\times(2+1)=6$
또, 최소공배수는 $2^4\times3^3\times5$이므로 약수의 개수는
$b=(4+1)\times(3+1)\times(1+1)=40$
$\therefore b-a=34$ 답 34

3 구하는 수를 x라 하면 조건 (가), (나)에서 x는 40보다 큰 소수이므로 $x=41, 43, 47, \cdots$
조건 (다)에서 x는 $82=2\times41$과 서로소이므로 구하는 수는 43이다. 답 43

4 $120=2^3\times3\times5$, $135=3^3\times5$의 최소공배수는
$2^3\times3^3\times5=1080$
어떤 자연수를 n이라 하면 $n\times15$는 1080의 배수이다.
따라서 어떤 자연수가 될 수 있는 가장 작은 자연수는
$1080\div15=72$ 답 ②

5 m은 주어진 세 분수의 분모인 7, 35, 49의 최소공배수이다.
이때 7, $35=5\times7$, $49=7^2$이므로 $m=5\times7^2=245$
또, n은 주어진 세 분수의 분자인 24, 16, 36의 최대공약수이다. 이때 $24=2^3\times3$, $16=2^4$, $36=2^2\times3^2$이므로
$n=2^2=4$ $\quad\therefore m+n=249$ 답 249

6 $\dfrac{42}{3\times n-1}$가 자연수가 되려면 $3\times n-1$이 42의 약수이어야 한다. 이때 42의 약수는 1, 2, 3, 6, 7, 14, 21, 42이므로
(i) $3\times n-1=2$일 때, $3\times n=3$ $\quad\therefore n=1$
(ii) $3\times n-1=14$일 때, $3\times n=15$ $\quad\therefore n=5$
(i), (ii)에 의하여 구하는 n의 값의 합은 $1+5=6$ 답 ③

7 다섯 자리 자연수 21□74가 6의 배수이려면 21□74는 2의 배수이면서 3의 배수이어야 한다. 21□74의 일의 자리의 숫자가 2의 배수이므로 21□74도 2의 배수이다. 또, 21□74가 3의 배수이려면 각 자리의 숫자의 합 $2+1+\square+7+4=14+\square$가 3의 배수이어야 하므로 $14+\square$의 값으로 가능한 것은 15, 18, 21이다.
그런데 21□74는 9의 배수가 아니므로 $14+\square$의 값이 9의 배수가 아니어야 한다.
$\therefore 14+\square=15$ 또는 21
따라서 □ 안에 알맞은 수는 1 또는 7이다. 답 ③

8 $7^1=7$, $7^2=49$, $7^3=343$, $7^4=2401$, $7^5=16807$, $\cdots$이므로 7의 거듭제곱의 일의 자리의 숫자는 7, 9, 3, 1이 이 순서로 반복된다. 이때 $777=4\times194+1$이므로 7^{777}의 일의 자리의 숫자는 7^1의 일의 자리의 숫자인 7과 같다.
한편, 19의 거듭제곱의 일의 자리의 숫자는 9의 거듭제곱의 일의 자리의 숫자와 같다.
$9^1=9$, $9^2=81$, $9^3=729$, $9^4=6561$, $\cdots$이므로 9의 거듭제곱의 일의 자리의 숫자는 9, 1이 이 순서로 반복된다. 이때 $999=2\times499+1$이므로 19^{999}의 일의 자리의 숫자는 9^{999}의 일의 자리의 숫자, 즉 9^1의 일의 자리의 숫자인 9와 같다.
따라서 $7+9=16$이므로 $7^{777}+19^{999}$의 일의 자리의 숫자는 6이다. 답 ②

9 $60\times a=150\times b$, 즉 $2^2\times3\times5\times a=2\times3\times5^2\times b$가 어떤 자연수의 제곱이 되려면 각 소인수의 지수가 짝수이어야 하므로 가장 작은 자연수 a, b는 $a=3\times5$, $b=2\times3$
a, b가 가장 작을 때 c도 가장 작으므로 가장 작은 c에 대하여
$c^2=2^2\times3\times5\times(3\times5)=900=30^2$
따라서 c의 값 중 가장 작은 수는 30이다. 답 ④

10 $360=2^3\times3^2\times5$이므로
$\mathrm{P}(360)=(3+1)\times(2+1)\times(1+1)=24$
또, $24=2^3\times3$이므로
$\mathrm{P}(\mathrm{P}(360))=\mathrm{P}(24)=(3+1)\times(1+1)=8$ 답 ③

11 (i) $G(n, 120)=8$, $120=2^3\times3\times5$이므로 8은 n의 약수이고 3과 5는 n의 약수가 아니다. 즉, n은 8의 배수 중 24 또는 40의 배수가 아닌 수이므로
$n=8, 16, 32, 56, \cdots$
(ii) $L(20, n)=40$에서 n은 40의 약수이고 20의 약수는 아니므로 $n=8, 40$
(i), (ii)에 의하여 $n=8$ 답 8

12 두 자연수 A, B의 최대공약수가 G, 최소공배수가 L이므로
$A\times B=\mathrm{G}\times\mathrm{L}=60$
이때 $A+B=16$이므로 $A<B$라 하면 $A=6$, $B=10$
두 수 $6=2\times3$, $10=2\times5$의 최대공약수는 2, 최소공배수는 $2\times3\times5=30$이므로 $\mathrm{G}=2$, $\mathrm{L}=30$
$\therefore \mathrm{G}+\mathrm{L}=32$ 답 ②

13 타일의 한 변의 길이는 $140=2^2\times5\times7$, $105=3\times5\times7$의 최대공약수이어야 하므로 $a=5\times7=35$
이때 필요한 타일의 개수는 가로 방향으로 $140\div35=4$(개), 세로 방향으로 $105\div35=3$(개)이므로
$b=4\times3=12$
$\therefore a+b=47$ 답 ④

14 1학년 전체 학생 수를 n명이라 하면 $n-4$는 8, 12, 15의 공배수이다. 이때 $8=2^3$, $12=2^2\times3$, $15=3\times5$의 최소공배수는 $2^3\times3\times5=120$이므로 $n-4=120, 240, 360, 480, \cdots$
$\therefore n=124, 244, 364, 484, \cdots$
그런데 1학년 전체 학생 수는 350명보다 많고 400명보다 적으므로 364명이다.
따라서 $364=17\times21+7$이므로 남는 학생 수는 7명이다.
답 ①

15 요일은 7일마다 반복되고 음료수와 과자의 납품일은 6일, 4일마다 반복되므로 처음으로 다시 일요일에 음료수와 과자를 동시에 납품받는 것은 4월 1일 일요일로부터
(7, 6, 4의 최소공배수)일 후이다.
이때 7, $6=2\times3$, $4=2^2$의 최소공배수는
$2^2\times3\times7=84$
따라서 처음으로 다시 일요일에 음료수와 과자를 동시에 납품받는 날짜는 4월 1일로부터 84일 후인 6월 24일이므로
$x=6$, $y=24$ $\therefore x+y=30$ 답 30

16 $56\times m=2^3\times7\times m=n^3$이므로 $2^3\times7\times m$의 소인수의 지수가 모두 3의 배수가 되도록 하는 가장 작은 자연수 m의 값은
$m=7^2=49$
따라서 $2^3\times7\times7^2=2^3\times7^3=n^3$이므로 $n=14$
$\therefore m-n=35$ 답 35

17 n번 전구는 번호가 n의 약수인 학생이 켜거나 끈다.
학생이 전구를 켜는 것을 ○, 끄는 것을 ×라 하면 6의 약수는 1, 2, 3, 6이므로 6번 전구는
1번 학생: ○, 2번 학생: ×, 3번 학생: ○, 6번 학생: ×
이때 6번 이후의 학생은 6번 전구를 켜거나 끄지 않으므로 일을 마쳤을 때 6번 전구는 꺼져 있다.
또, 9의 약수는 1, 3, 9이므로 9번 전구는
1번 학생: ○, 3번 학생: ×, 9번 학생: ○
이때 9번 이후의 학생은 9번 전구를 켜거나 끄지 않으므로 일을 마쳤을 때 9번 전구는 켜져 있다.
따라서 일을 마쳤을 때 전구가 켜져 있으려면 전구의 번호의 약수의 개수가 홀수 개이어야 하므로 전구의 번호는 자연수의 제곱인 수이어야 한다.
1부터 77까지의 자연수 중 자연수의 제곱인 수는
$1^2, 2^2, 3^2, \cdots, 8^2$의 8개이므로 일을 마쳤을 때 켜져 있는 전구의 개수는 8개이다. 답 ③

18 1개의 모둠에서 다른 모둠보다 남학생이 1명 더 많이 배정되었으므로 남학생 수를 모두 같게 배정한다면 남학생 수는
$73-1=72$(명)
또, 3개의 모둠에서 다른 모둠보다 여학생이 1명씩 적게 배정되었으므로 여학생 수를 모두 같게 배정한다면 여학생 수는
$45+3=48$(명)
따라서 모둠을 가능한 한 많이 만들 때, 모둠의 개수는
$72=2^3\times3^2$, $48=2^4\times3$의 최대공약수이므로
$2^3\times3=24$(개) 답 24개

19 세 종류의 기념품을 모두 받는 사람 수는 30, 80, 600의 공배수이고 $30=2\times3\times5$, $80=2^4\times5$, $600=2^3\times3\times5^2$의 최소공배수는 $2^4\times3\times5^2=1200$이다.
이때 $10000=1200\times8+400$이므로 세 종류의 기념품을 모두 받는 사람 수는 8명이다.
$\therefore a=8$
한편, 물티슈와 치약 두 종류를 모두 받는 사람 수는 30, 80의 공배수이고 30, 80의 최소공배수는 $2^4\times3\times5=240$이다.
이때 $10000=240\times41+160$이므로 물티슈와 치약 두 종류를 모두 받는 사람 수는 41명이다.
그런데 이 중에는 세 종류의 기념품을 모두 받는 사람이 포함되어 있으므로 물티슈와 치약만 함께 받는 사람 수는
$41-8=33$(명) $\therefore b=33$
$\therefore b-a=25$ 답 ②

20 점멸등 A는 불이 켜지고 $5+4=9$(초) 후 다시 불이 켜지고, 점멸등 B는 불이 켜지고 $4+2=6$(초) 후 다시 불이 켜진다.
즉, 두 점멸등 A, B의 불이 동시에 켜진 후 다시 동시에 켜질 때까지 걸리는 시간은 (9와 6의 공배수)초이다.

이때 $9=3^2$, $6=2\times3$의 최소공배수는 $2\times3^2=18$(초)

불이 켜져 있는 것을 ○, 꺼져 있는 것을 ×라 하면 다음과 같이 18초 동안 두 점멸등의 불이 모두 켜져 있는 시간은 7초이다.

	1	2	3	4	5	6	7	8	9	10	11	12	13	14	15	16	17	18
A	○	○	○	○	○	×	×	×	×	○	○	○	○	○	×	×	×	×
B	○	○	○	○	×	×	○	○	○	○	×	×	○	○	○	○	×	×

6분, 즉 360초 동안 두 점멸등의 불이 동시에 켜지는 횟수는

$360\div18=20$(회)

따라서 한 회당 7초씩 두 점멸등의 불이 모두 켜져 있으므로 6분 동안 두 점멸등의 불이 모두 켜져 있는 시간은

$7\times20=140$(초)

답 ①

서술형으로 끝내기

본문 27~28쪽

1 (1) 풀이 참조 (2) 24 (3) 42 **2** (1) 315 (2) 100
3 (1) 144 cm (2) 864개 **4** (1) 42 m (2) 19개
5 6, 24 **6** 4 **7** $a=36$, $b=4$, $c=5$ **8** 9번

1 (1) 자연수 N의 소인수의 개수가 2개 이상이므로 자연수 N은 $(소수)^7$의 꼴은 될 수 없다.

소인수의 개수가 2개일 때, $8=(1+1)\times(3+1)$이므로 서로 다른 두 소수 a, b에 대하여 $N=a\times b^3$의 꼴이다.

소인수의 개수가 3개일 때,

$8=(1+1)\times(1+1)\times(1+1)$이므로 서로 다른 세 소수 a, b, c에 대하여 $N=a\times b\times c$의 꼴이다.

소인수의 개수가 4개 이상이면서 약수의 개수가 8개인 자연수는 없다.

따라서 자연수 N은 서로 다른 세 소수 a, b, c에 대하여

$N=a\times b^3$ 또는 $N=a\times b\times c$의 꼴이다. …… ❶

(2) $N=a\times b^3$의 꼴의 수 중 가장 작은 수는 $3\times2^3=24$

$N=a\times b\times c$의 꼴의 수 중 가장 작은 수는 $2\times3\times5=30$

따라서 자연수 N 중에서 가장 작은 수는 24이다. …… ❷

(3) $N=a\times b^3$의 꼴의 수를 가장 작은 수부터 차례대로 찾으면

3×2^3, 5×2^3, 2×3^3, 7×2^3, …

$\therefore$ 24, 40, 54, 56, …

$N=a\times b\times c$의 꼴의 수를 가장 작은 수부터 차례대로 찾으면 $2\times3\times5$, $2\times3\times7$, $2\times3\times11$, $2\times5\times7$, …

$\therefore$ 30, 42, 66, 70, …

따라서 자연수 N을 가장 작은 수부터 차례대로 찾으면 24, 30, 40, 42, 54, 56, 66, …이므로 네 번째로 작은 수는 42이다. …… ❸

답 (1) 풀이 참조 (2) 24 (3) 42

채점 기준	배점
❶ 약수의 개수를 이용하여 N의 꼴 파악하기	40%
❷ 자연수 N 중에서 가장 작은 수 구하기	30%
❸ 자연수 N 중에서 네 번째로 작은 수 구하기	30%

2 (1) 두 자연수 A, B의 최소공배수를 L이라 하면

$1575=5\times L$ $\quad\therefore L=315$

따라서 두 자연수 A, B의 최소공배수는 315이다. …… ❶

(2) 서로소인 두 자연수 a, b에 대하여

$A=5\times a$, $B=5\times b$ $(a>b)$라 하자. …… ❷

두 자연수 A, B의 최소공배수가 315이므로

$5\times a\times b=315$ $\quad\therefore a\times b=63$

a, b는 서로소이므로 $a=9$, $b=7$ 또는 $a=63$, $b=1$

$\therefore A=5\times9=45$, $B=5\times7=35$

또는 $a=5\times63=315$, $b=5\times1=5$

그런데 $A-B=10$이므로 $A=45$, $B=35$

$\therefore 3\times A-B=100$ …… ❸

답 (1) 315 (2) 100

채점 기준	배점
❶ 두 수의 최소공배수 구하기	30%
❷ 두 수를 최대공약수를 이용하여 나타내기	20%
❸ 최소공배수를 이용하여 두 수 구하기	50%

3 (1) 가장 작은 정육면체 구조물의 한 모서리의 길이는

$12=2^2\times3$, $16=2^4$, $18=2\times3^2$의 최소공배수이므로

$2^4\times3^2=144$(cm) …… ❶

(2) 가장 작은 정육면체 구조물의 한 모서리의 길이가 144 cm이므로 필요한 상자의 개수는

가로 방향으로 $144\div12=12$(개),

세로 방향으로 $144\div16=9$(개),

높이 방향으로 $144\div18=8$(개) …… ❷

이므로

$12\times9\times8=864$(개) …… ❸

답 (1) 144 cm (2) 864개

채점 기준	배점
❶ 가장 작은 구조물의 한 모서리의 길이 구하기	40%
❷ 가로, 세로, 높이 방향으로 필요한 상자의 개수 구하기	30%
❸ 필요한 상자의 개수 구하기	30%

4 (1) 표지판의 개수를 가능한 한 적게 해야 하므로 표지판 사이의 간격은 84, 126, 168의 최대공약수이다. …… ❶

$84=2^2\times3\times7$, $126=2\times3^2\times7$, $168=2^3\times3\times7$의 최대공약수는 $2\times3\times7=42$(m) …… ❷

(2) 표지판 사이의 간격이 42 m이므로 설치해야 하는 표지판의 개수는

$2\times(84\div42)+126\div42+3\times(168\div42)$
$=4+3+12=19$(개) …… ❸

답 (1) 42 m (2) 19개

채점 기준	배점
❶ 표지판 사이의 간격의 조건 구하기	30%
❷ 표지판 사이의 간격 구하기	30%
❸ 설치해야 하는 표지판의 개수 구하기	40%

5 $54\times a=2\times3^3\times a$가 자연수 b의 제곱이 되려면 소인수의 지수가 모두 짝수이어야 하므로
$a=2\times3\times$(자연수)^{2}의 꼴이어야 한다. …… ❶
따라서 가장 작은 자연수 a는 $a=2\times3\times1^2=6$
이때 $b^2=54\times6=324=18^2$이므로 $b=18$ …… ❷
$\therefore a+b=24$
한편, $\frac{a+b}{m}=\frac{24}{m}=\frac{2^3\times3}{m}$이 어떤 자연수의 제곱이 되려면 m으로 약분한 후 소인수의 지수가 모두 짝수이어야 하므로
$m=2\times3\times$(자연수)^2
의 꼴이면서 24의 약수이어야 한다. …… ❸
$\therefore m=2\times3\times1^2=6$ 또는 $m=2\times3\times2^2=24$ …… ❹

답 6, 24

채점 기준	배점
❶ 조건을 만족시키는 a의 꼴 구하기	30%
❷ 가장 작은 자연수 a, b의 값 구하기	20%
❸ 조건을 만족시키는 m의 꼴 구하기	30%
❹ 조건을 만족시키는 m의 값 모두 구하기	20%

6 두 자연수 A, B의 최대공약수를 G라 하면 조건 (가), (나)에 의하여 $192=48\times G$ $\therefore G=4$ …… ❶
서로소인 두 자연수 a, b에 대하여
$A=4\times a$, $B=4\times b$ $(a<b)$라 하면 조건 (다)에서
$A+B=28$이므로
$4\times a+4\times b=28$ $\therefore a+b=7$
그런데 두 수 a, b는 서로소이므로
$a=1$, $b=6$ 또는 $a=2$, $b=5$ 또는 $a=3$, $b=4$
$\therefore A=4$, $B=24$ 또는 $A=8$, $B=20$
또는 $A=12$, $B=16$ …… ❷
$A=4$, $B=24$이면 최소공배수가 24, 두 수의 곱이 96이므로 조건 (가), (나)에 맞지 않는다.
$A=8$, $B=20$이면 최소공배수가 40, 두 수의 곱이 160이므로 조건 (가), (나)에 맞지 않는다.
$A=12$, $B=16$이면 최소공배수가 48, 두 수의 곱이 192이므로 세 조건을 모두 만족한다.
따라서 $A=12$, $B=16$이므로
$B-A=4$ …… ❸

답 4

채점 기준	배점
❶ 두 조건 (가), (나)를 이용하여 최대공약수 구하기	30%
❷ 조건 (다)를 만족하는 두 수 모두 구하기	40%
❸ 세 조건 (가), (나), (다)를 만족하는 두 수 A, B의 값을 구하고 $B-A$의 값 구하기	30%

7 남는 학생이 없도록 나누려면 각 조에 속하는 학생 수는 144와 180의 최대공약수이어야 한다.
$144=2^4\times3^2$, $180=2^2\times3^2\times5$의 최대공약수는
$2^2\times3^2=36$
즉, 한 조의 학생 수는 36명이므로 $a=36$ …… ❶
남학생으로 이루어진 조의 개수는
$144\div36=4$(개) $\therefore b=4$ …… ❷
여학생으로 이루어진 조의 개수는
$180\div36=5$(개) $\therefore c=5$ …… ❸

답 $a=36$, $b=4$, $c=5$

채점 기준	배점
❶ 한 조의 학생 수 구하기	60%
❷ 남학생으로 이루어진 조의 개수 구하기	20%
❸ 여학생으로 이루어진 조의 개수 구하기	20%

8 세 노즐 A, B, C는 물을 내뿜기 시작하여 각각 $30+5=35$(초), $24+4=28$(초), $36+6=42$(초) 후에 물을 다시 내뿜기 시작한다. …… ❶
즉, 세 노즐에서 동시에 물을 내뿜기 시작한 후, 처음으로 다시 동시에 물을 내뿜기 시작할 때까지 걸리는 시간은
(35, 28, 42의 최소공배수)초이다.
$35=5\times7$, $28=2^2\times7$, $42=2\times3\times7$의 최소공배수는
$2^2\times3\times5\times7=420$이므로 세 노즐에서 동시에 물을 내뿜기 시작하여 420초, 즉 7분이 지날 때마다 세 노즐에서 동시에 물을 내뿜기 시작한다. …… ❷
이때 $60=7\times8+4$이므로 오후 6시에 세 노즐이 동시에 물을 내뿜기 시작할 때, 오후 6시부터 오후 7시까지 60분 동안 세 노즐이 동시에 물을 내뿜기 시작하는 횟수는
$8+1=9$(번) …… ❸

답 9번

채점 기준	배점
❶ 각 노즐이 물을 다시 내뿜기 시작할 때까지 걸리는 시간 구하기	30%
❷ 세 노즐이 물을 다시 동시에 내뿜기 시작할 때까지 걸리는 시간 구하기	40%
❸ 오후 6시부터 오후 7시까지 세 노즐이 동시에 물을 내뿜기 시작하는 횟수 구하기	30%

Ⅱ. 정수와 유리수

3 정수와 유리수

꼭 나오는 대표 빈출로 핵심 확인

본문 31쪽

1 ⑤	2 ③	3 8	4 ③	5 $\frac{3}{5}$
6 ④	7 ③	8 ③		

1 ① $+3$ ② $+2$점
③ -6명 ④ $+30000$원
따라서 부호의 사용이 옳은 것은 ⑤이다. 답 ⑤

2 ① 0과 음의 정수는 자연수가 아니다.
② 양의 정수가 아닌 정수는 0 또는 음의 정수이다.
④ 유리수는 양의 유리수, 0, 음의 유리수로 이루어져 있다.
⑤ 서로 다른 두 정수 2와 3 사이에는 정수가 없다.
따라서 옳은 것은 ③이다. 답 ③

3 음이 아닌 유리수는 0 또는 양의 유리수이므로 0, $3\frac{1}{2}$, 1.5의 3개이다.
$\therefore a=3$
또, 정수가 아닌 유리수는 $-\frac{3}{2}$, $3\frac{1}{2}$, 1.5의 3개이므로
$b=3$
음의 정수는 $-\frac{14}{7}(=-2)$, -3의 2개이므로 $c=2$
$\therefore a+b+c=8$ 답 8

4 다음 그림과 같이 -3을 나타내는 점으로부터의 거리가 4인 점이 나타내는 두 수는 -7, 1이다.

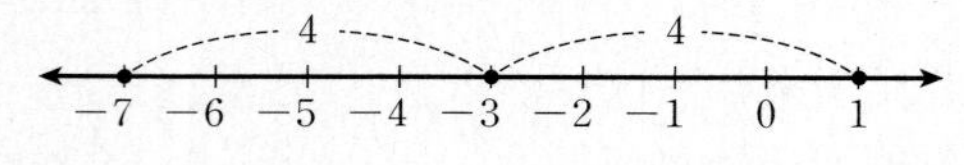

답 ③

5 두 수 a, b의 절댓값은 같고 수직선에서 a, b를 나타내는 두 점 사이의 거리는 $\frac{6}{5}$이므로 두 점은 원점으로부터 각각 $\frac{3}{5}$만큼 떨어진 점이다.
따라서 두 수 a, b는 $\frac{3}{5}$ 또는 $-\frac{3}{5}$이므로
$|a|=\frac{3}{5}$ 답 $\frac{3}{5}$

6 ① 절댓값이 가장 작은 정수는 0이다.
② 3과 -3의 절댓값은 같지만 두 수는 다르다.
③ 절댓값이 0인 수는 0 하나뿐이다.
⑤ 0과 0의 절댓값은 같지만 양수는 아니다.
따라서 옳은 것은 ④이다. 답 ④

7 ① $-3 \boxed{<} \frac{15}{2}$ ② $\frac{5}{4} \boxed{<} \frac{4}{3}$
③ $-1.5 \boxed{>} -\frac{5}{3}$ ④ $|-2| \boxed{<} |-5|$
⑤ $\left|-\frac{5}{2}\right| \boxed{<} 4$
따라서 부등호의 방향이 나머지 넷과 다른 하나는 ③이다. 답 ③

8 ③ x는 -2보다 작지 않다. ⇨ $x \geq -2$
따라서 옳지 않은 것은 ③이다. 답 ③

Step 1 이 단원에서 뽑은 고득점 준비 문제

본문 32~35쪽

대표문제 1 180개	유제 1 48	유제 2 6개
	유제 3 17개	
대표문제 2 2	유제 4 -1, 9	유제 5 $a=4$, $b=-8$
	유제 6 117	
대표문제 3 a, b, c	유제 7 a, c, b	
	유제 8 $b<c<a$ (또는 $a>c>b$)	
대표문제 4 8개	유제 9 -2, -1, 0, 1, 2	
	유제 10 -4, -3, 3	유제 11 ㄱ, ㄴ

대표문제 1 30보다 크지 않은 양의 유리수 중 분모가 7인 수는
$\frac{1}{7}, \frac{2}{7}, \frac{3}{7}, \cdots, \frac{210}{7}(=30)$의 210개이다.
이 중 정수는 분자가 7의 배수인 수이고 그 개수는
$\frac{7}{7}, \frac{14}{7}, \frac{21}{7}, \cdots, \frac{210}{7}$의 30개이다.
따라서 정수가 아닌 유리수의 개수는
$210-30=180$(개) 답 180개

유제 1 -2보다 크고 5보다 작은 유리수 중 분모가 4인 분수는
$-\frac{7}{4}, -\frac{6}{4}, -\frac{5}{4}, \cdots, -\frac{1}{4}, \frac{0}{4}, \frac{1}{4}, \frac{2}{4}, \frac{3}{4}, \cdots, \frac{18}{4}, \frac{19}{4}$
의 27개이므로 $a=27$
이 중 분자가 4의 배수 또는 0인 수는 정수이고 그 개수는
$-\frac{4}{4}, \frac{0}{4}, \frac{4}{4}, \frac{8}{4}, \frac{12}{4}, \frac{16}{4}$
의 6개이므로 정수가 아닌 유리수의 개수는
$27-6=21$(개)
즉, $b=21$이므로 $a+b=48$ 답 48

유제 2 $\frac{3}{4}=\frac{6}{8}$과 $\frac{19}{8}$ 사이에 있는 유리수 중 분모가 8인 수는

$\frac{7}{8}, \frac{8}{8}, \frac{9}{8}, \frac{10}{8}, \frac{11}{8}, \frac{12}{8}, \frac{13}{8}, \frac{14}{8}, \frac{15}{8}, \frac{16}{8}, \frac{17}{8}, \frac{18}{8}$

이 중 기약분수는

$\frac{7}{8}, \frac{9}{8}, \frac{11}{8}, \frac{13}{8}, \frac{15}{8}, \frac{17}{8}$

의 6개이다.

답 6개

유제 3 0보다 크고 1보다 작은 기약분수를 $\frac{a}{b}$ (a, b는 서로소인 자연수)라 하면 $a<b$이어야 한다.

a, b의 값은 0, 1, 2, 3, 4, 5, 6, 7 중 하나이므로 분모 b의 값을 기준으로 경우를 나누면 다음과 같다.

(i) $b=0$ 또는 $b=1$인 경우는 없다.

(ii) $b=2$일 때, $a=1$의 1개

(iii) $b=3$일 때, $a=1$, 2의 2개

(iv) $b=4$일 때, $a=1$, 3의 2개

(v) $b=5$일 때, $a=1$, 2, 3, 4의 4개

(vi) $b=6$일 때, $a=1$, 5의 2개

(vii) $b=7$일 때, $a=1$, 2, 3, 4, 5, 6의 6개

(i)~(vii)에 의하여 구하는 기약분수의 개수는

$1+2+2+4+2+6=17$(개)

답 17개

대표문제 2 수직선 위에 두 점 A, B를 나타내면 다음 그림과 같으므로 점 C가 나타내는 수는 2이다.

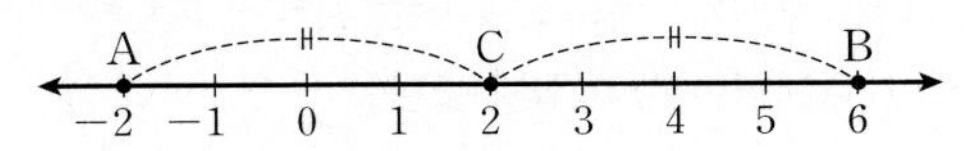

답 2

유제 4 $|a|=5$이므로 $a=5$ 또는 $a=-5$

(i) $a=5$일 때

오른쪽 그림에서 2와 5를 나타내는 두 점 사이의 거리는 3이므로 $b=-1$

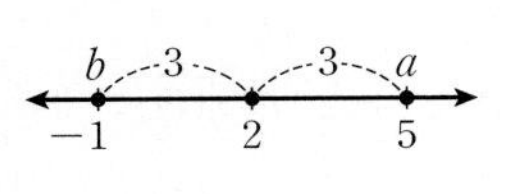

(ii) $a=-5$일 때

오른쪽 그림에서 2와 -5를 나타내는 두 점 사이의 거리는 7이므로 $b=9$

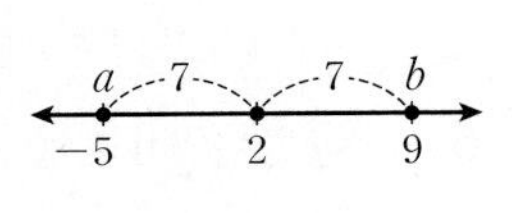

(i), (ii)에 의하여 $b=-1$ 또는 $b=9$

답 -1, 9

유제 5 a, b의 부호가 서로 다르고 $a>b$이므로 $a>0$, $b<0$

$|a|+|b|=12$, $|b|=2\times|a|$가 되도록 수직선 위에 두 점을 나타내면 오른쪽 그림과 같다.

$\therefore a=4$, $b=-8$

답 $a=4$, $b=-8$

유제 6

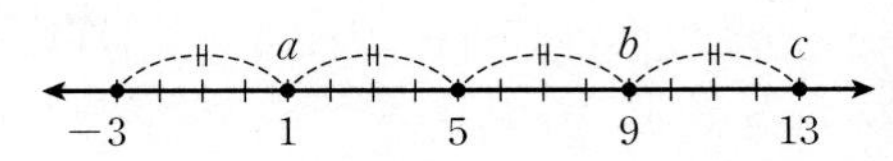

위의 그림에서 -3, 5를 나타내는 두 점의 한가운데에 있는 점이 나타내는 수가 1이므로 $a=1$

1, 9를 나타내는 두 점의 한가운데에 있는 점이 나타내는 수가 5이므로 $b=9$

5, 13을 나타내는 두 점의 한가운데에 있는 점이 나타내는 수가 9이므로 $c=13$

$\therefore a\times b\times c=117$

답 117

대표문제 3 조건 (나)에서 $|a|=4$이므로 $a=4$ 또는 $a=-4$

이때 조건 (가)에서 $a<4$이므로 $a=-4$

조건 (다)에서 $b<-4$이므로 $b<a$ …… ㉠

한편, $b<-4$, $c<4$이고 조건 (라)에서 수직선에서 b를 나타내는 점이 c를 나타내는 점보다 4를 나타내는 점에 가까우므로

$c<b$ …… ㉡

㉠, ㉡에 의하여 $a>b>c$

답 a, b, c

유제 7 조건 (다)에서 $|a|=|-2|=2$이므로 $a=2$ 또는 $a=-2$

이때 조건 (가)에서 $a>-2$이므로 $a=2$

또, 조건 (나)에서 $c>5$이므로 $a<c$ …… ㉠

한편, 조건 (가)에서 $b>-2$이고 조건 (라)에 의하여

$c<b$ …… ㉡

㉠, ㉡에 의하여 $a<c<b$

답 a, c, b

유제 8 조건 (나), (다)에서 $|b|=|c|$이고, 수직선에서 b와 c를 나타내는 두 점 사이의 거리가 $\frac{7}{2}$이므로 두 수를 나타내는 점은 원점으로부터 각각 $\frac{7}{2}\times\frac{1}{2}=\frac{7}{4}$만큼 떨어져 있다.

이때 조건 (나)에서 $b<c$이므로 $b=-\frac{7}{4}$, $c=\frac{7}{4}$

한편, 조건 (가)에서 $a>\frac{11}{4}$이므로

$b<c<a$

답 $b<c<a$ (또는 $a>c>b$)

대표문제 4 조건 (가)에서 $|a|<6$이므로 $-6<a<6$

이때 a는 정수이므로

$a=-5, -4, -3, -2, -1, 0, 1, 2, 3, 4, 5$

또, 조건 (나)에서 $-2\frac{1}{3}<a\le 6\frac{1}{4}$이고 a는 정수이므로

$a=-2, -1, 0, 1, 2, 3, 4, 5, 6$

따라서 조건 (가), (나)를 모두 만족하는 정수 a의 개수는

$-2, -1, 0, 1, 2, 3, 4, 5$의 8개이다.

답 8개

유제 9 $\frac{9}{4}=2\frac{1}{4}$에서 $|x|<2\frac{1}{4}$이므로 $-2\frac{1}{4}<x<2\frac{1}{4}$

따라서 정수 x는 $-2, -1, 0, 1, 2$이다.

답 -2, -1, 0, 1, 2

유제 10 조건 (가)에서 $|a|>2$이므로 $a<-2$ 또는 $a>2$

조건 (다)에서 a는 정수이므로

$a=\cdots,\ -5,\ -4,\ -3,\ 3,\ 4,\ 5,\ \cdots$

또, 조건 (나)에서 $-4\frac{1}{3}\le a<3\frac{1}{2}$이고 조건 (다)에서 a는 정수이므로 $a=-4,\ -3,\ -2,\ -1,\ 0,\ 1,\ 2,\ 3$

따라서 조건 (가), (나), (다)를 모두 만족하는 a의 값은 $-4,\ -3,\ 3$이다.

답 $-4,\ -3,\ 3$

유제 11 절댓값이 x 이하인 정수를 n이라 하면

$|n|\le x \qquad \therefore -x\le n\le x$

이때 정수 n은 $-x,\ -x+1,\ \cdots,\ -1,\ 0,\ 1,\ \cdots,\ x-1,\ x$의 $(x+1+x)$개이므로

$x+1+x=97 \qquad \therefore x=48$

ㄷ. $48=2^4\times3$의 약수의 개수는

$(4+1)\times(1+1)=10$(개) (거짓)

따라서 옳은 것은 ㄱ, ㄴ이다.

답 ㄱ, ㄴ

다른 풀이

절댓값이 0인 정수는 0 하나뿐이고 절댓값이 자연수인 정수는 양수와 음수로 2개 존재한다.

즉, 절댓값이 1 이하인 정수는 $-1,\ 0,\ 1$이므로 개수는

$3=1+2\times1$(개)

절댓값이 2 이하인 정수는 $-2,\ -1,\ 0,\ 1,\ 2$이므로 개수는

$5=1+2\times2$(개)

절댓값이 3 이하인 정수는 $-3,\ -2,\ -1,\ 0,\ 1,\ 2,\ 3$이므로 개수는 $7=1+2\times3$(개)

⋮

절댓값이 x 이하인 정수는

$-x,\ -x+1,\ \cdots,\ -1,\ 0,\ 1,\ \cdots,\ x-1,\ x$이므로 개수는

$97=1+2\times x$(개) $\qquad \therefore x=48$

Step 2 고득점 실전 문제

본문 36~38쪽

1 9	**2** 4	**3** ④	**4** ③	**5** ①
6 ③	**7** ⑤	**8** 9	**9** ③	**10** ④
11 $a=2,\ b=-4$	**12** 7개	**13** ①	**14** ②	
15 $a,\ b,\ d,\ c$	**16** $b<a<c$ (또는 $c>a>b$)			
17 $\frac{1}{b},\ \frac{1}{a},\ \frac{1}{d},\ \frac{1}{c}$	**18** ⑤	**19** 풀이 참조		

1 전략 정수는 양의 정수, 0, 음의 정수로 나누어진다.

$\frac{13}{3}=4\frac{1}{3}$이므로 두 유리수 $-3\frac{3}{4}$과 $4\frac{1}{3}$ 사이에 있는 정수는 $-3,\ -2,\ -1,\ 0,\ 1,\ 2,\ 3,\ 4$의 8개이다.

$\therefore a=8$

자연수는 $1,\ 2,\ 3,\ 4$의 4개이므로 $b=4$

음의 정수는 $-3,\ -2,\ -1$의 3개이므로 $c=3$

$\therefore a+b-c=9$

답 9

2 전략 < > 안의 수가 자연수, 자연수가 아닌 정수, 정수가 아닌 유리수 중 어느 것인지 알아본다.

$-\frac{4}{7}$는 정수가 아닌 유리수이므로 $\left\langle -\frac{4}{7}\right\rangle=3$

$\frac{84}{6}=14$는 자연수이므로 $\left\langle \frac{84}{6}\right\rangle=1$

-13은 자연수가 아닌 정수이므로 $<-13>=2$

$\therefore \left\langle -\frac{4}{7}\right\rangle-\left\langle \frac{84}{6}\right\rangle+<-13>=4$

답 4

3 전략 두 유리수 -3.1과 $\frac{37}{9}$ 사이에 있는 정수를 모두 구한다.

$\frac{37}{9}=4\frac{1}{9}$이므로 두 유리수 -3.1과 $4\frac{1}{9}$ 사이에 있는 정수는

$-3,\ -2,\ -1,\ 0,\ 1,\ 2,\ 3,\ 4$

따라서 절댓값이 가장 큰 수는 4이고 절댓값이 가장 작은 수는 0이므로 두 수의 차는 $4-0=4$

답 ④

4 전략 $-\frac{20}{7},\ \frac{19}{6}$를 수직선 위에 나타내어 $a,\ b$를 찾는다.

$-\frac{20}{7}=-2\frac{6}{7},\ \frac{19}{6}=3\frac{1}{6}$이므로 두 유리수를 각각 수직선 위에 나타내면 다음 그림과 같다.

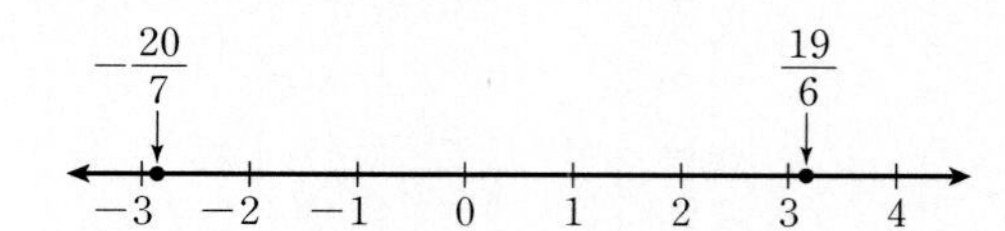

$-\frac{20}{7}$에 가장 가까운 정수는 -3이므로 $a=-3$

$\frac{19}{6}$에 가장 가까운 정수는 3이므로 $b=3$

따라서 a와 b를 나타내는 두 점 사이의 거리는

$|-3|+|3|=3+3=6$

답 ③

5 전략 $[-5.6]$은 -5.6보다 크지 않은 정수, 즉 -5.6보다 작거나 같은 정수 중 가장 큰 수이다.

$p=[-5.6]=-6,\ q=[8.3]=8,\ r=[-2.5]=-3$이므로

$|p|+|q|+|r|=6+8+3=17$

답 ①

참고 정수 n에 대하여 $n\le a<n+1$일 때, $[a]=n$이다.

6 전략 $2,\ 6,\ k,\ -1$을 수직선 위에 나타낸다.

오른쪽 그림에서 2, 6을 나타내는 두 점으로부터 같은 거리에 있는

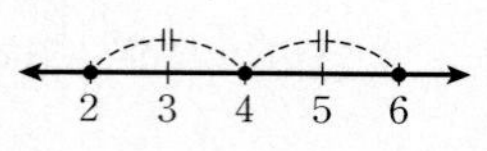

점이 나타내는 수는 4이므로 $k=4$
따라서 오른쪽 그림에서 -1, 4를 나타내는 두 점으로부터 같은 거리에 있는 점이 나타내는 수는 $\frac{3}{2}$이다.

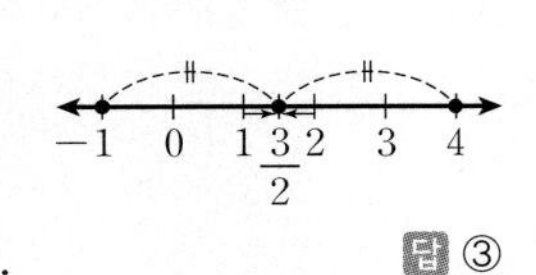

답 ③

7 전략 먼저 -8, 4를 나타내는 두 점의 한가운데에 있는 점이 나타내는 수를 구한다.

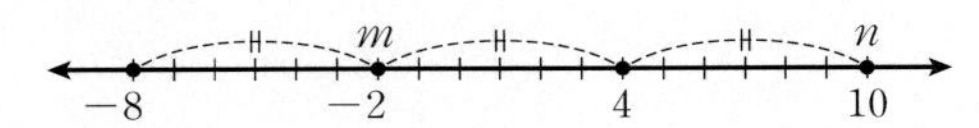

위의 그림에서 -8, 4를 나타내는 두 점의 한가운데에 있는 점이 나타내는 수가 -2이므로 $m=-2$
또, -2, 10을 나타내는 두 점의 한가운데에 있는 점이 나타내는 수가 4이므로 $n=10$

답 ⑤

8 전략 수직선을 이용하여 a의 값이 될 수 있는 수를 찾는다.
오른쪽 그림에서 3을 나타내는 점으로부터의 거리가 6인 점이 나타내는 수는 -3, 9이므로

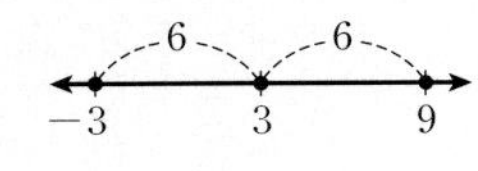

$a=-3$ 또는 $a=9$
(ⅰ) $a=-3$일 때
-3, 8을 나타내는 두 점 사이의 거리는 11이다.
그런데 두 점 사이의 거리가 4 이하라는 조건에 맞지 않다.
(ⅱ) $a=9$일 때
9, 8을 나타내는 두 점 사이의 거리는 1이다.
(ⅰ), (ⅱ)에 의하여 $a=9$

답 9

9 전략 주어진 조건을 만족시키는 n의 값의 범위를 구한다.
어떤 정수를 n이라 하자.
n을 나타내는 점에서 오른쪽으로 3만큼 이동한 점이 나타내는 수가 음수이므로
$n=-4, -5, -6, -7, \cdots$
또, 오른쪽으로 7만큼 이동한 점이 나타내는 수가 양수이므로
$n=-6, -5, -4, -3, \cdots$
따라서 정수 n은 -6, -5, -4의 3개이다.

답 ③

10 전략 절댓값의 합이 5가 되는 경우를 찾는다.
두 정수 a, b에 대하여 $|a|+|b|=5$이므로 다음과 같이 경우를 나누어 생각할 수 있다.
(ⅰ) $|a|=0$, $|b|=5$일 때
(a, b)는 $(0, -5)$의 1개
(ⅱ) $|a|=1$, $|b|=4$일 때
(a, b)는 $(1, -4)$, $(-1, -4)$의 2개
(ⅲ) $|a|=2$, $|b|=3$일 때
(a, b)는 $(2, -3)$, $(-2, -3)$의 2개
(ⅳ) $|a|=3$, $|b|=2$일 때
(a, b)는 $(3, 2)$, $(3, -2)$의 2개
(ⅴ) $|a|=4$, $|b|=1$일 때
(a, b)는 $(4, 1)$, $(4, -1)$의 2개
(ⅵ) $|a|=5$, $|b|=0$일 때
(a, b)는 $(5, 0)$의 1개
(ⅰ)~(ⅵ)에 의하여 (a, b)의 개수는
$1+2+2+2+2+1=10$(개)

답 ④

11 전략 주어진 조건을 수직선 위에 나타낸다.
주어진 조건을 수직선 위에 나타내면 오른쪽 그림과 같으므로
$a=2$, $b=-4$

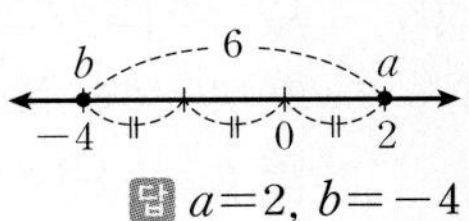

답 $a=2$, $b=-4$

12 전략 $(-4)\triangle a$의 값을 찾아 a의 값의 범위를 구한다.
$|3|<|-6|$이므로 $3\triangle(-6)=-6$
따라서 $\{(-4)\triangle a\}\triangledown(-6)=-4$이므로
$(-4)\triangle a=-4$
즉, $|a|<|-4|$이므로 $|a|<4$
$\therefore -4<a<4$
따라서 정수 a는 -3, -2, -1, 0, 1, 2, 3의 7개이다.

답 7개

13 전략 분자를 같게 만든 후 분모의 대소를 비교한다.
$\frac{2}{5}<\frac{12}{m}<\frac{3}{2}$에서 분자를 12로 같게 하면
$\frac{12}{30}<\frac{12}{m}<\frac{12}{8}$ $\quad\therefore 8<m<30$
따라서 자연수 m은 9, 10, 11, $\cdots$, 29의 21개이다.

답 ①

참고 분수 꼴로 나타내어진 양의 유리수에서
(1) 분모가 서로 같을 때는 분자가 큰 분수가 크다.
(2) 분자가 서로 같을 때는 분모가 큰 분수가 작다.

14 전략 a의 값의 범위를 찾아 그 범위에 속하는 정수를 구한다.
$|a|<\frac{21}{5}$이므로 $-\frac{21}{5}<a<\frac{21}{5}$
즉, $-4\frac{1}{5}<a<4\frac{1}{5}$이므로 정수 a는
$-4, -3, -2, -1, 0, 1, 2, 3, 4$
$-2\le a<\frac{3}{2}$인 정수 a는 -2, -1, 0, 1
정수 a는 $|a|<\frac{21}{5}$인 정수 중 $-2\le a<\frac{3}{2}$인 정수를 제외한 것이므로 -4, -3, 2, 3, 4의 5개이다.

답 ②

15 전략 절댓값이 클수록 그 수를 나타내는 점은 원점으로부터 멀리 떨어져 있다.

조건 ㈎에서 $a<-3$, $b<-3$이고 조건 ㈏에서 $|a|>|b|$이므로 $a<b$

한편, 조건 ㈐에 의하여 수직선에서 d를 나타내는 점이 b를 나타내는 점보다 오른쪽에 있으므로

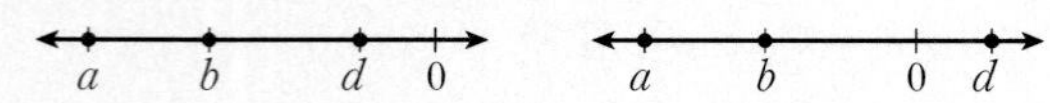

$b<d$

또, 조건 ㈑에서 $d<c$이므로

$a<b<d<c$ 답 a, b, d, c

16 전략 수직선에서 서로 다른 두 수 b, c를 나타내는 두 점이 a를 나타내는 점으로부터 같은 거리에 있으면 a를 나타내는 점은 b, c를 나타내는 두 점의 한가운데에 있다.

조건 ㈎에서 $|a|=4$이므로 $a=4$ 또는 $a=-4$

이때 조건 ㈏에서 $a>-4$이므로 $a=4$

또, 조건 ㈐에 의하여 $a=4$를 나타내는 점은 b, c를 나타내는 두 점의 한가운데에 있는 점이고

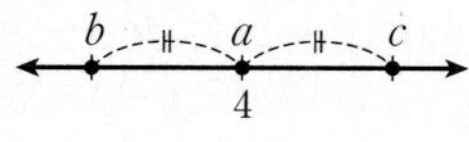

조건 ㈑에서 $|b|<|c|$이므로

$b<c$

$\therefore b<a<c$ 답 $b<a<c$ (또는 $c>a>b$)

17 전략 음수는 음수끼리, 양수는 양수끼리 대소를 비교한다.

$a<b<0$이므로 $\frac{1}{b}<\frac{1}{a}<0$

$0<c<d$이므로 $0<\frac{1}{d}<\frac{1}{c}$

$\therefore \frac{1}{b}<\frac{1}{a}<\frac{1}{d}<\frac{1}{c}$ 답 $\frac{1}{b}$, $\frac{1}{a}$, $\frac{1}{d}$, $\frac{1}{c}$

다른 풀이

$a=-3$, $b=-1$, $c=1$, $d=3$이라 하면

$\frac{1}{a}=-\frac{1}{3}$, $\frac{1}{b}=-1$, $\frac{1}{c}=1$, $\frac{1}{d}=\frac{1}{3}$

$\therefore \frac{1}{b}<\frac{1}{a}<\frac{1}{d}<\frac{1}{c}$

18 전략 $|a|>|b|$이고 a가 음수인 경우를 생각해 본다.

① $a=-3$, $b=1$이면 $|a|>|b|$이지만 $a<b$이다.

② $a=-3$, $b=1$이면 $|a|>|b|$이고 $b>0$이지만 $a<0$이다.

③ $a=-3$, $b=0$이면 $|a|>|b|$이고 $b=0$이지만 $a<0$이다.

④ 수직선에서 b를 나타내는 점이 a를 나타내는 점보다 원점에 더 가깝다.

⑤ $a<0$, $b<0$이고 $|a|>|b|$이면 $a<b<0$이므로 수직선에서 b를 나타내는 점이 a를 나타내는 점보다 오른쪽에 있다.

따라서 옳은 것은 ⑤이다. 답 ⑤

19 전략 상승은 $+$, 하락은 $-$로 표시한다.

답

품목	전주 대비	전월 대비	전년 대비
배추	$+0.5\%$	-10%	$+2\%$
오이	-1%	-3.5%	-2.2%
양파	$+11\%$	$+6\%$	-0.4%

Step 3 만점 굳히기 문제

본문 39쪽

1 40 **2** 90 **3** 3 **4** 15
5 6, 8, -14 또는 -6, -8, 14

1 0보다 크고 n보다 작거나 같은 유리수 중 분모가 11인 수는

$\frac{1}{11}$, $\frac{2}{11}$, $\frac{3}{11}$, $\cdots$, $\frac{11\times n}{11}(=n)$의 $(11\times n)$개이다.

이 중 정수는 분자가 11의 배수인 수이고 그 개수는

$\frac{11}{11}$, $\frac{22}{11}$, $\frac{33}{11}$, $\cdots$, $\frac{11\times n}{11}$의 n개이다.

따라서 정수가 아닌 유리수 중 분모가 11인 수의 개수는 $(11\times n-n)$개이다.

이때 $n=39$이면 $11\times n-n=11\times 39-39=390$,

$n=40$이면 $11\times n-n=11\times 40-40=400$이므로

$n=40$ 답 40

2 $[a]$는 a보다 크지 않은 최대의 정수이므로

$\left[\frac{1}{4}\right]=0$, $\left[\frac{3}{4}\right]=0$, $\left[\frac{5}{4}\right]=1$, $\left[\frac{7}{4}\right]=1$, $\left[\frac{9}{4}\right]=2$, $\left[\frac{11}{4}\right]=2$, $\cdots$, $\left[\frac{37}{4}\right]=9$, $\left[\frac{39}{4}\right]=9$에서

$\left[\frac{1}{4}\right]+\left[\frac{3}{4}\right]+\left[\frac{5}{4}\right]+\left[\frac{7}{4}\right]+\left[\frac{9}{4}\right]+\left[\frac{11}{4}\right]+\cdots+\left[\frac{37}{4}\right]+\left[\frac{39}{4}\right]$

$=0+0+1+1+2+2+\cdots+9+9$

$=2\times(0+1+2+\cdots+9)$

$=2\times 45=90$ 답 90

3 주어진 조건에 따라 수직선 위에 점 A, B, M, N, P를 나타내면 다음 그림과 같다.

A M P N B
-11 7

두 점 A, B 사이의 거리는 $|-11|+7=18$

따라서 두 점 P, N 사이의 거리는

$\frac{1}{1+2+3}\times 18=\frac{1}{6}\times 18=3$ 답 3

4 조건 ㈎에서 $4<|x|\le5$이므로

$|x|=5$ $\therefore x=-5$ 또는 $x=5$

이때 조건 ㈏에서 $x\ge5$이므로 $x=5$

또, 조건 ㈑에서 $z=0$

한편, 조건 ㈐에 의하여 $x=5$를 나타내는 점은 y, $z=0$을 나타내는 두 점의 한가운데에 있는 점이므로 오른쪽 그림에서

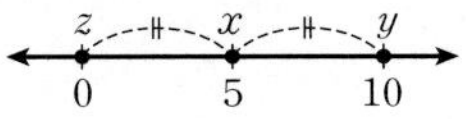

z, x, y / 0, 5, 10

$y=10$

$\therefore x+y-z=15$ 답 15

5 조건 ㈏로부터 세 수의 절댓값을 각각 $3\times a$, $4\times a$, $7\times a$ $(a>0)$라 하면 조건 ㈎에 의하여

$3\times a\times4\times a\times7\times a=672$

$a\times a\times a=8$ $\therefore a=2$

따라서 세 수의 절댓값은 6, 8, 14이므로 조건 ㈐에 의하여 세 수는 6, 8, -14 또는 -6, -8, 14이다.

답 6, 8, -14 또는 -6, -8, 14

4 정수와 유리수의 계산

꼭 나오는 대표 빈출로 핵심 확인

본문 41쪽

1 ㈎ 덧셈의 교환법칙, ㈏ 덧셈의 결합법칙 2 ⑤
3 ④ 4 ⑤ 5 ② 6 ④ 7 ⑤
8 -24

1 답 ㈎ 덧셈의 교환법칙, ㈏ 덧셈의 결합법칙

2 ① $(-2)+3=1$ ② $5+(-4)=1$
③ $0-(-1)=1$ ④ $2-3=-1$
⑤ $(-1)-(-3)=2$
따라서 가장 큰 수는 ⑤이다. 답 ⑤

3 가로, 세로, 대각선에 있는 세 수의 합이 모두 같으므로 세 수의 합은 $1+3+5=9$

그림의 가장 위쪽 가로줄에서

$a+1+6=9$, $a+7=9$ $\therefore a=2$

왼쪽 위에서 오른쪽 아래로 가는 대각선에서 $a+3+c=9$

즉, $2+3+c=9$이므로 $5+c=9$ $\therefore c=4$

가장 오른쪽 세로줄에서 $6+b+c=9$

즉, $6+b+4=9$이므로 $10+b=9$ $\therefore b=-1$

$\therefore a+b=1$ 답 ④

참고 나머지 수를 모두 구하면 오른쪽 그림과 같다.

2	1	6
7	3	−1
0	5	4

4 ① $(-1)^2=1$
② $-(-1)^3=-(-1)=1$
③ $\{-(-1)\}^4=1^4=1$
④ $\{-(-1)\}^5=1^5=1$
⑤ $-\{-(-1)\}^6=-1^6=-1$
따라서 계산 결과가 나머지 넷과 다른 하나는 ⑤이다. 답 ⑤

5 a의 역수가 -7이므로 a는 -7의 역수이다.

$\therefore a=-\frac{1}{7}$

$1.75=\frac{7}{4}$의 역수가 b이므로 $b=\frac{4}{7}$

$\therefore a+b=\frac{3}{7}$ 답 ②

6 ① $(+2)+(-3)+(-1)=(+2)+\{(-3)+(-1)\}$
$=(+2)+(-4)=-2$

② $\left(-\frac{3}{2}\right)-\left(-\frac{3}{4}\right)-(-1)=\left(-\frac{3}{2}\right)+\left(+\frac{3}{4}\right)+(+1)$
$=\left\{\left(-\frac{6}{4}\right)+\left(+\frac{3}{4}\right)\right\}+(+1)$
$=\left(-\frac{3}{4}\right)+(+1)=+\frac{1}{4}$

③ $\left(-\frac{2}{9}\right)\times(+3)\times\left(-\frac{6}{5}\right)=+\left(\frac{2}{9}\times3\times\frac{6}{5}\right)=+\frac{4}{5}$

④ $(-2.5)\times(-0.6)\times(-6)=-(2.5\times0.6\times6)$
$=-\left(\frac{5}{2}\times\frac{3}{5}\times6\right)=-9$

⑤ $\left(-\frac{6}{5}\right)\div\left(-\frac{2}{5}\right)\div(-3)=\left(-\frac{6}{5}\right)\times\left(-\frac{5}{2}\right)\times\left(-\frac{1}{3}\right)$
$=-\left(\frac{6}{5}\times\frac{5}{2}\times\frac{1}{3}\right)=-1$

따라서 옳은 것은 ④이다. 답 ④

7 수의 혼합 계산에서는 거듭제곱, 괄호 안, 곱셈과 나눗셈, 덧셈과 뺄셈의 순서로 계산하므로 주어진 식의 계산 순서는 ㉢, ㉡, ㉣, ㉤, ㉠이다. 답 ⑤

참고 주어진 식을 계산하면 다음과 같다.

$\frac{5}{2}-\left\{\frac{7}{3}\times\underbrace{(-3)^2}_{㉢}-(-4)\right\}\div(-2)$

$=\frac{5}{2}-\left\{\underbrace{\frac{7}{3}\times9}_{㉡}-(-4)\right\}\div(-2)$

$=\frac{5}{2}-\{\underbrace{21-(-4)}_{㉣}\}\div(-2)$

$=\frac{5}{2}-\underbrace{25\div(-2)}_{㉤}=\frac{5}{2}-25\times\left(-\frac{1}{2}\right)$

$=\underbrace{\frac{5}{2}-\left(-\frac{25}{2}\right)}_{㉠}=15$

8 $a=\left\{2-\left(-\frac{1}{2}\right)^2\div\frac{5}{8}\right\}\times(-15)$

$=\left(2-\frac{1}{4}\div\frac{5}{8}\right)\times(-15)$

$=\left(2-\frac{1}{4}\times\frac{8}{5}\right)\times(-15)$

$=\left(2-\frac{2}{5}\right)\times(-15)=\frac{8}{5}\times(-15)=-24$

$b=-\frac{1}{2}-\left\{(-1)^3\times\frac{3}{4}-(-7)\div(-4)\right\}\div5$

$=-\frac{1}{2}-\left\{(-1)\times\frac{3}{4}-(-7)\div(-4)\right\}\div5$

$=-\frac{1}{2}-\left\{-\frac{3}{4}-(-7)\times\left(-\frac{1}{4}\right)\right\}\div5$

$=-\frac{1}{2}-\left(-\frac{3}{4}-\frac{7}{4}\right)\div5=-\frac{1}{2}-\left(-\frac{5}{2}\right)\times\frac{1}{5}$

$=-\frac{1}{2}-\left(-\frac{1}{2}\right)=-\frac{1}{2}+\frac{1}{2}=0$

$\therefore a-b=-24$ 답 -24

Step 1 이 단원에서 뽑은 고득점 준비 문제 본문 42~46쪽

대표문제 **1** $\frac{13}{3}$ 유제 **1** $\frac{11}{12}$ 유제 **2** $-\frac{3}{5}$ 유제 **3** $\frac{3}{2}$

대표문제 **2** $M=\frac{16}{5}$, $m=-1$

유제 **4** $\frac{12}{5}$ 유제 **5** $-\frac{9}{16}$ 유제 **6** -2

대표문제 **3** $\frac{20}{39}$ 유제 **7** 1 유제 **8** $\frac{1}{3}$ 유제 **9** $\frac{1}{8}$

대표문제 **4** $-\frac{11}{15}$ 유제 **10** $\frac{3}{2}$ 유제 **11** -144 유제 **12** 20

대표문제 **5** $a<0$, $b>0$, $c>0$ 유제 **13** $a+b$, $a-b$, $b-a$

유제 **14** $\left(\frac{1}{a}\right)^2$ 유제 **15** $-a$

대표문제 1 x에 6을 더하면 양의 정수이므로

$x=-5, -4, -3, \cdots$

또, x에 4를 더하면 음의 정수이므로

$x=-5, -6, -7, \cdots$

따라서 $x=-5$이므로

$\frac{1}{3}-\frac{3}{2}+\frac{2}{3}-x-\frac{1}{6}=\frac{2}{6}-\frac{9}{6}+\frac{4}{6}-(-5)-\frac{1}{6}$

$=-\frac{2}{3}+5=\frac{13}{3}$ 답 $\frac{13}{3}$

유제 1 $a=(-2)-(-3)=(-2)+3=1$

$b=\frac{3}{4}+\left(-\frac{2}{3}\right)=\frac{9}{12}+\left(-\frac{8}{12}\right)=\frac{1}{12}$

$\therefore a-b=1-\frac{1}{12}=\frac{11}{12}$ 답 $\frac{11}{12}$

유제 2 어떤 유리수를 x라 하면 $x+\frac{3}{4}=\frac{9}{10}$이므로

$x=\frac{9}{10}-\frac{3}{4}=\frac{18}{20}-\frac{15}{20}=\frac{3}{20}$

따라서 바르게 계산한 답은

$\frac{3}{20}-\frac{3}{4}=\frac{3}{20}-\frac{15}{20}=-\frac{12}{20}=-\frac{3}{5}$ 답 $-\frac{3}{5}$

유제 3 첫 번째 수부터 이웃하는 네 수의 합은

$\left(-\frac{5}{2}\right)+\frac{11}{6}+\frac{3}{4}+a=\left(-\frac{30}{12}\right)+\frac{22}{12}+\frac{9}{12}+a=\frac{1}{12}+a$

즉, $\frac{1}{12}+a=\frac{1}{2}$이므로 $a=\frac{1}{2}-\frac{1}{12}=\frac{5}{12}$

$\therefore \left(-\frac{5}{2}\right)+\frac{11}{6}+\frac{3}{4}+\frac{5}{12}=\frac{1}{2}$ …… ㉠

두 번째 수부터 이웃하는 네 수의 합은

$\frac{11}{6}+\frac{3}{4}+\frac{5}{12}+b=\frac{1}{2}$

이것을 ㉠과 비교하면 $b=-\frac{5}{2}$

세 번째 수부터 이웃하는 네 수의 합은

$\frac{3}{4}+\frac{5}{12}+\left(-\frac{5}{2}\right)+c=\frac{1}{2}$

이것을 ㉠과 비교하면 $c=\frac{11}{6}$

다섯 번째 수부터 이웃하는 네 수의 합은

$\left(-\frac{5}{2}\right)+\frac{11}{6}+\frac{3}{4}+d=\frac{1}{2}$

이것을 ㉠과 비교하면 $d=\frac{5}{12}$

$\therefore a-b-c+d=\frac{5}{12}-\left(-\frac{5}{2}\right)-\frac{11}{6}+\frac{5}{12}$

$=\frac{5}{12}+\frac{30}{12}-\frac{22}{12}+\frac{5}{12}=\frac{3}{2}$ 답 $\frac{3}{2}$

대표문제 2 $a\times b$의 값이 가장 크려면 a와 b는 서로 같은 부호이고 $|a|$, $|b|$의 값이 큰 수이어야 한다.

즉, $a=-2$, $b=-\frac{8}{5}$ 또는 $a=-\frac{8}{5}$, $b=-2$일 때

$M=a\times b=(-2)\times\left(-\frac{8}{5}\right)=\frac{16}{5}$

$a\times b$의 값이 가장 작으려면 a와 b는 서로 다른 부호이고 $|a|$, $|b|$의 값이 큰 수이어야 한다.

즉, $a=-2$, $b=\frac{1}{2}$ 또는 $a=\frac{1}{2}$, $b=-2$일 때

$m=a\times b=(-2)\times\frac{1}{2}=-1$ 답 $M=\frac{16}{5}$, $m=-1$

유제 4 세 수의 곱이 가장 크려면 곱이 양수이어야 하므로 (양수)×(음수)×(음수)의 꼴이어야 하고 절댓값이 큰 수이어야 한다. 즉,

$a=4\times\left(-\frac{5}{7}\right)\times\left(-\frac{14}{5}\right)=8$

또, 세 수의 곱이 가장 작으려면 곱이 음수이어야 하므로
(양수)×(양수)×(음수)의 꼴이어야 하고
절댓값이 큰 수이어야 한다. 즉,

$b=\frac{1}{2}\times4\times\left(-\frac{14}{5}\right)=-\frac{28}{5}$

$\therefore a+b=\frac{12}{5}$ 답 $\frac{12}{5}$

유제 5 $\left(\frac{1}{2}-1\right)\times\left(\frac{1}{2}+1\right)\times\left(\frac{1}{3}-1\right)\times\left(\frac{1}{3}+1\right)$

$\times\cdots\times\left(\frac{1}{8}-1\right)\times\left(\frac{1}{8}+1\right)$

$=\left(-\frac{1}{2}\right)\times\frac{3}{2}\times\left(-\frac{2}{3}\right)\times\frac{4}{3}\times\cdots\times\left(-\frac{7}{8}\right)\times\frac{9}{8}$

$=-\left(\frac{1}{2}\times\frac{3}{2}\times\frac{2}{3}\times\frac{4}{3}\times\cdots\times\frac{7}{8}\times\frac{9}{8}\right)$

$=-\frac{9}{16}$ 답 $-\frac{9}{16}$

유제 6 (i) n이 짝수일 때

$n-1$은 홀수, $2\times n$은 짝수, $2\times n+3$은 홀수이므로

$(-1)^{n-1}+(-1)^{n}-(-1)^{2\times n}+(-1)^{2\times n+3}$

$=(-1)+1-1+(-1)=-2$

(ii) n이 홀수일 때

$n-1$은 짝수, $2\times n$은 짝수, $2\times n+3$은 홀수이므로

$(-1)^{n-1}+(-1)^{n}-(-1)^{2\times n}+(-1)^{2\times n+3}$

$=1+(-1)-1+(-1)=-2$

(i), (ii)에 의하여

$(-1)^{n-1}+(-1)^{n}-(-1)^{2\times n}+(-1)^{2\times n+3}=-2$ 답 -2

대표문제 3 $A=\frac{5}{6}\div\left(-\frac{3}{4}\right)\times2=\frac{5}{6}\times\left(-\frac{4}{3}\right)\times2=-\frac{20}{9}$

$B=(-1)^{5}\div3-2^{2}=(-1)\div3-4=(-1)\times\frac{1}{3}-4$

$=-\frac{1}{3}-\frac{12}{3}=-\frac{13}{3}$

$\therefore \frac{A}{B}=A\div B=\left(-\frac{20}{9}\right)\div\left(-\frac{13}{3}\right)$

$=\left(-\frac{20}{9}\right)\times\left(-\frac{3}{13}\right)=\frac{20}{39}$ 답 $\frac{20}{39}$

유제 7 $A=\frac{1}{3}-\frac{1}{2}\times\left\{\frac{2}{5}\div1.4-\frac{1}{7}\times(-3)^{2}\right\}$

$=\frac{1}{3}-\frac{1}{2}\times\left(\frac{2}{5}\div\frac{7}{5}-\frac{1}{7}\times9\right)$

$=\frac{1}{3}-\frac{1}{2}\times\left(\frac{2}{5}\times\frac{5}{7}-\frac{9}{7}\right)$

$=\frac{1}{3}-\frac{1}{2}\times\left(\frac{2}{7}-\frac{9}{7}\right)=\frac{1}{3}-\frac{1}{2}\times(-1)$

$=\frac{1}{3}+\frac{1}{2}=\frac{5}{6}$

따라서 A의 값에 가장 가까운 정수는 1이다. 답 1

유제 8 $\dfrac{1}{1-\dfrac{1}{1-\dfrac{1}{1-\frac{1}{3}}}}=\dfrac{1}{1-\dfrac{1}{1-\dfrac{1}{\frac{2}{3}}}}=\dfrac{1}{1-\dfrac{1}{1-\frac{3}{2}}}$

$=\dfrac{1}{1-\dfrac{1}{-\frac{1}{2}}}=\dfrac{1}{1-(-2)}$

$=\frac{1}{1+2}=\frac{1}{3}$ 답 $\frac{1}{3}$

유제 9 $\frac{11}{3}$에 가장 가까운 정수는 4이므로 $a=4$

$\therefore \frac{1}{a\times(a+1)}+\frac{1}{(a+1)\times(a+2)}+\frac{1}{(a+2)\times(a+3)}$

$+\frac{1}{(a+3)\times(a+4)}$

$=\left(\frac{1}{a}-\frac{1}{a+1}\right)+\left(\frac{1}{a+1}-\frac{1}{a+2}\right)+\left(\frac{1}{a+2}-\frac{1}{a+3}\right)$

$+\left(\frac{1}{a+3}-\frac{1}{a+4}\right)$

$=\frac{1}{a}-\frac{1}{a+4}=\frac{1}{4}-\frac{1}{8}=\frac{1}{8}$ 답 $\frac{1}{8}$

대표문제 4 $|a|=\frac{2}{5}$이므로 $a=\frac{2}{5}$ 또는 $a=-\frac{2}{5}$

$|b|=\frac{1}{3}$이므로 $b=\frac{1}{3}$ 또는 $b=-\frac{1}{3}$

$a-b$의 값이 가장 작으려면 a는 가장 작은 수, b는 가장 큰 수이어야 하므로 구하는 가장 작은 값은

$\left(-\frac{2}{5}\right)-\frac{1}{3}=\left(-\frac{6}{15}\right)-\frac{5}{15}=-\frac{11}{15}$ 답 $-\frac{11}{15}$

다른 풀이

$a-b$의 값이 될 수 있는 수는

(i) $\frac{2}{5}-\frac{1}{3}=\frac{6}{15}-\frac{5}{15}=\frac{1}{15}$

(ii) $\frac{2}{5}-\left(-\frac{1}{3}\right)=\frac{2}{5}+\frac{1}{3}=\frac{6}{15}+\frac{5}{15}=\frac{11}{15}$

(iii) $\left(-\frac{2}{5}\right)-\frac{1}{3}=\left(-\frac{6}{15}\right)-\frac{5}{15}=-\frac{11}{15}$

(iv) $\left(-\frac{2}{5}\right)-\left(-\frac{1}{3}\right)=\left(-\frac{2}{5}\right)+\frac{1}{3}=\left(-\frac{6}{15}\right)+\frac{5}{15}$

$=-\frac{1}{15}$

(i)~(iv)에 의하여 $a-b$의 값 중 가장 작은 값은 $-\frac{11}{15}$이다.

유제 10 $|a|=\frac{6}{5}$이므로 $a=\frac{6}{5}$ 또는 $a=-\frac{6}{5}$

$|b|=\frac{3}{10}$이므로 $b=\frac{3}{10}$ 또는 $b=-\frac{3}{10}$

$a+b$의 값이 가장 크려면 a, b가 모두 가장 큰 수이어야 하므로 구하는 가장 큰 값은

$\frac{6}{5}+\frac{3}{10}=\frac{12}{10}+\frac{3}{10}=\frac{15}{10}=\frac{3}{2}$ 답 $\frac{3}{2}$

유제 **11** 정수 a에 대하여 $|a|<5$이므로

$a=-4,\ -3,\ -2,\ \cdots,\ 2,\ 3,\ 4$

정수 b에 대하여 $|b|<9$이므로

$b=-8,\ -7,\ -6,\ \cdots,\ 6,\ 7,\ 8$

$a-b$의 값이 가장 크려면 a는 가장 큰 수, b는 가장 작은 수이어야 하므로

$M=4-(-8)=12$

또, $a-b$의 값이 가장 작으려면 a는 가장 작은 수, b는 가장 큰 수이어야 하므로

$m=(-4)-8=-12$

$\therefore M\times m=-144$

답 -144

유제 **12** $|2\times a|=10$에서 $2\times a=10$ 또는 $2\times a=-10$이므로

$a=10\div 2=5$ 또는 $a=(-10)\div 2=-5$

또, $|b\div 5|=3$에서 $b\div 5=3$ 또는 $b\div 5=-3$이므로

$b=3\times 5=15$ 또는 $b=(-3)\times 5=-15$

$b-a$의 값이 가장 크려면 b는 가장 큰 수, a는 가장 작은 수이어야 하므로 구하는 가장 큰 값은

$b-a=15-(-5)=20$

답 20

대표문제 **5** 조건 (가)에서 $a\times b<0$이므로 $a>0,\ b<0$ 또는 $a<0,\ b>0$

이때 조건 (나)에서 $b-a>0$이므로 $a<0,\ b>0$

한편, 조건 (다)에서 $\frac{c}{b}>0$이므로 $c>0$

답 $a<0,\ b>0,\ c>0$

유제 **13** $a<0,\ b<0$이고 $|a|>|b|$이므로 $a<b<0$

$\therefore a-b<0,\ b-a>0,\ a+b<0$

한편, 음수 a보다 음수 b만큼 큰 수 $a+b$는 a보다 작은 수이고 음수 a보다 음수 b만큼 작은 수 $a-b$는 a보다 큰 수이므로

$a+b<a<a-b$

따라서 $a+b<a<a-b<0<b-a$이므로

$a+b<a-b<b-a$

답 $a+b,\ a-b,\ b-a$

유제 **14** $a=\frac{1}{2}$이라 하면 $-a^2=-\left(\frac{1}{2}\right)^2=-\frac{1}{4}$

$\frac{1}{a}$은 a의 역수이므로 $\frac{1}{a}=2,\ \left(\frac{1}{a}\right)^2=2^2=4$

따라서 $-a^2<a<\frac{1}{a}<\left(\frac{1}{a}\right)^2$이므로 가장 큰 수는 $\left(\frac{1}{a}\right)^2$이다.

답 $\left(\frac{1}{a}\right)^2$

유제 **15** $a=-2$라 하면

$|a+1|=|-2+1|=1,\ -a=2,$

$\frac{1}{a}=-\frac{1}{2},\ -\frac{1}{a+7}=-\frac{1}{-2+7}=-\frac{1}{5}$

따라서 $\frac{1}{a}<-\frac{1}{a+7}<|a+1|<-a$이므로 가장 큰 수는 $-a$이다.

답 $-a$

Step 2 고득점 실전 문제

본문 47~50쪽

1 ④	**2** ③	**3** ③	**4** $\frac{19}{3}$	**5** -3
6 24	**7** $-\frac{7}{25}$	**8** 19	**9** $\frac{13}{9}$	**10** 25
11 12	**12** ②	**13** ④	**14** ①, ④	**15** $\frac{18}{7}$
16 ③	**17** 36	**18** ③	**19** ①	**20** $\frac{7}{11}$
21 ④	**22** ④	**23** 20	**24** $\frac{17}{6}$	**25** B 매장
26 A, C, B				

1 전략 이웃하는 두 정수의 차는 항상 1임을 이용한다.

$A=2+4+6+\cdots+200,\ B=1+3+5+\cdots+199$

$$\begin{aligned}\therefore A-B&=(2+4+6+\cdots+200)-(1+3+5+\cdots+199)\\&=(2-1)+(4-3)+(6-5)+\cdots+(200-199)\\&=\underbrace{1+1+1+\cdots+1}_{100\text{개}}\\&=100\end{aligned}$$

답 ④

2 전략 ■보다 ●만큼 큰 수는 ■+●, ■보다 ▲만큼 작은 수는 ■−▲이다.

$a=4+(-3)=1,\ b=-3-(-8)=-3+8=5$

즉, $1<|c|<5$이고 c는 정수이므로

$|c|=2$ 또는 $|c|=3$ 또는 $|c|=4$

따라서 c는 $-4,\ -3,\ -2,\ 2,\ 3,\ 4$의 6개이다.

답 ③

3 전략 $\left\langle\frac{31}{4}\right\rangle,\ \left\langle-\frac{19}{5}\right\rangle,\ \langle-2.8\rangle$의 값을 각각 구한 후 계산한다.

$\left\langle\frac{31}{4}\right\rangle=\langle 7.75\rangle=8,\ \left\langle-\frac{19}{5}\right\rangle=\langle-3.8\rangle=-4,$

$\langle-2.8\rangle=-3$이므로

$\left\langle\frac{31}{4}\right\rangle+\left\langle-\frac{19}{5}\right\rangle+\langle-2.8\rangle=1$

답 ③

4 전략 먼저 $a,\ b$의 값으로 가능한 수를 구한다.

$|a|=\frac{5}{2}$이므로 $a=\frac{5}{2}$ 또는 $a=-\frac{5}{2}$

$|b|=\frac{2}{3}$이므로 $b=\frac{2}{3}$ 또는 $b=-\frac{2}{3}$

따라서 $a-b$의 값 중 가장 큰 값 M은

$M=\frac{5}{2}-\left(-\frac{2}{3}\right)=\frac{5}{2}+\frac{2}{3}=\frac{15}{6}+\frac{4}{6}=\frac{19}{6}$

$a-b$의 값 중 가장 작은 값 m은

$m=\left(-\frac{5}{2}\right)-\frac{2}{3}=-\frac{15}{6}-\frac{4}{6}=-\frac{19}{6}$

$\therefore M-m=\frac{19}{6}-\left(-\frac{19}{6}\right)=\frac{19}{6}+\frac{19}{6}$

$=\frac{38}{6}=\frac{19}{3}$

답 $\frac{19}{3}$

5 전략 $-\frac{11}{6}$에서 $\frac{2}{3}$를 뺀 수를 프로그램 B에 입력한다.

$-\frac{11}{6}$을 프로그램 A에 입력하면 출력되는 값은

$\left(-\frac{11}{6}\right)-\frac{2}{3}=-\frac{11}{6}-\frac{4}{6}=-\frac{15}{6}=-\frac{5}{2}$

$-\frac{5}{2}=-2\frac{1}{2}$보다 작은 정수는 -3, -4, -5, $\cdots$이므로

프로그램 B에 의하여 최종 출력되는 값은 -3이다. 답 -3

6 전략 가려지는 면에 가능한 한 작은 수가 적혀 있어야 보이는 면에 적힌 수의 합이 가장 크다.

두 주사위 A, B는 각각 맞붙은 면 하나와 바닥에 닿은 면 하나, 총 2개의 면이 가려진다. 가려지는 면을 제외한 모든 면에 적힌 수의 합이 가장 크려면 각 주사위에서 첫 번째, 두 번째로 작은 수가 적힌 면이 가려져야 한다. 즉, 주사위 A에서는 가려진 면에 -3, -2가, 주사위 B에서는 가려진 면에 2, 3이 적혀 있어야 한다.

따라서 구하는 값은

$(-1+0+1+2)+(4+5+6+7)=24$ 답 24

7 전략 두 수의 곱이 1일 때, 한 수를 다른 수의 역수라 한다.

5의 역수는 $\frac{1}{5}$이므로 $A=\frac{1}{5}$

$-\frac{7}{3}$의 역수는 $-\frac{3}{7}$이므로 $B=-\frac{3}{7}$

$C=\left(-\frac{1}{2}\right)^2\div\frac{5}{6}\times2=\frac{1}{4}\div\frac{5}{6}\times2=\frac{1}{4}\times\frac{6}{5}\times2=\frac{3}{5}$

$\therefore A\div B\times C=\frac{1}{5}\div\left(-\frac{3}{7}\right)\times\frac{3}{5}=\frac{1}{5}\times\left(-\frac{7}{3}\right)\times\frac{3}{5}$

$=-\frac{7}{25}$

답 $-\frac{7}{25}$

8 전략 합이 7인 두 자연수를 찾는다.

합이 7인 두 자연수는 1과 6, 2와 5, 3과 4이므로 이 수들의 역수의 합을 각각 구해 보면

$1+\frac{1}{6}=\frac{7}{6}$, $\frac{1}{2}+\frac{1}{5}=\frac{7}{10}$, $\frac{1}{3}+\frac{1}{4}=\frac{7}{12}$

따라서 가장 작은 값은 $\frac{7}{12}$이므로 분자와 분모의 합은

$7+12=19$ 답 19

9 전략 ■$\div$●$=$▲이면 ■$=$▲$\times$●, ●$=$■$\div$▲임을 이용한다.

$B\div\frac{1}{6}=-\frac{1}{3}$이므로

$B=\left(-\frac{1}{3}\right)\times\frac{1}{6}=-\frac{1}{18}$

또, $\frac{1}{12}\div A=B$이므로

$A=\frac{1}{12}\div B=\frac{1}{12}\div\left(-\frac{1}{18}\right)=\frac{1}{12}\times(-18)=-\frac{3}{2}$

$\therefore B-A=-\frac{1}{18}-\left(-\frac{3}{2}\right)$

$=-\frac{1}{18}+\frac{27}{18}=\frac{26}{18}=\frac{13}{9}$

답 $\frac{13}{9}$

10 전략 마주 보는 면에 적힌 수를 확인한다.

a와 $-0.16=-\frac{4}{25}$가 적힌 두 면이 마주 보므로 $a=-\frac{25}{4}$

b와 4가 적힌 두 면이 마주 보므로 $b=\frac{1}{4}$

c와 $-\frac{1}{3}$이 적힌 두 면이 마주 보므로 $c=-3$

$\therefore a\div b\times\frac{3}{c}=\left(-\frac{25}{4}\right)\div\frac{1}{4}\times\frac{3}{-3}$

$=\left(-\frac{25}{4}\right)\times4\times(-1)=25$

답 25

11 전략 $\frac{B}{A}=\frac{1}{\frac{A}{B}}$임을 이용한다.

$\frac{157}{68}=2+\frac{21}{68}=2+\cfrac{1}{\frac{68}{21}}=2+\cfrac{1}{3+\frac{5}{21}}=2+\cfrac{1}{3+\cfrac{1}{\frac{21}{5}}}$

$=2+\cfrac{1}{3+\cfrac{1}{4+\frac{1}{5}}}$

따라서 $a=3$, $b=4$, $c=5$이므로

$a+b+c=12$

답 12

12 전략 음수를 짝수 개 곱하면 양수, 홀수 개 곱하면 음수이다.

세 수의 곱이 가장 크려면 곱이 양수이어야 하므로

(양수)$\times$(음수)$\times$(음수)의 꼴이어야 하고

절댓값이 큰 수이어야 한다. 즉,

$M=\frac{1}{5}\times\left(-\frac{3}{2}\right)\times(-2)=\frac{3}{5}$

세 수의 곱이 가장 작으려면 곱이 음수이어야 하므로

(음수)$\times$(음수)$\times$(음수)의 꼴이어야 한다. 즉,

$m=\left(-\frac{3}{2}\right)\times(-2)\times\left(-\frac{1}{4}\right)=-\frac{3}{4}$

$\therefore M\div m=\frac{3}{5}\div\left(-\frac{3}{4}\right)=\frac{3}{5}\times\left(-\frac{4}{3}\right)=-\frac{4}{5}$

답 ②

13 전략 ■$\times$●$=$▲이면 ■$=$▲$\div$●임을 이용한다.

ㄱ. 마주 보는 면에 적힌 두 수의 곱이 $\frac{1}{2}$로 양수이므로 마주 보는 면의 두 수의 부호는 서로 같다. 즉, 보이지 않는 세 면에 적힌 수 중 음수는 2개이다. (거짓)

ㄴ, ㄷ. $-\frac{3}{4}$, $\frac{7}{3}$, $-\frac{14}{5}$가 적힌 면과 마주 보는 면에 적힌 수를 차례대로 a, b, c라 하자.

$\left(-\frac{3}{4}\right)\times a=\frac{1}{2}$에서 $a=\frac{1}{2}\div\left(-\frac{3}{4}\right)=\frac{1}{2}\times\left(-\frac{4}{3}\right)=-\frac{2}{3}$

같은 방법으로

$b=\frac{1}{2}\div\frac{7}{3}=\frac{1}{2}\times\frac{3}{7}=\frac{3}{14}$

$c=\frac{1}{2}\div\left(-\frac{14}{5}\right)=\frac{1}{2}\times\left(-\frac{5}{14}\right)=-\frac{5}{28}$

이때 $-\frac{2}{3}<-\frac{5}{28}<\frac{3}{14}$이므로 $-\frac{3}{4}$이 적힌 면과 마주 보는 면에 적힌 수가 가장 작고 $\frac{7}{3}$이 적힌 면과 마주 보는 면에 적힌 수가 가장 크다. (참)

따라서 옳은 것은 ㄴ, ㄷ이다. 답 ④

14 전략 먼저 a, b의 부호를 결정한다.

$a\times b=192>0$에서 a, b의 부호가 같으므로

$|a|=3\times|b|$에서 $a=3\times b$

따라서 $(3\times b)\times b=192$에서 $b=8$ 또는 $b=-8$

(i) $b=8$일 때, $a=3\times b=3\times 8=24$

$\therefore a-b=16$

(ii) $b=-8$일 때, $a=3\times b=3\times(-8)=-24$

$\therefore a-b=-16$

(i), (ii)에 의하여 $a-b$의 값은 -16 또는 16이다.

답 ①, ④

15 전략 계산 순서에 따라 차례대로 B, C, D, A의 값을 구한다.

출발 전 A의 값이 1이므로 $\mathrm{B}=1+\frac{2}{5}=\frac{7}{5}$,

$\mathrm{C}=\frac{7}{5}\div\frac{7}{3}=\frac{7}{5}\times\frac{3}{7}=\frac{3}{5}$, $\mathrm{D}=\frac{3}{5}\times\frac{4}{3}=\frac{4}{5}$

즉, 한 바퀴를 돌고 난 후의 A의 값은 $\frac{4}{5}+\frac{6}{5}=2$

한 바퀴를 더 돌면 $\mathrm{B}=2+\frac{2}{5}=\frac{12}{5}$,

$\mathrm{C}=\frac{12}{5}\div\frac{7}{3}=\frac{12}{5}\times\frac{3}{7}=\frac{36}{35}$, $\mathrm{D}=\frac{36}{35}\times\frac{4}{3}=\frac{48}{35}$

따라서 두 바퀴를 돌고 난 후의 A의 값은

$\frac{48}{35}+\frac{6}{5}=\frac{48}{35}+\frac{42}{35}=\frac{90}{35}=\frac{18}{7}$ 답 $\frac{18}{7}$

다른 풀이

출발 전 A의 값이 □일 때, 차례대로 계산하면 한바퀴 돌고 난 후 A의 값은 $\left(\square+\frac{2}{5}\right)\div\frac{7}{3}\times\frac{4}{3}+\frac{6}{5}$이다.

출발 전 A의 값이 1이므로 한 바퀴를 돌고 난 후의 A의 값은

$\left(1+\frac{2}{5}\right)\div\frac{7}{3}\times\frac{4}{3}+\frac{6}{5}=\frac{7}{5}\times\frac{3}{7}\times\frac{4}{3}+\frac{6}{5}$

$=\frac{4}{5}+\frac{6}{5}=2$

따라서 두 바퀴를 돌고 난 후의 A의 값은

$\left(2+\frac{2}{5}\right)\div\frac{7}{3}\times\frac{4}{3}+\frac{6}{5}=\frac{12}{5}\times\frac{3}{7}\times\frac{4}{3}+\frac{6}{5}$

$=\frac{48}{35}+\frac{6}{5}=\frac{18}{7}$

16 전략 먼저 A의 값을 구한다.

$A=2^3+(-3)^2+(-1)^6-2^2\div(-2)$

$=8+9+1-4\div(-2)=8+9+1-(-2)$

$=8+9+1+2=20$

따라서 20의 약수는 1, 2, 4, 5, 10, 20이고, 이들의 합은

$1+2+4+5+10+20=42$ 답 ③

다른 풀이

$A=2^3+(-3)^2+(-1)^6-2^2\div(-2)=20=2^2\times 5$

따라서 A의 약수의 총합은

$(1+2+2^2)\times(1+5)=7\times 6=42$

17 전략 8^2-7^2, 6^2-5^2, 4^2-3^2, 2^2-1^2에 대하여 각각 주어진 계산 방식을 적용한다.

$8^2-7^2+6^2-5^2+4^2-3^2+2^2-1^2$

$=(8^2-7^2)+(6^2-5^2)+(4^2-3^2)+(2^2-1^2)$

$=(2\times 7+1)+(2\times 5+1)+(2\times 3+1)+(2\times 1+1)$

$=15+11+7+3$

$=36$ 답 36

18 전략 거듭제곱 ⇨ 괄호 ⇨ 곱셈과 나눗셈 ⇨ 덧셈과 뺄셈의 순서로 계산한다.

$\left(-\frac{1}{2}\right)^4-\left(-\frac{1}{4}\right)^2\div\left\{\left(-\frac{3}{2}\right)^2\times\left(-\frac{1}{4}\right)^2-(-0.5)^3\right\}$

$=\frac{1}{16}-\frac{1}{16}\div\left\{\frac{9}{4}\times\frac{1}{16}-\left(-\frac{1}{8}\right)\right\}$ $\left(\because -0.5=-\frac{1}{2}\right)$

$=\frac{1}{16}-\frac{1}{16}\div\left(\frac{9}{64}+\frac{8}{64}\right)=\frac{1}{16}-\frac{1}{16}\div\frac{17}{64}$

$=\frac{1}{16}-\frac{1}{16}\times\frac{64}{17}=\frac{1}{16}-\frac{4}{17}=\frac{17}{272}-\frac{64}{272}$

$=-\frac{47}{272}$ 답 ③

19 전략 거듭제곱 ⇨ 괄호 ⇨ 곱셈과 나눗셈 ⇨ 덧셈과 뺄셈의 순서로 A의 값을 계산한다.

$A=(-4)+(-9)\div\frac{1}{3}\div(-3)^2\times(-1)^4+13$

$=(-4)+(-9)\div\frac{1}{3}\div 9\times 1+13$

$=(-4)+(-9)\times 3\times\frac{1}{9}+13$

$=(-4)+(-3)+13=6$

따라서 $0<n<6$을 만족하는 자연수 n 중 6의 약수는 1, 2, 3이므로 구하는 합은

$1+2+3=6$ 답 ①

20 전략 $\dfrac{\frac{A}{B}}{\frac{C}{D}}=\dfrac{A}{B}\div\dfrac{C}{D}$임을 이용한다.

$\dfrac{8}{4+\left|1-5\times\frac{1}{2}\right|}\times\left(-\dfrac{1}{4}\right)+(-1)^2$

$=\dfrac{8}{4+\left|1-\frac{5}{2}\right|}\times\left(-\dfrac{1}{4}\right)+1=\dfrac{8}{4+\frac{3}{2}}\times\left(-\dfrac{1}{4}\right)+1$

$=\dfrac{8}{\frac{11}{2}}\times\left(-\dfrac{1}{4}\right)+1=8\div\dfrac{11}{2}\times\left(-\dfrac{1}{4}\right)+1$

$=8\times\dfrac{2}{11}\times\left(-\dfrac{1}{4}\right)+1=-\dfrac{4}{11}+1=\dfrac{7}{11}$ 답 $\dfrac{7}{11}$

21 전략 나머지 세 수도 두 분수의 차로 변형하여 계산한다.

$\dfrac{1}{20}+\dfrac{1}{30}+\dfrac{1}{42}+\dfrac{1}{56}+\dfrac{1}{72}$에서 처음 두 수를

$\dfrac{1}{20}=\dfrac{1}{4\times5}=\dfrac{1}{4}-\dfrac{1}{5}$, $\dfrac{1}{30}=\dfrac{1}{5\times6}=\dfrac{1}{5}-\dfrac{1}{6}$

로 변형한 것과 같이 나머지 세 수를 변형하여 계산하면

$\dfrac{1}{20}+\dfrac{1}{30}+\dfrac{1}{42}+\dfrac{1}{56}+\dfrac{1}{72}$

$=\dfrac{1}{4\times5}+\dfrac{1}{5\times6}+\dfrac{1}{6\times7}+\dfrac{1}{7\times8}+\dfrac{1}{8\times9}$

$=\left(\dfrac{1}{4}-\dfrac{1}{5}\right)+\left(\dfrac{1}{5}-\dfrac{1}{6}\right)+\left(\dfrac{1}{6}-\dfrac{1}{7}\right)+\left(\dfrac{1}{7}-\dfrac{1}{8}\right)+\left(\dfrac{1}{8}-\dfrac{1}{9}\right)$

$=\dfrac{1}{4}-\dfrac{1}{9}=\dfrac{9}{36}-\dfrac{4}{36}=\dfrac{5}{36}$ 답 ④

22 전략 □를 제외한 나머지 부분을 계산하여 식을 간단히 한다.

$3\times\left\{\left(-\dfrac{1}{3}\right)^2\div\square+2-2^2\right\}=-\dfrac{27}{4}$에서

$3\times\left(\dfrac{1}{9}\div\square+2-4\right)=-\dfrac{27}{4}$

즉, $\dfrac{1}{9}\div\square-2=\left(-\dfrac{27}{4}\right)\div3$이므로

$\dfrac{1}{9}\div\square-2=\left(-\dfrac{27}{4}\right)\times\dfrac{1}{3}=-\dfrac{9}{4}$

따라서 $\dfrac{1}{9}\div\square=-\dfrac{9}{4}+2$에서 $\dfrac{1}{9}\div\square=-\dfrac{1}{4}$

$\therefore\ \square=\dfrac{1}{9}\div\left(-\dfrac{1}{4}\right)=\dfrac{1}{9}\times(-4)=-\dfrac{4}{9}$ 답 ④

23 전략 (부피)=(가로의 길이)×(세로의 길이)×(높이)

$(\text{부피})=\left(\dfrac{19}{5}+1\right)\times\dfrac{5}{27}\times\left(\dfrac{70}{3}-\dfrac{5}{6}\right)$

$=\dfrac{24}{5}\times\dfrac{5}{27}\times\left(\dfrac{140}{6}-\dfrac{5}{6}\right)$

$=\dfrac{24}{5}\times\dfrac{5}{27}\times\dfrac{45}{2}=20$ 답 20

24 전략 (위치)=(이긴 횟수)$\times\dfrac{2}{3}$+(진 횟수)$\times\left(-\dfrac{3}{4}\right)$임을 이용한다.

가위바위보를 10번 하여 경호가 6번 이겼으므로 4번 졌고, 은수는 4번 이겼고 6번 졌다.

즉, 원점에서 출발한 은수의 위치는

$a=4\times\dfrac{2}{3}+6\times\left(-\dfrac{3}{4}\right)=\dfrac{8}{3}-\dfrac{9}{2}=\dfrac{16}{6}-\dfrac{27}{6}=-\dfrac{11}{6}$

또, 원점에서 출발한 경호의 위치는

$b=6\times\dfrac{2}{3}+4\times\left(-\dfrac{3}{4}\right)=4-3=1$

$\therefore\ |a-b|=\left|-\dfrac{11}{6}-1\right|=\left|-\dfrac{17}{6}\right|=\dfrac{17}{6}$ 답 $\dfrac{17}{6}$

25 전략 (실내화 한 켤레의 가격)+(왕복 교통비)가 가장 작은 매장을 찾는다.

(C 매장을 이용하는 비용)=10000+1000=11000(원)

(B 매장을 이용하는 비용)=(10000−1500)+2000
=8500+2000=10500(원)

(A 매장을 이용하는 비용)$=8500\times\dfrac{16}{17}+4000$
=8000+4000=12000(원)

따라서 B 매장을 이용하는 것이 가장 경제적이다. 답 B 매장

26 전략 주어진 수익률 계산 방법에 따라 계산한다.

(펀드 A의 수익률)

$=\left(\dfrac{20.5}{18}-1\right)\times100=\left(\dfrac{41}{2}\times\dfrac{1}{18}-1\right)\times100$

$=\left(\dfrac{41}{36}-1\right)\times100=\dfrac{5}{36}\times100=\dfrac{125}{9}(\%)$

(펀드 B의 수익률)

$=\left(\dfrac{95}{100}-1\right)\times100=\left(-\dfrac{5}{100}\right)\times100=-5(\%)$

(펀드 C의 수익률)

$=\left(\dfrac{355}{340}-1\right)\times100=\dfrac{15}{340}\times100=\dfrac{75}{17}(\%)$

따라서 $-5<\dfrac{75}{17}<\dfrac{125}{9}$이므로 수익률이 높은 것부터 차례대로 나열하면 A, C, B이다. 답 A, C, B

Step 3 만점 굳히기 문제

본문 51쪽

1 $\dfrac{85}{3}$	**2** $\dfrac{1}{6}$	**3** 2	**4** 2
5 $a=-5$, $b=-3$, $c=2$			

1 구하는 유리수를 $\dfrac{b}{a}$ (a, b는 자연수)라 하자.

$\dfrac{b}{a}\div\dfrac{5}{6}=\dfrac{b}{a}\times\dfrac{6}{5}$, $\dfrac{b}{a}\div\dfrac{17}{3}=\dfrac{b}{a}\times\dfrac{3}{17}$이 자연수가 되려면

$\dfrac{b}{a}=\dfrac{(5,\ 17\text{의 공배수})}{(6,\ 3\text{의 공약수})}$의 꼴이어야 한다.

이때 $\dfrac{b}{a}$의 값이 가장 작으려면 a는 6과 3의 최대공약수이고, b는 5와 17의 최소공배수이어야 하므로 $a=3$, $b=85$

따라서 구하는 가장 작은 유리수는 $\dfrac{85}{3}$이다. 답 $\dfrac{85}{3}$

2 $\frac{1}{12}+\frac{1}{24}+\frac{1}{40}+\frac{1}{60}$

$=\frac{2}{24}+\frac{2}{48}+\frac{2}{80}+\frac{2}{120}$

$=\frac{2}{4\times6}+\frac{2}{6\times8}+\frac{2}{8\times10}+\frac{2}{10\times12}$

$=\left(\frac{1}{4}-\frac{1}{6}\right)+\left(\frac{1}{6}-\frac{1}{8}\right)+\left(\frac{1}{8}-\frac{1}{10}\right)+\left(\frac{1}{10}-\frac{1}{12}\right)$

$=\frac{1}{4}-\frac{1}{12}=\frac{3}{12}-\frac{1}{12}=\frac{2}{12}=\frac{1}{6}$

답 $\frac{1}{6}$

3 (i) $a>0$, $b>0$일 때, $a\times b>0$이므로

$\frac{a}{|a|}-\frac{b}{|b|}-\frac{a\times b}{|a\times b|}=\frac{a}{a}-\frac{b}{b}-\frac{a\times b}{a\times b}$
$=1-1-1=-1$

(ii) $a>0$, $b<0$일 때, $a\times b<0$이므로

$\frac{a}{|a|}-\frac{b}{|b|}-\frac{a\times b}{|a\times b|}=\frac{a}{a}-\frac{b}{-b}-\frac{a\times b}{-a\times b}$
$=1+1+1=3$

(iii) $a<0$, $b>0$일 때, $a\times b<0$이므로

$\frac{a}{|a|}-\frac{b}{|b|}-\frac{a\times b}{|a\times b|}=\frac{a}{-a}-\frac{b}{b}-\frac{a\times b}{-a\times b}$
$=-1-1+1=-1$

(iv) $a<0$, $b<0$일 때, $a\times b>0$이므로

$\frac{a}{|a|}-\frac{b}{|b|}-\frac{a\times b}{|a\times b|}=\frac{a}{-a}-\frac{b}{-b}-\frac{a\times b}{a\times b}$
$=-1+1-1=-1$

(i)~(iv)에 의하여 $\frac{a}{|a|}-\frac{b}{|b|}-\frac{a\times b}{|a\times b|}$의 값이 될 수 있는 수는 -1, 3이므로 그 합은

$-1+3=2$

답 2

4 $A_1=\frac{1}{2}$

$A_2=\frac{1}{1-\frac{1}{2}}=\frac{1}{\frac{1}{2}}=2$

$A_3=\frac{1}{1-\frac{1}{1-\frac{1}{2}}}=\frac{1}{1-\frac{1}{\frac{1}{2}}}=\frac{1}{1-2}=-1$

$A_4=\frac{1}{1-\frac{1}{1-\frac{1}{1-\frac{1}{2}}}}=\frac{1}{1-\frac{1}{1-\frac{1}{\frac{1}{2}}}}=\frac{1}{1-\frac{1}{1-2}}$

$=\frac{1}{1-(-1)}=\frac{1}{2}$

⋮

이와 같이 계속되므로 A_1, A_2, A_3, …의 값은 $\frac{1}{2}$, 2, -1이 이 순서로 반복된다.

이때 $200=3\times66+2$이므로 $A_{200}=A_2=2$

답 2

5 조건 (나)에서 세 수의 합이 음수이고 조건 (다)에서 세 수의 곱이 양수이므로 세 수 a, b, c 중 한 수는 양수, 두 수는 음수이다.
또, 조건 (다)에서 세 수의 절댓값의 곱이 30이고 조건 (라)에서 어느 수의 절댓값도 1이 될 수 없으므로 세 수의 절댓값은 2, 3, 5이다.
이때 조건 (가)에서 $|a|>|b|>|c|$이므로
$|a|=5$, $|b|=3$, $|c|=2$
(i) $a=5$, $b=-3$, $c=-2$일 때, $a+b+c=0$
(ii) $a=-5$, $b=3$, $c=-2$일 때, $a+b+c=-4$
(iii) $a=-5$, $b=-3$, $c=2$일 때, $a+b+c=-6$
(i), (ii), (iii)에 의하여 $a=-5$, $b=-3$, $c=2$

답 $a=-5$, $b=-3$, $c=2$

대단원 평가 문제

본문 52~54쪽

1 ②, ⑤	2 ②	3 ③	4 $\frac{8}{3}$	5 ①
6 5, -12	7 ②	8 ③	9 57	10 35
11 11개	12 ②	13 ④	14 8	15 0
16 ⑤	17 68	18 6	19 ③	

1 $|a|=5$이므로 $a=5$ 또는 $a=-5$

$a=5$일 때, $\frac{2}{5}+a=\frac{2}{5}+5=\frac{27}{5}$

$a=-5$일 때, $\frac{2}{5}+a=\frac{2}{5}+(-5)=-\frac{23}{5}$

따라서 $\frac{2}{5}+a$의 값은 $-\frac{23}{5}$ 또는 $\frac{27}{5}$이다.

답 ②, ⑤

2 $\frac{3}{8}\times\frac{2}{9}\div\left(-\frac{1}{2}\right)^2=\frac{3}{8}\times\frac{2}{9}\div\frac{1}{4}=\frac{3}{8}\times\frac{2}{9}\times4$
$=\frac{1}{3}$

답 ②

3 $\frac{5}{3}\times\frac{9}{2}\times(-6)\times\{(-3.6)+2+(-6.4)\}$

$=\frac{5}{3}\times\frac{9}{2}\times(-6)\times\{2+(-3.6)+(-6.4)\}$ ← 덧셈의 교환법칙

$=\frac{5}{3}\times\frac{9}{2}\times(-6)\times[2+\{(-3.6)+(-6.4)\}]$ ← 덧셈의 결합법칙

$=\left(\frac{5}{3}\times\frac{9}{2}\right)\times(-6)\times\{2+(-10)\}$ ← 곱셈의 결합법칙

$=\left\{\frac{45}{6}\times(-6)\right\}\times\{2+(-10)\}$

$=(-45)\times\{2+(-10)\}$

$=(-45)\times2+(-45)\times(-10)$ ← 분배법칙

$=-90+450=360$

따라서 사용되지 않은 계산 법칙은 ③이다.

답 ③

4 $-\frac{4}{5}$의 역수는 $-\frac{5}{4}$이므로 $a=-\frac{5}{4}$

$1.6=\frac{8}{5}$의 역수는 $\frac{5}{8}$이므로 $b=\frac{5}{8}$

$\frac{1}{2}-1.25=\frac{2}{4}-\frac{5}{4}=-\frac{3}{4}$의 역수는 $-\frac{4}{3}$이므로 $c=-\frac{4}{3}$

$\therefore a\div b\times c=\left(-\frac{5}{4}\right)\div\frac{5}{8}\times\left(-\frac{4}{3}\right)$

$=\left(-\frac{5}{4}\right)\times\frac{8}{5}\times\left(-\frac{4}{3}\right)=\frac{8}{3}$

답 $\frac{8}{3}$

5 $-4+6\times\{5-3\times(\square+1)\}=-14$에서

$-4+6\times(5-3\times\square-3)=-14$

$-4+6\times(-3\times\square+2)=-14$

$-4+(-18)\times\square+12=-14$

$(-18)\times\square+8=-14$, $(-18)\times\square=-14-8$

$(-18)\times\square=-22$

$\therefore \square=(-22)\div(-18)$

$=(-22)\times\left(-\frac{1}{18}\right)=\frac{11}{9}$

답 ①

6 $|A|=|B|$이고 A는 B보다 작으므로

$A<0$, $B>0$

또, A, B는 수직선에서 원점으로부터 각각 $7\times\frac{1}{2}=3.5$만큼 떨어진 점이 나타내는 수이므로

$A=-3.5$, $B=3.5$

A를 나타내는 점으로부터의 거리가 8.5인 점이 나타내는 수는 수직선에서 A의 오른쪽에 있는 점이면

$-3.5+8.5=5$

A의 왼쪽에 있는 점이면

$-3.5-8.5=-12$

답 5, -12

7 $|n|<\frac{11}{5}$이면 $-\frac{11}{5}<n<\frac{11}{5}$이므로 정수 n은

-2, -1, 0, 1, 2

또, $\frac{1}{3}<|n|\le\frac{11}{3}$이면 $|n|=1, 2, 3$이므로 정수 n은

-3, -2, -1, 1, 2, 3

따라서 이를 모두 만족하는 정수 n은

-2, -1, 1, 2

이 중 가장 큰 값은 $a=2$, 가장 작은 값은 $b=-2$이므로

$a-b=4$

답 ②

8 $b\times c>0$에서 $b>0$, $c>0$ 또는 $b<0$, $c<0$

이때 $b+c<0$이므로 $b<0$, $c<0$

또, $a\times c<0$, $c<0$이므로 $a>0$

① $a-b>0$ ② $a-c>0$

③ $a\times b<0$ ④ $a\times b\times c>0$

⑤ $a+b\div c>0$

따라서 부호가 나머지 넷과 다른 하나는 ③이다.

답 ③

9 주어진 수는 여섯 개의 수 -1, 2, $-\frac{1}{3}$, $\frac{3}{2}$, -1, -1이 이 순서로 반복되고 있다.

처음 여섯 개의 수의 합은

$(-1)+2+\left(-\frac{1}{3}\right)+\frac{3}{2}+(-1)+(-1)$

$=\{(-1)+2+(-1)+(-1)\}+\left(-\frac{1}{3}+\frac{3}{2}\right)$

$=(-1)+\frac{7}{6}=\frac{1}{6}$

이때 $2018=6\times336+2$이므로 구하는 합은

$336\times\frac{1}{6}+\{(-1)+2\}=56+1=57$

답 57

10 주어진 수가 9이므로 A, B, C의 순서로 계산하면

A: $9\times\frac{4}{3}-\frac{1}{2}=12-\frac{1}{2}=\frac{23}{2}$

B: $\left\{\frac{23}{2}+(-1)\right\}\times4=\frac{21}{2}\times4=42$

C: $(42+3)\div\frac{9}{7}=45\times\frac{7}{9}=35$

따라서 계산한 결과는 35이다.

답 35

11 $a=\left\{1-\left(-\frac{2}{3}\right)^2\div\left(-\frac{1}{3}\right)\right\}\div\frac{1}{4}$

$=\left\{1-\frac{4}{9}\div\left(-\frac{1}{3}\right)\right\}\div\frac{1}{4}$

$=\left\{1-\frac{4}{9}\times(-3)\right\}\div\frac{1}{4}$

$=\left(1+\frac{4}{3}\right)\div\frac{1}{4}=\frac{7}{3}\times4=\frac{28}{3}$

$b=-\frac{11}{4}-\left\{-1+\frac{3}{4}\times\left(\frac{1}{4}\right)^2\div\left(-\frac{1}{2}\right)^3\right\}$

$=-\frac{11}{4}-\left\{-1+\frac{3}{4}\times\frac{1}{16}\div\left(-\frac{1}{8}\right)\right\}$

$=-\frac{11}{4}-\left\{-1+\frac{3}{4}\times\frac{1}{16}\times(-8)\right\}$

$=-\frac{11}{4}-\left\{-1+\left(-\frac{3}{8}\right)\right\}$

$=-\frac{11}{4}-\left(-\frac{11}{8}\right)=-\frac{22}{8}+\frac{11}{8}=-\frac{11}{8}$

따라서 $-\frac{11}{8}<n<\frac{28}{3}$을 만족하는 정수 n은

-1, 0, 1, 2, 3, $\cdots$, 9의 11개이다.

답 11개

12 $\frac{1}{1\times2}+\frac{1}{2\times3}+\frac{1}{3\times4}+\cdots+\frac{1}{99\times100}$

$=\left(1-\frac{1}{2}\right)+\left(\frac{1}{2}-\frac{1}{3}\right)+\left(\frac{1}{3}-\frac{1}{4}\right)+\cdots+\left(\frac{1}{99}-\frac{1}{100}\right)$

$=1-\frac{1}{100}=\frac{99}{100}$

답 ②

13 두 정수 a, b에 대하여 $|a|+|b|=4$이므로 다음과 같이 경우를 나누어 생각할 수 있다.

(i) $|a|=0$, $|b|=4$일 때
(a, b)는 $(0, 4)$의 1개
(ii) $|a|=1$, $|b|=3$일 때
(a, b)는 $(1, 3)$, $(-1, 3)$의 2개
(iii) $|a|=2$, $|b|=2$일 때
(a, b)는 $(-2, 2)$의 1개
(iv) $|a|=3$, $|b|=1$일 때
(a, b)는 $(-3, 1)$, $(-3, -1)$의 2개
(v) $|a|=4$, $|b|=0$일 때
(a, b)는 $(-4, 0)$의 1개
(i)~(v)에 의하여 (a, b)의 개수는
$1+2+1+2+1=7$(개)

답 ④

14 $\frac{a}{b}>0$이므로 $a>0$, $b>0$ 또는 $a<0$, $b<0$
$a\times b\times c=16$에서 $a\times b>0$이므로 $c>0$
$a\ge b\ge c$에서 $c>0$이므로 $a>0$, $b>0$
따라서 a, b, c는 모두 양수이고 절댓값이 1이 아니며
$|a|\times|b|=8$, $a\ge b\ge c$이므로 $a=4$, $b=2$, $c=2$
$\therefore a+b+c=8$

답 8

15 n의 값에 관계없이 $2n+1$은 항상 홀수이다.
(i) n이 홀수일 때, $n+1$은 짝수이므로
$(-a)^{2n+1}+(-a)^n+a^{2n+1}+(-1)^{n+1}\times a^n$
$=-a^{2n+1}-a^n+a^{2n+1}+a^n=0$
(ii) n이 짝수일 때, $n+1$은 홀수이므로
$(-a)^{2n+1}+(-a)^n+a^{2n+1}+(-1)^{n+1}\times a^n$
$=-a^{2n+1}+a^n+a^{2n+1}-a^n=0$
(i), (ii)에 의하여
$(-a)^{2n+1}+(-a)^n+a^{2n+1}+(-1)^{n+1}\times a^n=0$

답 0

16 2가 적혀 있는 꼭짓점에서 출발하여
1번 이동: 2는 양수이므로 -5에 도착
2번 이동: -5는 음수이므로 $\frac{3}{7}$에 도착
3번 이동: $\frac{3}{7}$은 양수이므로 5.7에 도착
4번 이동: 5.7은 양수이므로 -1.5에 도착
5번 이동: -1.5는 음수이므로 $3\frac{1}{2}$에 도착
6번 이동: $3\frac{1}{2}$은 양수이므로 2에 도착
즉, 2가 적혀 있는 꼭짓점에서 출발하여 6번 이동하면 다시 2가 적혀 있는 꼭짓점으로 되돌아오므로
2, -5, $\frac{3}{7}$, 5.7, -1.5, $3\frac{1}{2}$이 이 순서로 반복된다.
이때 $2020=6\times336+4$이므로 2020번 이동한 후 점 P가 도착하는 꼭짓점은 4번 이동한 후 도착하는 꼭짓점과 같다.
따라서 구하는 수는 -1.5이다.

답 ⑤

17 두 점 A, D 사이의 거리는
$\frac{9}{4}-\left(-\frac{2}{3}\right)=\frac{9}{4}+\frac{2}{3}=\frac{27}{12}+\frac{8}{12}=\frac{35}{12}$이므로
(이웃한 두 점 사이의 거리)$=$(두 점 A, D 사이의 거리)$\div5$
$=\frac{35}{12}\div5=\frac{35}{12}\times\frac{1}{5}=\frac{7}{12}$
따라서 점 B가 나타내는 수는
$p=\left(-\frac{2}{3}\right)+2\times\frac{7}{12}=-\frac{4}{6}+\frac{7}{6}=\frac{3}{6}=\frac{1}{2}$
점 C가 나타내는 수는
$q=\frac{1}{2}+\frac{7}{12}=\frac{6}{12}+\frac{7}{12}=\frac{13}{12}$
$\therefore 6\times p+60\times q=6\times\frac{1}{2}+60\times\frac{13}{12}$
$=3+65=68$

답 68

18 $a\times b<0$이므로 $a>0$, $b<0$ 또는 $a<0$, $b>0$
이때 $a-b<0$이므로 $a<0$, $b>0$
그런데 $a+b<0$이므로 $|a|>|b|$
a, b는 -4, -3, -2, -1, 1, 2 중 뽑은 서로 다른 두 수이므로 음수 a의 값을 기준으로 경우를 나누어 생각하면 다음과 같다.
(i) $a=-4$일 때, $b=1$ 또는 $b=2$이므로
$a\times b=-4$ 또는 $a\times b=-8$
(ii) $a=-3$일 때, $b=1$ 또는 $b=2$이므로
$a\times b=-3$ 또는 $a\times b=-6$
(iii) $a=-2$일 때, $b=1$이므로
$a\times b=-2$
(iv) $a=-1$일 때, 조건을 만족하는 b는 없다.
(i)~(iv)에 의하여 $a\times b$의 값 중 가장 큰 값은 $M=-2$,
가장 작은 값은 $m=-8$이므로
$M-m=-2-(-8)=-2+8=6$

답 6

19 조건 (가)에서 a의 역수가 b이므로 $a\times b=1$
즉, $a\times b\times c=1$에서 $1\times c=1$이므로
$c=1$ …… ㉠
또, 조건 (나)에서 a, b, c 중 적어도 하나가 음수인데 $c=1$로 양수이므로 a, b 중 적어도 하나가 음수이어야 한다. 그런데 조건 (가)에서 두 수 a, b의 부호는 같으므로
$a<0$, $b<0$
조건 (라)에서 $|a|<1$이므로 $a\times b=1$에서 $|b|>1$
$\therefore b<-1<a<0$ …… ㉡
조건 (다)에서 b와 d의 부호는 반대이고 $b<0$이므로 $d>0$

조건 ㈑에서 $c \times d \times e > 0$이고 $c=1$, $d>0$이므로 $e>0$
조건 ㈐에서 $|e|<1$이므로
$0<e<1$ ...... ㉢
$d>0$, $|b|=|d|$이므로 ㉡에 의하여
$d>1$ ...... ㉣
㉠~㉣에서 $d>c>e>0>a>-1>b$이므로 두 번째로 오는 수는 c이다.

답 ③

서술형으로 끝내기

본문 55~56쪽

1 (1) -6 (2) -16
2 (1) 준호: 동쪽으로 6.2 m 떨어진 곳
창민: 서쪽으로 10.1 m 떨어진 곳
(2) 16.3 m
3 (1) $a<0$, $b<0$ (2) $a+b+c<0$
4 (1) $A=\frac{8}{7}$, $B=\frac{7}{8}$ (2) $C=\frac{16}{7}$, $D=\frac{64}{49}$
5 650 cm^2 6 -154
7 9 8 민영이가 $\frac{5}{4}$ 차이로 이겼다.

1 (1) 어떤 수를 □라 하면
□$\div 3+(-2)=-4$ ...... ❶
□$\div 3=-4-(-2)$, □$\div 3=-2$
$\therefore$ □$=(-2)\times 3=-6$ ...... ❷
(2) 바르게 계산한 답은
$(-6)\times 3-(-2)=-18+2=-16$ ...... ❸

답 (1) -6 (2) -16

채점 기준	배점
❶ 어떤 수에 대하여 잘못 계산한 식 세우기	30%
❷ 어떤 수 구하기	30%
❸ 바르게 계산한 답 구하기	40%

2 (1) 두 사람이 처음 서 있던 축구 골대의 위치를 0이라 하고 동쪽으로 가는 것을 +, 서쪽으로 가는 것을 −로 나타내면 ...... ❶
준호의 위치는
$(+30.5)+(-45.2)+(+20.9)$
$=(+30.5)+(+20.9)+(-45.2)$
$=(+51.4)+(-45.2)$
$=+6.2(\text{m})$
즉, 준호의 위치는 처음 서 있던 축구 골대의 지점으로부터 동쪽으로 6.2 m 떨어진 곳이다. ...... ❷
한편, 창민이의 위치는
$(-26.3)+(+36.9)+(-20.7)$
$=(-26.3)+(-20.7)+(+36.9)$
$=(-47)+(+36.9)$
$=-10.1(\text{m})$
즉, 창민이의 위치는 처음 서 있던 축구 골대의 지점으로부터 서쪽으로 10.1 m 떨어진 곳이다. ...... ❸
(2) 축구 골대의 지점으로부터 준호는 동쪽으로 6.2 m, 창민이는 서쪽으로 10.1 m 떨어진 곳에 있으므로 준호와 창민이 사이의 거리는
$(+6.2)-(-10.1)=(+6.2)+(+10.1)$
$=16.3(\text{m})$ ...... ❹

답 (1) 준호: 동쪽으로 6.2 m 떨어진 곳
창민: 서쪽으로 10.1 m 떨어진 곳
(2) 16.3 m

채점 기준	배점
❶ +, − 정하기	20%
❷ 준호의 위치 구하기	30%
❸ 창민이의 위치 구하기	30%
❹ 준호와 창민이 사이의 거리 구하기	20%

3 (1) $a\times b>0$이므로
$a>0$, $b>0$ 또는 $a<0$, $b<0$
이때 $a+b<0$이므로
$a<0$, $b<0$ ...... ❶
(2) $a<0$, $b<0$이고 $a\times b\times c\le 0$이므로
$c\le 0$ ...... ❷
따라서 $a<0$, $b<0$, $c\le 0$이므로
$a+b+c<0$ ...... ❸

답 (1) $a<0$, $b<0$ (2) $a+b+c<0$

채점 기준	배점
❶ a, b의 부호 정하기	40%
❷ c의 부호 정하기	30%
❸ $a+b+c$의 부호 정하기	30%

4 (1) $A=1-\left\{-\frac{4}{9}+18\times\left(-\frac{1}{3}\right)^4\right\}\times\frac{9}{14}$
$=1-\left(-\frac{4}{9}+18\times\frac{1}{81}\right)\times\frac{9}{14}$
$=1-\left(-\frac{4}{9}+\frac{2}{9}\right)\times\frac{9}{14}$
$=1-\left(-\frac{2}{9}\right)\times\frac{9}{14}=1-\left(-\frac{1}{7}\right)$
$=1+\frac{1}{7}=\frac{8}{7}$ ...... ❶

따라서 $A=\frac{8}{7}$이고 $A\times B=1$에서 B는 A의 역수이므로

$B=\frac{7}{8}$ …… ❷

(2) 주어진 순서에 따라 계산하면

$C\div 2=A=\frac{8}{7}$

$\therefore C=\frac{8}{7}\times 2=\frac{16}{7}$ …… ❸

$A\div D=B$에서 $\frac{8}{7}\div D=\frac{7}{8}$이므로

$D=\frac{8}{7}\div\frac{7}{8}=\frac{8}{7}\times\frac{8}{7}=\frac{64}{49}$ …… ❹

답 (1) $A=\frac{8}{7}$, $B=\frac{7}{8}$ (2) $C=\frac{16}{7}$, $D=\frac{64}{49}$

채점 기준	배점
❶ A의 값 구하기	40%
❷ B의 값 구하기	20%
❸ C의 값 구하기	20%
❹ D의 값 구하기	20%

5 새로 만든 직사각형의 가로의 길이는

$25+25\times\frac{30}{100}=25+\frac{15}{2}=\frac{65}{2}\text{(cm)}$ …… ❶

새로 만든 직사각형의 세로의 길이는

$25-25\times\frac{20}{100}=25-5=20\text{(cm)}$ …… ❷

따라서 새로 만든 직사각형의 넓이는

$\frac{65}{2}\times 20=650\text{(cm}^2\text{)}$ …… ❸

답 650 cm^2

채점 기준	배점
❶ 새로 만든 직사각형의 가로의 길이 구하기	40%
❷ 새로 만든 직사각형의 세로의 길이 구하기	40%
❸ 새로 만든 직사각형의 넓이 구하기	20%

6 각 줄을 식으로 나타내면

$56\div 7$ [M+], 4×24 [M−], 36×2 [M−], $42\div 7$ [M+] [MR]

이므로 계산 결과는

$56\div 7-4\times 24-36\times 2+42\div 7$ …… ❶

$=8-96-72+6$

$=-154$ …… ❷

답 -154

채점 기준	배점
❶ 하나의 식으로 나타내기	60%
❷ 계산 결과 구하기	40%

7 은수가 가위로 4번, 바위로 2번, 보로 1번 이기고 3번 졌으므로 은수가 서 있는 계단의 위치는

$(+1)\times 4+(+2)\times 2+(+3)\times 1+(-1)\times 3$

$=4+4+3+(-3)$

$=8$ …… ❶

민호는 가위로 1번, 바위로 1번, 보로 1번 이기고 7번 졌으므로 민호가 서 있는 계단의 위치는

$(+1)\times 1+(+2)\times 1+(+3)\times 1+(-1)\times 7$

$=1+2+3+(-7)$

$=-1$ …… ❷

따라서 은수와 민호가 서 있는 계단의 위치의 차는

$8-(-1)=9$ …… ❸

답 9

채점 기준	배점
❶ 은수가 서 있는 계단의 위치 구하기	40%
❷ 민호가 서 있는 계단의 위치 구하기	40%
❸ 은수와 민호가 서 있는 계단의 위치의 차 구하기	20%

8 두 사람 모두 양수 1개, 음수 2개를 뽑았으므로 계산 결과는 양수이다. 이때 곱하는 두 수는 절댓값이 큰 수, 나누는 수는 절댓값이 가장 작은 수이어야 계산 결과가 가장 크다.

…… ❶

상진이가 뽑은 카드의 수의 절댓값을 비교하면

$|-2|>\left|\frac{5}{8}\right|>\left|-\frac{3}{7}\right|$이므로 계산 결과가 가장 큰 수는

$(-2)\times\frac{5}{8}\div\left(-\frac{3}{7}\right)=(-2)\times\frac{5}{8}\times\left(-\frac{7}{3}\right)$

$=\frac{35}{12}$ …… ❷

민영이가 뽑은 카드의 수의 절댓값을 비교하면

$\left|\frac{5}{2}\right|>\left|-\frac{4}{3}\right|>\left|-\frac{4}{5}\right|$이므로 계산 결과가 가장 큰 수는

$\frac{5}{2}\times\left(-\frac{4}{3}\right)\div\left(-\frac{4}{5}\right)=\frac{5}{2}\times\left(-\frac{4}{3}\right)\times\left(-\frac{5}{4}\right)$

$=\frac{25}{6}$ …… ❸

따라서 $\frac{25}{6}>\frac{35}{12}$이므로 민영이가

$\frac{25}{6}-\frac{35}{12}=\frac{50}{12}-\frac{35}{12}=\frac{15}{12}=\frac{5}{4}$

차이로 이겼다. …… ❹

답 민영이가 $\frac{5}{4}$ 차이로 이겼다.

채점 기준	배점
❶ 계산 결과가 가장 클 조건 구하기	20%
❷ 상진이의 계산 결과 중 가장 큰 수 구하기	30%
❸ 민영이의 계산 결과 중 가장 큰 수 구하기	30%
❹ 누가 얼마 차이로 이겼는지 구하기	20%

Ⅲ. 문자와 식

5 문자와 식

꼭 나오는 대표 빈출로 핵심 확인 본문 59쪽

1 ②	2 ③	3 ①	4 80 m	5 ①, ⑤
6 ③	7 ④	8 $x+\frac{7}{2}$		

1 ① $x\times2\times y\times(-3)\times x=-6x^2y$
③ $0.1\times x\times y\times x=0.1x^2y$
④ $a\times b\times2\div(-1)=-2ab$
⑤ $x+y\div3=x+\frac{y}{3}$
따라서 옳은 것은 ②이다. 답 ②

2 ㄱ. $4\times a=4a$
ㄴ. $10\times a+b=10a+b$
ㄷ. (거리)=(속력)×(시간)$=ab$(km)
따라서 옳은 것은 ㄷ뿐이다. 답 ③

3 ① $a+b=\left(-\frac{1}{2}\right)+2=\frac{3}{2}$
② $a-b=\left(-\frac{1}{2}\right)-2=-\frac{5}{2}$
③ $2a+1=2\times\left(-\frac{1}{2}\right)+1=0$
④ $a^2+\frac{1}{2}b=\left(-\frac{1}{2}\right)^2+\frac{1}{2}\times2=\frac{1}{4}+1=\frac{5}{4}$
⑤ $a-b^3=\left(-\frac{1}{2}\right)-2^3=-\frac{17}{2}$
따라서 식의 값이 가장 큰 것은 ①이다. 답 ①

4 $t=2$를 $50t-5t^2$에 대입하면
$50\times2-5\times2^2=100-20=80$
따라서 구하는 높이는 80 m이다. 답 80 m

5 ① 항은 $4x^2$, $-3x$, -5의 3개이다.
⑤ 차수가 가장 높은 항은 $4x^2$이고 이 항의 차수는 2이므로 주어진 다항식의 차수는 2이다.
따라서 옳지 않은 것은 ①, ⑤이다. 답 ①, ⑤

6 ① $2a$, a^2은 문자는 같지만 차수가 다르다.
② x^2y, xy^2은 문자는 같지만 각 문자의 차수가 다르다.
③ $3a$, $-\frac{a}{3}$는 문자가 a로 같고 차수도 1로 같으므로 동류항이다.
④ $3a^2$, $2a^3$은 문자는 같지만 차수가 다르다.
⑤ $2a^3$, $2b^3$은 차수는 같지만 문자가 다르다.
따라서 동류항끼리 바르게 짝지어진 것은 ③이다. 답 ③

7 ① $(x+6)\div3=(x+6)\times\frac{1}{3}=\frac{x}{3}+2$
② $(x+1)\times(-2)=-2x-2$
③ $(2x+1)+(x-3)=2x+x+1-3=3x-2$
④ $-(x+2)+3(x-2)=-x-2+3x-6$
$=-x+3x-2-6$
$=2x-8$
⑤ $\frac{1}{2}(6x+3)-x=3x+\frac{3}{2}-x=2x+\frac{3}{2}$
따라서 옳은 것은 ④이다. 답 ④

8 어떤 다항식을 $\square$라 하면
$\square\times2-(3x+2)=-x+5$
$\square\times2=-x+5+(3x+2)=2x+7$
$\therefore\ \square=(2x+7)\div2$
$=(2x+7)\times\frac{1}{2}=x+\frac{7}{2}$ 답 $x+\frac{7}{2}$

Step 1 이 단원에서 뽑은 **고득점 준비 문제** 본문 60~64쪽

대표문제 1 $\left(\frac{20}{x}+\frac{3}{4}\right)$시간
유제 1 $\frac{10a+9b}{a+b}$점 유제 2 $\frac{6}{5}a$ %
유제 3 $(ab-2a-2b+4)$ m^2
대표문제 2 $\frac{1}{2}$ 유제 4 $-\frac{7}{6}$ 유제 5 1009
유제 6 $S=32n+96$, 416
대표문제 3 6 유제 7 $a=5$, $b=-6$
유제 8 14 유제 9 32
대표문제 4 $-4x+12$ 유제 10 $-\frac{9}{4}$
유제 11 $\frac{7}{4}x+\frac{7}{4}y$ 유제 12 $28x-12$
대표문제 5 $16x-7$ 유제 13 $59x+15$ 유제 14 $5x-2$
유제 15 (가) $-7x$, (나) $10x-4$, (다) $8x-5$

대표문제 1 시속 x km의 속력으로 움직인 시간은 $\frac{20}{x}$시간이고
45분$=\frac{45}{60}$시간$=\frac{3}{4}$시간이므로
(A 지점에서 출발하여 B 지점에 도착할 때까지 걸린 시간)
=(시속 x km의 속력으로 움직인 시간)+(쉰 시간)
$=\frac{20}{x}+\frac{3}{4}$(시간) 답 $\left(\frac{20}{x}+\frac{3}{4}\right)$시간

유제 1 (10점인 학생들의 점수의 합)$=10\times a=10a$(점)

(9점인 학생들의 점수의 합)$=9\times b=9b$(점)

(학생들의 점수의 총합)$=10a+9b$(점)

$\therefore$ (평균)$=\dfrac{(\text{점수의 총합})}{(\text{총 학생 수})}=\dfrac{10a+9b}{a+b}$(점)

답 $\dfrac{10a+9b}{a+b}$점

유제 2 처음 500 g의 소금물에 들어 있는 소금의 양과 a %의 소금물 $500+100=600$(g)에 들어 있는 소금의 양은 같다.

이때 (소금의 양)$=\dfrac{(\text{소금물의 농도})}{100}\times$(소금물의 양)이므로

$\dfrac{(\text{처음 소금물의 농도})}{100}\times 500=\dfrac{a}{100}\times 600$

$5\times$(처음 소금물의 농도)$=6a$

$\therefore$ (처음 소금물의 농도)$=\dfrac{6}{5}a$(%)

답 $\dfrac{6}{5}a$ %

유제 3 (길을 제외한 땅의 넓이)

=(직사각형 모양의 땅의 넓이)

−(가로 방향 길의 넓이)−(세로 방향 길의 넓이)

+(가로 방향과 세로 방향의 길이 겹치는 부분의 넓이)

$=a\times b-2\times a-2\times b+2\times 2$

$=ab-2a-2b+4(\text{m}^2)$

답 $(ab-2a-2b+4)\ \text{m}^2$

대표문제 2 $\dfrac{|2x+8y|-x^2-y}{11}$

$=\dfrac{\left|2\times\frac{1}{2}+8\times\left(-\frac{3}{4}\right)\right|-\left(\frac{1}{2}\right)^2-\left(-\frac{3}{4}\right)}{11}$

$=\dfrac{5-\frac{1}{4}+\frac{3}{4}}{11}=\dfrac{\frac{11}{2}}{11}=\dfrac{11}{2}\div 11$

$=\dfrac{11}{2}\times\dfrac{1}{11}=\dfrac{1}{2}$

답 $\dfrac{1}{2}$

참고 $\dfrac{\frac{A}{B}}{\frac{C}{D}}=\dfrac{A}{B}\div\dfrac{C}{D}=\dfrac{A}{B}\times\dfrac{D}{C}=\dfrac{AD}{BC}$ (단, $BCD\neq 0$)

유제 4 $\dfrac{-2a^2+b^2}{a+b}=\dfrac{-2\times\left(\frac{1}{3}\right)^2+\left(-\frac{1}{6}\right)^2}{\frac{1}{3}+\left(-\frac{1}{6}\right)}$

$=\dfrac{-2\times\frac{1}{9}+\frac{1}{36}}{\frac{1}{6}}=\dfrac{-\frac{2}{9}+\frac{1}{36}}{\frac{1}{6}}$

$=\dfrac{-\frac{7}{36}}{\frac{1}{6}}=\left(-\dfrac{7}{36}\right)\div\dfrac{1}{6}$

$=\left(-\dfrac{7}{36}\right)\times 6=-\dfrac{7}{6}$

답 $-\dfrac{7}{6}$

유제 5 $x=-1$이므로

$x=x^3=x^5=\cdots=x^{2017}=-1,\ x^2=x^4=x^6=\cdots=x^{2018}=1$

$\therefore x+2x^2+3x^3+\cdots+2017x^{2017}+2018x^{2018}$

$=-1+2-3+4-\cdots-2017+2018$

$=(-1+2)+(-3+4)+\cdots+(-2017+2018)$

$=\underbrace{1+1+1+\cdots+1}_{2018\div 2=1009(\text{개})}$

$=1009$

답 1009

유제 6 한 모서리의 길이가 4인 정육면체의 한 면의 넓이는

$4\times 4=16$

$\therefore$ (정육면체의 겉넓이)$=6\times 16=96$

주어진 정육면체를

1번 자르면 넓이가 16인 정사각형 모양의 단면이 2개,

2번 자르면 넓이가 16인 정사각형 모양의 단면이 4개,

3번 자르면 넓이가 16인 정사각형 모양의 단면이 6개,

⋮

n번 자르면 넓이가 16인 정사각형 모양의 단면이

$2\times n=2n$(개) 늘어나므로

$S=$(정육면체의 겉넓이)$+2n\times 16$

$=32n+96$

따라서 $n=10$일 때

$S=32\times 10+96=416$

답 $S=32n+96$, 416

대표문제 3 $-2x^2-3x+a-b(x^2+x-1)$

$=-2x^2-3x+a-bx^2-bx+b$

$=-2x^2-bx^2-3x-bx+a+b$

$=-(2+b)x^2-(3+b)x+(a+b)$

이 다항식이 x에 대한 일차식이므로

$2+b=0 \qquad \therefore b=-2$

또, 상수항이 2이므로

$a+b=2,\ a-2=2 \qquad \therefore a=4$

$\therefore a-b=6$

답 6

참고 x의 계수는 $-(3+b)=-(3-2)=-1$로 0이 아니므로 이 다항식은 x에 대한 일차식이다.

유제 7 $5x^2-2x+3-ax^2-x+b=5x^2-ax^2-2x-x+3+b$

$=(5-a)x^2-3x+(b+3)$

이 다항식이 x에 대한 일차식이므로

$5-a=0 \qquad \therefore a=5$

또, 상수항이 -3이므로

$b+3=-3 \qquad \therefore b=-6$

답 $a=5,\ b=-6$

유제 8 다항식 $-ax^3+9x^3-9cx^2-x=(-a+9)x^3-9cx^2-x$가 x에 대한 일차식이므로

$-a+9=0,\ -9c=0 \qquad \therefore a=9,\ c=0$

또, 다항식

$-5x^2+x-4+bx^2-bx+ax-2$

$=(-5+b)x^2+(1-b+a)x-6$

$=(-5+b)x^2+(10-b)x-6$

이 x에 대한 일차식이므로

$-5+b=0,\ 10-b\neq0 \qquad \therefore b=5$

$\therefore a+b+c=14$

답 14

유제 9 $4\left[\frac{1}{2}\{x-(3x+1)\}-3x^2\right]-a(x^2+3x)$

$=4\left\{\frac{1}{2}(x-3x-1)-3x^2\right\}-a(x^2+3x)$

$=4\left\{\frac{1}{2}(-2x-1)-3x^2\right\}-a(x^2+3x)$

$=4\left(-x-\frac{1}{2}-3x^2\right)-a(x^2+3x)$

$=-4x-2-12x^2-ax^2-3ax$

$=-(12+a)x^2-(4+3a)x-2$

이 다항식이 x에 대한 일차식이므로

$12+a=0 \qquad \therefore a=-12$

따라서 x의 계수는

$-(4+3a)=-\{4+3\times(-12)\}=32$

답 32

대표문제 4 $-9B-C+8\left\{-\frac{1}{2}(A+C)+B\right\}$

$=-9B-C+8\left(-\frac{1}{2}A-\frac{1}{2}C+B\right)$

$=-9B-C-4A-4C+8B$

$=-4A-B-5C$

$=-4(x-1)-(-3x+2)-5\left(\frac{3}{5}x-2\right)$

$=-4x+4+3x-2-3x+10$

$=-4x+12$

답 $-4x+12$

유제 10 $\frac{3x-1}{4}\times\left(-\frac{5}{2}\right)=\left(\frac{3}{4}x-\frac{1}{4}\right)\times\left(-\frac{5}{2}\right)$

$=\frac{3}{4}x\times\left(-\frac{5}{2}\right)-\frac{1}{4}\times\left(-\frac{5}{2}\right)$

$=-\frac{15}{8}x+\frac{5}{8}$

즉, x의 계수는 $-\frac{15}{8}$이므로 $a=-\frac{15}{8}$

$\frac{x+3}{3}\div\frac{6}{5}=\left(\frac{1}{3}x+1\right)\times\frac{5}{6}=\frac{1}{3}x\times\frac{5}{6}+\frac{5}{6}$

$=\frac{5}{18}x+\frac{5}{6}$

즉, 상수항은 $\frac{5}{6}$이므로 $b=\frac{5}{6}$

$\therefore \frac{a}{b}=a\div b=\left(-\frac{15}{8}\right)\div\frac{5}{6}$

$=\left(-\frac{15}{8}\right)\times\frac{6}{5}=-\frac{9}{4}$

답 $-\frac{9}{4}$

유제 11 $2n$은 짝수이므로 $(-1)^{2n}=1$

$2n+1$은 홀수이므로 $(-1)^{2n+1}=-1$

$\therefore (-1)^{2n}\times\frac{5x-y}{4}-(-1)^{2n+1}\times\frac{x+4y}{2}$

$=\frac{5x-y}{4}+\frac{x+4y}{2}=\frac{5x-y+2(x+4y)}{4}$

$=\frac{5x-y+2x+8y}{4}=\frac{7x+7y}{4}$

$=\frac{7}{4}x+\frac{7}{4}y$

답 $\frac{7}{4}x+\frac{7}{4}y$

유제 12 직사각형의 긴 변의 길이는 $8+3=11$, 짧은 변의 길이는 $x+3x=4x$이므로 각 삼각형의 변의 길이를 구하면 오른쪽 그림과 같다. 따라서 색칠한 사각형의 넓이는

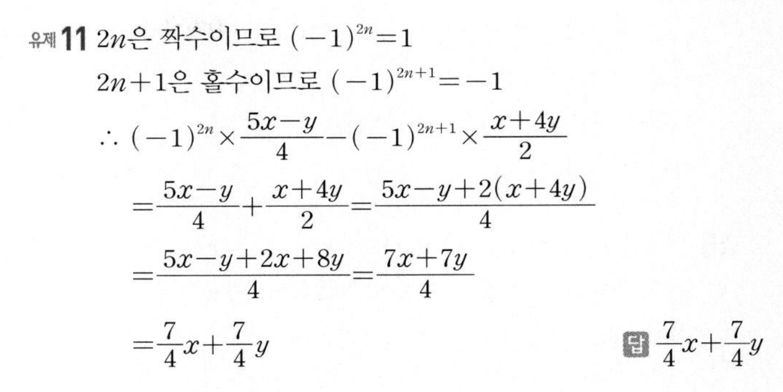

$11\times4x-\frac{1}{2}\times8\times x-\frac{1}{2}\times3x\times4-\frac{1}{2}\times7\times6$

$-\frac{1}{2}\times3\times(4x-6)$

$=44x-4x-6x-21-6x+9$

$=28x-12$

답 $28x-12$

대표문제 5 어떤 다항식을 □라 하면

$\square+(-6x+5)=4x+3$

$\therefore \square=4x+3-(-6x+5)=4x+3+6x-5$

$=10x-2$

따라서 바르게 계산한 식은

$(10x-2)-(-6x+5)=10x-2+6x-5$

$=16x-7$

답 $16x-7$

유제 13 어떤 다항식을 □라 하면

$\square\div2-(3x-1)=11x+5$

$\square\div2=11x+5+(3x-1)=11x+5+3x-1$

$=14x+4$

$\therefore \square=(14x+4)\times2=28x+8$

따라서 바르게 계산한 식은

$(28x+8)\times2+(3x-1)=56x+16+3x-1$

$=59x+15$

답 $59x+15$

유제 14 일차식 A의 상수항이 -2이므로

$A=ax-2$ (a는 상수, $a\neq0$)로 놓을 수 있다.

또, 일차식 B의 x의 계수가 4이므로

$B=4x+b$ (b는 상수)로 놓을 수 있다.

$\therefore 3B-(2A+B)+A=3B-2A-B+A=-A+2B$

$=-(ax-2)+2(4x+b)$

$=-ax+2+8x+2b$

$=(-a+8)x+(2+2b)$

이 일차식의 x의 계수가 7, 상수항이 2이므로

$-a+8=7,\ 2+2b=2 \qquad \therefore a=1,\ b=0$

따라서 $A=x-2,\ B=4x$이므로

$A+B=5x-2$ 답 $5x-2$

유제 **15** 주어진 규칙에서 $(-x+3)+(2x-5)=x-2$이므로 위의 두 일차식을 더한 것이 아래의 일차식이 된다.

$(4x+3)+$ (가) $=-3x+3$이므로

(가) $=-3x+3-(4x+3)=-3x+3-4x-3$

$=-7x$

$(-3x+3)+$ (다) $=5x-2$이므로

(다) $=5x-2-(-3x+3)=5x-2+3x-3$

$=8x-5$

$-(2x+1)+$ (나) $=$ (다) 이므로

(나) $=$ (다) $+(2x+1)=8x-5+2x+1$

$=10x-4$

$\therefore$ (가) $-7x$, (나) $10x-4$, (다) $8x-5$

답 (가) $-7x$, (나) $10x-4$, (다) $8x-5$

Step 2 고득점 실전 문제

본문 65~68쪽

1 ⑤	2 ④	3 ④	4 69	5 ③
6 -1	7 294개	8 ④	9 ①	10 ③
11 ②	12 ②	13 $\frac{39}{5}$	14 ③	15 ②
16 ①	17 ④	18 ③	19 $(2a+b+70)$점	
20 $5x+39$		21 ⑤	22 ⑤	23 ⑤

24 의자: $0.23x$ cm, 책상: $0.41x$ cm

25 (가) $\frac{12}{25}a$, (나) $\frac{9}{20}a$, (다) B

1 전략 ( ) → { }의 순서로 괄호 안부터 먼저 계산한다.

$$a\div\{c\div(3\div d)\times b\}\times2\div e=a\div\left(c\div\frac{3}{d}\times b\right)\times2\div e$$
$$=a\div\left(c\times\frac{d}{3}\times b\right)\times2\div e$$
$$=a\div\frac{bcd}{3}\times2\div e$$
$$=a\times\frac{3}{bcd}\times2\times\frac{1}{e}$$
$$=\frac{6a}{bcde}$$

답 ⑤

2 전략 $(\text{평균})=\dfrac{(\text{점수의 총합})}{(\text{총 학생 수})}$임을 이용한다.

남학생의 총점은 ax점이고, 여학생의 총점은 by점이다.

따라서 반 전체 학생의 평균 성적은 $\dfrac{ax+by}{a+b}$점이다.

답 ④

3 전략 세 자리 자연수를 문자를 사용한 식으로 나타낸다.

백의 자리의 숫자가 a, 십의 자리의 숫자가 b, 일의 자리의 숫자가 8인 세 자리 자연수는

$100\times a+10\times b+1\times8=100a+10b+8$

이때 $100a+10b+8=2(50a+5b+4)$이므로

$100a+10b+8$을 2로 나누었을 때의 몫은 $50a+5b+4$이다.

답 ④

4 전략 음수를 대입할 때는 반드시 괄호를 사용하고 분모에 분수를 대입할 때는 나눗셈 기호 ÷를 다시 써서 계산한다.

$x=-2,\ y=-\frac{1}{3}$이므로

$$8x^2-\frac{9}{y}+10=8\times(-2)^2-9\div\left(-\frac{1}{3}\right)+10$$
$$=8\times4-9\times(-3)+10$$
$$=32+27+10=69$$

답 69

5 전략 음수를 대입할 때는 반드시 괄호를 사용한다.

$x=-4,\ y=-3,\ z=-6$이므로

$$A=\frac{8}{x}-\frac{3}{y}=\frac{8}{-4}-\frac{3}{-3}=-2-(-1)=-1$$
$$B=x^2-y^3+z^2=(-4)^2-(-3)^3+(-6)^2$$
$$=16-(-27)+36=79$$
$$C=(-y)^3+\frac{z^2}{x}=\{-(-3)\}^3+\frac{(-6)^2}{-4}$$
$$=3^3+\frac{36}{-4}=27-9=18$$

$\therefore A+B-C=60$

답 ③

6 전략 $(-1)^{\text{짝수}}=1,\ (-1)^{\text{홀수}}=-1$임을 이용한다.

$$\frac{xy^n}{3}-\frac{3^2y^{n+3}}{x^2}+\frac{3^3y^{4n}}{x^3}$$
$$=\frac{(-3)\times(-1)^n}{3}-\frac{3^2\times(-1)^{n+3}}{(-3)^2}+\frac{3^3\times(-1)^{4n}}{(-3)^3}$$
$$=\frac{(-3)\times(-1)^n}{3}-\frac{9\times(-1)^{n+3}}{9}+\frac{27\times(-1)^{4n}}{-27}$$
$$=-(-1)^n-(-1)^{n+3}-(-1)^{4n}$$

(i) n이 짝수일 때, $n+3$은 홀수, $4n$은 짝수이므로

$$-(-1)^n-(-1)^{n+3}-(-1)^{4n}=-1-(-1)-1$$
$$=-1$$

(ii) n이 홀수일 때, $n+3$은 짝수, $4n$은 짝수이므로

$$-(-1)^n-(-1)^{n+3}-(-1)^{4n}=-(-1)-1-1$$
$$=-1$$

(i), (ii)에 의하여

$$\frac{xy^n}{3}-\frac{3^2y^{n+3}}{x^2}+\frac{3^3y^{4n}}{x^3}=-1$$

답 -1

7 전략 한 변에 놓인 바둑돌의 개수의 변화에 따라 바둑돌의 총 개수가 변하는 규칙을 찾는다.

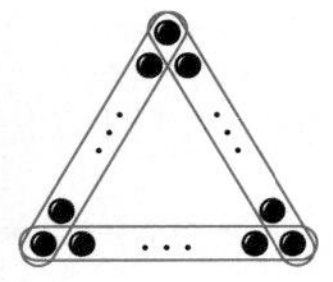

삼각형의 각 변에 놓인 바둑돌의 개수를 모두 더하면 꼭짓점의 위치에 놓인 바둑돌은 2번씩 중복하여 세어진다. 즉, 정삼각형에 사용되는 바둑돌의 개수는

한 변에 바둑돌이 2개 놓인 경우: $(2\times3-3)$개

한 변에 바둑돌이 3개 놓인 경우: $(3\times3-3)$개

한 변에 바둑돌이 4개 놓인 경우: $(4\times3-3)$개

⋮

한 변에 바둑돌이 n개 놓인 경우: $n\times3-3=3n-3$(개)

따라서 한 변에 놓인 바둑돌의 개수가 99개인 정삼각형에 사용되는 바둑돌의 총 개수는

$3\times99-3=294$(개)

답 294개

8 전략 x에 대한 다항식 $ax^2+bx+c=0$이 일차식 ⇨ $a=0$

$a(x^2+x)+b(x+2)-2x^2+x-3$

$=ax^2+ax+bx+2b-2x^2+x-3$

$=(a-2)x^2+(a+b+1)x+2b-3$

이 다항식이 x에 대한 일차식이므로

$a-2=0 \qquad \therefore a=2$

또, 상수항이 3이므로

$2b-3=3,\ 2b=6 \qquad \therefore b=3$

따라서 주어진 일차식의 x의 계수는

$a+b+1=2+3+1=6$

답 ④

9 전략 괄호 안부터 계산하고, 동류항끼리 간단히 한다.

$-3(2-x)-\left[-x+\frac{1}{3}\{3-(5x-3)-x\}\right]$

$=-3(2-x)-\left\{-x+\frac{1}{3}(3-5x+3-x)\right\}$

$=-3(2-x)-\left\{-x+\frac{1}{3}(-6x+6)\right\}$

$=-3(2-x)-(-x-2x+2)$

$=-6+3x-(-3x+2)$

$=-6+3x+3x-2=6x-8$

답 ①

10 전략 먼저 $3A-(A-B)$를 간단히 한다.

$A=2x-3y,\ B=-3x+5y$이므로

$3A-(A-B)=3A-A+B=2A+B$

$=2(2x-3y)+(-3x+5y)$

$=4x-6y-3x+5y$

$=x-y$

답 ③

11 전략 다항식을 대입할 때는 반드시 괄호를 사용한다.

① $B-C=(2x+y)-(-3x-y)$

$=2x+y+3x+y$

$=5x+2y$

② $2B-A=2(2x+y)-(-x+4y)$

$=4x+2y+x-4y$

$=5x-2y$

③ $A-2B-10D=(-x+4y)-2(2x+y)-10\times(-x)$

$=-x+4y-4x-2y+10x$

$=5x+2y$

④ $A+2C-12D=(-x+4y)+2(-3x-y)-12\times(-x)$

$=-x+4y-6x-2y+12x$

$=5x+2y$

⑤ $3B+C-2D=3(2x+y)+(-3x-y)-2\times(-x)$

$=6x+3y-3x-y+2x$

$=5x+2y$

따라서 결과가 나머지 넷과 다른 하나는 ②이다.

답 ②

12 전략 다항식 A를 구한 후, 주어진 식에 대입한다.

$A\times3-(-4x-2)=-2x+11$이므로

$A\times3=-2x+11+(-4x-2)=-6x+9$

$\therefore A=(-6x+9)\div3=(-6x+9)\times\frac{1}{3}$

$=-2x+3$

$\therefore 5x+2(A-3x)-x+1$

$=5x+2(-2x+3-3x)-x+1$

$=5x+2(-5x+3)-x+1$

$=5x-10x+6-x+1$

$=-6x+7$

답 ②

13 전략 잘못한 계산으로부터 A, B를 구하고 바르게 계산한다.

$A-\left(\frac{1}{4}x+4\right)=\frac{4}{5}x-7$이므로

$A=\frac{4}{5}x-7+\frac{1}{4}x+4=\frac{21}{20}x-3$

즉, 바르게 계산하면

$\left(\frac{21}{20}x-3\right)+\left(\frac{1}{4}x+4\right)=\frac{13}{10}x+1$

또, $B+(2x+1)=x$이므로

$B=x-(2x+1)=x-2x-1=-x-1$

즉, 바르게 계산하면

$(-x-1)-(2x+1)=-x-1-2x-1=-3x-2$

따라서 $a=\frac{13}{10},\ b=1,\ c=-3,\ d=-2$이므로

$abcd=\frac{13}{10}\times1\times(-3)\times(-2)=\frac{39}{5}$

답 $\frac{39}{5}$

14 전략 $\frac{B}{A}=\frac{2}{3}$이면 $\frac{A}{B}=\frac{3}{2}$임을 이용한다.

$\frac{5a+5b}{6x-3}=\frac{5(a+b)}{3(2x-1)}=\frac{5}{3}\times\frac{a+b}{2x-1}$ ...... ㉠

$\frac{2x-1}{a+b}=\frac{2}{3}$이면 $\frac{a+b}{2x-1}=\frac{3}{2}$이므로 ㉠에서

$\frac{5}{3}\times\frac{a+b}{2x-1}=\frac{5}{3}\times\frac{3}{2}=\frac{5}{2}$ 답 ③

다른 풀이

$2x-1=2k$, $a+b=3k$ $(k\neq0)$라 하면

$\frac{5a+5b}{6x-3}=\frac{5(a+b)}{3(2x-1)}=\frac{5\times3k}{3\times2k}=\frac{15k}{6k}=\frac{5}{2}$

15 전략 a를 b에 대한 식으로 나타내어 주어진 식에 대입한다.

$\frac{a}{b}=\frac{2}{3}$에서 $a=\frac{2}{3}b$

$\therefore \frac{4a-3b}{a+b}=\frac{4\times\frac{2}{3}b-3b}{\frac{2}{3}b+b}=\frac{\frac{8}{3}b-3b}{\frac{2}{3}b+b}=\frac{-\frac{1}{3}b}{\frac{5}{3}b}$

$=\frac{-\frac{1}{3}}{\frac{5}{3}}=\left(-\frac{1}{3}\right)\div\frac{5}{3}=\left(-\frac{1}{3}\right)\times\frac{3}{5}$

$=-\frac{1}{5}$ 답 ②

16 전략 x, y, z를 하나의 문자로 나타낸다.

$x:y:z=3:2:5$이므로

$x=3k$, $y=2k$, $z=5k$ $(k\neq0)$라 하면

$\frac{y^2-2yz+z^2}{xz-xy+x^2}=\frac{4k^2-20k^2+25k^2}{15k^2-6k^2+9k^2}$

$=\frac{9k^2}{18k^2}=\frac{1}{2}$ 답 ①

17 전략 $a+b$, $b+c$, $c+a$를 각각 하나의 문자로 나타낸다.

$a+b+c=0$에서

$a+b=-c$, $b+c=-a$, $c+a=-b$이므로

$\frac{2abc}{(a+b)(b+c)}+\frac{3abc}{(b+c)(c+a)}-\frac{abc}{(c+a)(a+b)}$

$=\frac{2abc}{(-c)\times(-a)}+\frac{3abc}{(-a)\times(-b)}-\frac{abc}{(-b)\times(-c)}$

$=\frac{2abc}{ac}+\frac{3abc}{ab}-\frac{abc}{bc}$

$=-a+2b+3c$ 답 ④

18 전략 2차 심사의 참가자 수는 1차 심사를 통과한 사람의 수와 패자 부활전을 통과한 사람의 수의 합이다.

500명 중 x %가 1차 심사에 통과하였으므로

(1차 심사 통과자 수)$=500\times\frac{x}{100}=5x$(명)

즉, 1차 심사에 탈락한 사람의 수는 $(500-5x)$명이고 이 중 20 %가 패자 부활전에서 통과하였으므로

(패자 부활전 통과자 수)$=(500-5x)\times\frac{20}{100}$

$=100-x$(명)

따라서 2차 심사의 참가자 수는

$5x+(100-x)=4x+100$(명) 답 ③

19 전략 (10명의 평균)$=\frac{(10명의 점수의 총합)}{10}$임을 이용한다.

10명 중 90점을 받은 학생 수가 a명, 80점을 받은 학생 수가 b명이므로 70점을 받은 학생 수는 $(10-a-b)$명이다.

∴ (10명의 수학 시험 성적의 평균)

$=\frac{90a+80b+70(10-a-b)}{10}$

$=\frac{90a+80b+700-70a-70b}{10}$

$=\frac{20a+10b+700}{10}=2a+b+70$(점)

답 $(2a+b+70)$점

20 전략 (색칠한 부분의 넓이)

=(큰 삼각형의 넓이)−(작은 삼각형의 넓이)

+(직사각형의 넓이)

(큰 삼각형의 넓이)$=\frac{1}{2}\times(x+7)\times4=2x+14$

(작은 삼각형의 넓이)$=\frac{1}{2}\times(x+3)\times2=x+3$

(직사각형의 넓이)$=(x+7)\times4=4x+28$

∴ (색칠한 부분의 넓이)$=(2x+14)-(x+3)+(4x+28)$

$=2x+14-x-3+4x+28$

$=5x+39$ 답 $5x+39$

21 전략 (정가)=(원가)+(이익), (이익)=(판매액)−(원가)임을 이용한다.

ㄱ. 공책 한 권의 원가는 1000원이고 한 권당 300원의 이익을 붙여 정가를 정하였으므로

(공책 한 권의 정가)$=1000+300=1300$(원)

할인가는 정가의 30 %를 할인한 가격이므로

(공책 한 권의 할인가)$=1300-1300\times\frac{30}{100}$

$=1300-390=910$(원)

따라서 정가와 할인가의 차이는

$1300-910=390$(원) (거짓)

ㄴ. 공책 100권의 원가는

$1000\times100=100000$(원)

공책 100권의 판매액은

$1300x+910\times(100-x)=1300x+91000-910x$

$=390x+91000$(원)

따라서 공책 100권을 모두 팔아 얻은 전체 이익금은

$(390x+91000)-100000=390x-9000$(원) (참)

ㄷ. 정가로 23권을 판매했을 때, 이익금은

$390\times23-9000=8970-9000=-30$(원)

정가로 24권을 판매했을 때, 이익금은

$390\times24-9000=9360-9000=360$(원)

따라서 문구점이 손해를 보지 않으려면 정가로 판매한 공책이 24권 이상이어야 한다. (참)

그러므로 옳은 것은 ㄴ, ㄷ이다. 답 ⑤

22 전략 작년 신입생 중 여학생 수를 x를 사용하여 나타낸다.

작년 신입생 중 남학생 수가 x명이므로 작년 신입생 중 여학생 수는 $(x-10)$명이다.

올해 신입생 중 남학생 수는 작년보다 10 % 감소하였으므로

$x-x\times\frac{10}{100}=x-\frac{1}{10}x=\frac{9}{10}x$(명)

올해 신입생 중 여학생 수는 작년보다 20 % 증가하였으므로

$(x-10)+(x-10)\times\frac{20}{100}=x-10+\frac{1}{5}x-2$

$=\frac{6}{5}x-12$(명)

따라서 올해 신입생 수는

$\frac{9}{10}x+\left(\frac{6}{5}x-12\right)=\frac{21}{10}x-12$(명) 답 ⑤

23 전략 정삼각형의 세 변의 한가운데에 있는 점을 이으면 똑같은 정삼각형 4개가 만들어진다.

가장 큰 정삼각형의 넓이가 a이므로

두 번째로 큰 정삼각형의 넓이는 $\frac{1}{4}a$

세 번째로 큰 정삼각형의 넓이는 $\frac{1}{4}\times\frac{1}{4}a=\frac{1}{16}a$

네 번째로 큰 정삼각형의 넓이는 $\frac{1}{4}\times\frac{1}{16}a=\frac{1}{64}a$

다섯 번째로 큰 정삼각형의 넓이는 $\frac{1}{4}\times\frac{1}{64}a=\frac{1}{256}a$

따라서 색칠한 부분의 넓이는

$\frac{1}{4}a+\frac{1}{64}a+\frac{1}{256}a=\frac{64+4+1}{256}a=\frac{69}{256}a$ 답 ⑤

24 전략 A의 x %는 $A\times\frac{x}{100}$임을 이용한다.

가장 적당한 의자의 높이는 키의 23 %이므로 키가 x cm인 학생에게 맞는 의자의 높이는

$x\times\frac{23}{100}=0.23x$(cm)

또, 가장 적당한 책상의 높이는 키의 41 %이므로 키가 x cm인 학생에게 맞는 책상의 높이는

$x\times\frac{41}{100}=0.41x$(cm)

답 의자: $0.23x$ cm, 책상: $0.41x$ cm

25 전략 같은 물건인 경우, 판매 가격이 더 낮은 쪽에서 구매하는 것이 경제적이다.

(가) A 마트

정가가 a원인 오렌지주스를 40 % 할인한 가격은

$a-a\times\frac{40}{100}=a-\frac{2}{5}a=\frac{3}{5}a$(원)

주말에는 추가로 20 % 할인하므로 A 마트에서 오렌지주스 한 병의 판매 가격은

$\frac{3}{5}a-\frac{3}{5}a\times\frac{20}{100}=\frac{3}{5}a-\frac{3}{25}a=\boxed{\frac{12}{25}a}$(원)

(나) B 마트

정가가 a원인 오렌지주스를 55 % 할인하므로 B 마트에서 오렌지주스 한 병의 판매 가격은

$a-a\times\frac{55}{100}=a-\frac{11}{20}a=\boxed{\frac{9}{20}a}$(원)

(다) A 마트에서의 가격은 $\frac{12}{25}a=\frac{48}{100}a$(원)

B 마트에서의 가격은 $\frac{9}{20}a=\frac{45}{100}a$(원)

즉, A 마트에서의 가격이 더 높으므로 $\boxed{\text{B}}$ 마트에서 구입하는 것이 경제적이다.

$\therefore$ (가) $\frac{12}{25}a$, (나) $\frac{9}{20}a$, (다) B

답 (가) $\frac{12}{25}a$, (나) $\frac{9}{20}a$, (다) B

Step 3 만점 굳히기 문제

본문 69쪽

1 $\frac{5}{4}$ **2** $-\frac{3}{2}$ **3** $(48n+16)$ cm^2

4 $\frac{13a+2b}{15}$ % **5** $a=15$, $b=10$

1 $\frac{1}{x}-\frac{1}{y}=5$에서 $\frac{y-x}{xy}=5$ $\therefore 5xy=y-x$

$\therefore \frac{11x+5xy+4y}{7x-5xy+5y}=\frac{11x+(y-x)+4y}{7x-(y-x)+5y}$

$=\frac{10x+5y}{8x+4y}$

$=\frac{5(2x+y)}{4(2x+y)}=\frac{5}{4}$ 답 $\frac{5}{4}$

2 $a+\frac{1}{b}=1$에서 $a=1-\frac{1}{b}=\frac{b-1}{b}$

$b+\frac{2}{c}=1$에서 $\frac{2}{c}=1-b$

$\therefore c=\frac{2}{1-b}=-\frac{2}{b-1}$

abc에 a, c를 각각 대입하면

$abc=\frac{b-1}{b}\times b\times\left(-\frac{2}{b-1}\right)=-2$

$\therefore \frac{x+y}{2}-\frac{y+z}{2}+\frac{z+x}{2}=\frac{x+y-y-z+z+x}{2}$

$=\frac{2x}{2}=x=\frac{3}{abc}=-\frac{3}{2}$

답 $-\frac{3}{2}$

3 정사각형 모양의 종이 n장을 겹치면 겹쳐진 부분의 개수는 $(n-1)$개이다.

한 변의 길이가 8 cm인 정사각형 모양의 종이 n장의 넓이는

$8\times8\times n=64n(\text{cm}^2)$

겹쳐진 부분은 한 변의 길이가 4 cm인 정사각형이므로 겹쳐진 정사각형 $(n-1)$개의 넓이는

$4\times4\times(n-1)=16(n-1)=16n-16(\text{cm}^2)$

∴ (보이는 부분의 넓이)

=(한 변의 길이가 8 cm인 정사각형 n개의 넓이)

−(한 변의 길이가 4 cm인 정사각형 $(n-1)$개의 넓이)

$=64n-(16n-16)=64n-16n+16$

$=48n+16(\text{cm}^2)$ 답 $(48n+16)\text{ cm}^2$

4 a %의 소금물 100 g과 b %의 소금물 200 g을 섞은 소금물에 들어 있는 소금의 양은

$\frac{a}{100}\times100+\frac{b}{100}\times200=a+2b(\text{g})$

이므로 이 소금물의 농도는

$\frac{a+2b}{100+200}\times100=\frac{a+2b}{3}(\%)$

이 소금물 100 g과 a %의 소금물 $500-100=400(\text{g})$을 섞은 소금물에 들어 있는 소금의 양은

$\frac{\frac{a+2b}{3}}{100}\times100+\frac{a}{100}\times400=\frac{a+2b}{3}+4a=\frac{13a+2b}{3}(\text{g})$

따라서 구하는 농도는

$\frac{\frac{13a+2b}{3}}{100+400}\times100=\frac{13a+2b}{15}(\%)$ 답 $\frac{13a+2b}{15}$ %

5 점 P가 점 A를 출발하여 n바퀴 돌고 난 후 점 D에 도착할 때까지 움직인 거리는

$5\times6\times n+5\times3=30n+15(\text{cm})$

점 P는 매초 3 cm의 속력으로 움직이므로 걸리는 시간은

$\frac{30n+15}{3}=10n+5$(초)

점 Q가 점 C를 출발하여 m바퀴 돌고 난 후 다시 점 C에 도착할 때까지 움직인 거리는

$5\times6\times m=30m(\text{cm})$

점 Q는 매초 4 cm의 속력으로 움직이므로 걸리는 시간은

$\frac{30m}{4}=\frac{15}{2}m$(초)

두 점이 움직이는 데 걸리는 시간은 같으므로

$\frac{15}{2}m=10n+5$

이 식이 $\frac{a}{2}m=bn+5$와 같으므로

$a=15,\ b=10$ 답 $a=15,\ b=10$

6 일차방정식

꼭 나오는 대표 빈출로 핵심 확인 본문 71쪽

1 ③	2 ④	3 ⑤	4 ②	5 ③
6 ①	7 ⑤	8 ①		

1 각 방정식의 x에 [ ] 안의 수를 대입하면 다음과 같다.

① $2\times(-1)+3\neq5$ ② $-1+2\neq1+3$

③ $2\times(4-1)=4+2$ ④ $\frac{4\times2-3}{2}\neq2+1$

⑤ $0.3\times(-5)+1\neq0.2\times(-5)-4$

따라서 [ ] 안의 수가 주어진 방정식의 해인 것은 ③이다.

답 ③

2 ② $5(x-2)=5x-10\neq5x-2$

⑤ $3\neq2(x-1)+2x=4x-2$

따라서 x의 값에 관계없이 항상 성립하는 것은 ④이다. 답 ④

3 ① $a=b$의 양변에 -2를 곱하면 $-2a=-2b$

$-2a=-2b$의 양변에 1을 더하면

$1-2a=1-2b$

② $3a-1=3b-1$의 양변에 1을 더하면 $3a=3b$

$3a=3b$의 양변을 6으로 나누면 $\frac{3a}{6}=\frac{3b}{6}$

$\therefore \frac{a}{2}=\frac{b}{2}$

③ $a+2=b+3$의 양변에서 3을 빼면

$a-1=b$

④ $a=3b$의 양변에서 3을 빼면 $a-3=3b-3$

$\therefore a-3=3(b-1)$

⑤ $3a=5b$의 양변을 15로 나누면

$\frac{a}{5}=\frac{b}{3}$

따라서 옳지 않은 것은 ⑤이다. 답 ⑤

4 ① $3x\underline{+2}=4 \Rightarrow 3x=4-2$

③ $-x+1=x\underline{-3} \Rightarrow -x+1+3=x$

④ $2x+\underline{1}=\underline{-x}+3 \Rightarrow 2x+x=3-1$

⑤ $\underline{-x}+5=3x\underline{-2} \Rightarrow 5+2=3x+x$

따라서 밑줄 친 항을 바르게 이항한 것은 ②이다. 답 ②

5 ① $2x+1=5$에서 $2x=5-1$

$2x=4 \quad \therefore x=2$

② $x+5=-x+9$에서 $x+x=9-5$

$2x=4 \quad \therefore x=2$

③ $x+2=2(x-2)$에서 $x+2=2x-4$

$x-2x=-4-2,\ -x=-6 \quad \therefore x=6$

④ $\frac{3x-3}{2}=x+1$의 양변에 2를 곱하면

$3x-3=2x+2,\ 3x-2x=2+3 \quad \therefore x=5$

⑤ $0.5x-1=0.3x-\frac{3}{5}$의 양변에 10을 곱하면

$5x-10=3x-6,\ 5x-3x=-6+10$

$2x=4 \quad \therefore x=2$

따라서 주어진 방정식 중 해가 가장 큰 것은 ③이다. 답 ③

6 $2(x-1)+1=\frac{2x-1}{3}+2$의 양변에 3을 곱하면

$6(x-1)+3=(2x-1)+6$

$6x-6+3=2x-1+6$

$6x-3=2x+5,\ 6x-2x=5+3$

$4x=8 \quad \therefore x=2$

따라서 방정식 $ax+2=a$의 해도 $x=2$이므로

$2a+2=a,\ 2a-a=-2 \quad \therefore a=-2$ 답 ①

다른 풀이

$2(x-1)+1=\frac{2x-1}{3}+2$를 풀면 $x=2$

$ax+2=a$에서 $ax=a-2 \quad \therefore x=\frac{a-2}{a}\ (\because a\neq0)$

따라서 $\frac{a-2}{a}=2$이므로

$a-2=2a \quad \therefore a=-2$

7 연속하는 세 짝수 중 가장 큰 수를 x라 하면 연속하는 세 짝수는 $x-4,\ x-2,\ x$이고 그 합이 72이므로

$(x-4)+(x-2)+x=72$

$3x-6=72,\ 3x=78 \quad \therefore x=26$

따라서 세 짝수 중 가장 큰 수는 26이다. 답 ⑤

8 직육면체의 높이를 x cm라 하면 겉넓이가 108 cm^2이므로

$2(4\times3+4\times x+3\times x)=108$

$2(7x+12)=108,\ 7x+12=54$

$7x=42 \quad \therefore x=6$

따라서 직육면체의 높이가 6 cm이므로 부피는

$4\times3\times6=72(cm^3)$ 답 ①

Step 1 이 단원에서 뽑은
고득점 준비 문제

본문 72~76쪽

대표문제 1 4	유제 1 $x=-\frac{9}{23}$	유제 2 $\frac{2}{3}$
	유제 3 4개	
대표문제 2 $\frac{20}{3}$	유제 4 $a=-1,\ b\neq1$	
	유제 5 -5	유제 6 $-\frac{1}{8}$
대표문제 3 남학생: 735명, 여학생: 784명		
	유제 7 100마리	유제 8 138명
대표문제 4 20	유제 9 1500개	유제 10 9000원
대표문제 5 17분	유제 11 175 m	
대표문제 6 160 g	유제 12 24 %	유제 13 172.5 g
대표문제 7 8일	유제 14 90분	
대표문제 8 3시 $\frac{180}{11}$분	유제 15 7시 $\frac{60}{11}$분	유제 16 4시 $\frac{480}{11}$분

대표문제 1 $2x-\frac{1}{3}(x-a)=3$의 양변에 3을 곱하면

$6x-(x-a)=9,\ 5x=9-a$

$\therefore x=\frac{9-a}{5}$

이때 $\frac{9-a}{5}$가 자연수이므로 $\frac{9-a}{5}=1,\ 2,\ 3,\ \cdots$

즉, $9-a=5,\ 10,\ 15,\ \cdots$이므로

$a=4,\ -1,\ -6,\ \cdots$

따라서 자연수 a의 값은 4이다. 답 4

유제 1 $-9x+2(ax-1)=-a$에서 상수 a의 부호를 잘못 보았으므로 잘못 본 방정식은 $-9x-2ax-2=a$

이 방정식의 해가 $x=-1$이므로

$9+2a-2=a \quad \therefore a=-7$

처음 방정식에 $a=-7$을 대입하면

$-9x-14x-2=7$

$-23x=9 \quad \therefore x=-\frac{9}{23}$ 답 $x=-\frac{9}{23}$

유제 2 $\frac{2}{3}-x=0.6+\frac{x+1}{5}$의 양변에 15를 곱하면

$10-15x=9+3x+3,\ -18x=2 \quad \therefore x=-\frac{1}{9}$

따라서 $6x+3=5a-1$의 해도 $x=-\frac{1}{9}$이므로

$6\times\left(-\frac{1}{9}\right)+3=5a-1,\ \frac{7}{3}=5a-1$

$-5a=-\frac{10}{3} \quad \therefore a=\frac{2}{3}$ 답 $\frac{2}{3}$

유제 3 $ax-1=1-(3x-4)$에서

$ax-1=-3x+5,\ (a+3)x=6 \quad \therefore x=\frac{6}{a+3}$

이때 $\frac{6}{a+3}$의 값이 음의 정수이어야 하므로

$a+3=-1,\ -2,\ -3,\ -6$

$\therefore a=-4,\ -5,\ -6,\ -9$

따라서 정수 a의 개수는 4개이다. 답 4개

대표문제 2 $\frac{ax+4}{5}-\frac{x-3}{3}=x+\frac{7}{15}$의 양변에 15를 곱하면

$3(ax+4)-5(x-3)=15x+7$

$3ax+12-5x+15=15x+7$

$(3a-20)x=-20$

이 방정식의 해가 존재하지 않으려면

$3a-20=0 \quad \therefore a=\frac{20}{3}$ 답 $\frac{20}{3}$

유제 4 $ax+4x-4=3x+b-5$에서

$(a+1)x=b-1$

이 방정식의 해가 존재하지 않으려면

$a+1=0,\ b-1\neq0$

$\therefore a=-1,\ b\neq1$ 답 $a=-1,\ b\neq1$

유제 5 $a(x+3)=b+5$에서

$ax+3a=b+5 \quad \therefore ax=-3a+b+5$

이 방정식의 해가 모든 수이려면

$a=0,\ -3a+b+5=0$

$\therefore a=0,\ b=-5$

$\therefore 10a+b=-5$ 답 -5

유제 6 $(4a-1)x+5=2x-4$에서 $(4a-3)x=-9$

이 방정식의 해가 없으려면

$4a-3=0 \quad \therefore a=\frac{3}{4}$

$bx-6=c$에서 $bx=c+6$

이 방정식의 해가 모든 수이려면

$b=0,\ c+6=0 \quad \therefore b=0,\ c=-6$

$\therefore \frac{a}{c}+b=a\div c+b=\frac{3}{4}\div(-6)+0$

$=\frac{3}{4}\times\left(-\frac{1}{6}\right)=-\frac{1}{8}$ 답 $-\frac{1}{8}$

대표문제 3 작년 남학생 수를 x명이라 하면 작년 여학생 수는 $(1500-x)$명이다.

올해 증가한 남학생 수는 $x\times\frac{5}{100}=\frac{1}{20}x$(명)

올해 감소한 여학생 수는 $(1500-x)\times\frac{2}{100}=30-\frac{1}{50}x$(명)

작년에 비해 올해 전체 학생 수는 19명 증가하였으므로

$\frac{1}{20}x-\left(30-\frac{1}{50}x\right)=19$

양변에 100을 곱하면 $5x-(3000-2x)=1900$

$7x=4900 \quad \therefore x=700$

따라서 작년 남학생 수는 700명, 여학생 수는

$1500-700=800$(명)이므로

올해 남학생 수는 $700+\frac{1}{20}\times700=735$(명)

올해 여학생 수는

$800-\left(30-\frac{1}{50}\times700\right)=800-16=784$(명)

답 남학생: 735명, 여학생: 784명

유제 7 처음에 산 달팽이의 수를 x마리라 하면

8개월 후 달팽이의 수는 $x+\frac{10}{100}x=\frac{11}{10}x$(마리)

30마리를 팔고 남은 달팽이의 수는 $\left(\frac{11}{10}x-30\right)$마리

16개월 후 달팽이의 수는

$\left(\frac{11}{10}x-30\right)+\frac{10}{100}\times\left(\frac{11}{10}x-30\right)=\frac{121}{100}x-33$(마리)

또, 30마리를 팔고 남은 달팽이의 수가 58마리이므로

$\frac{121}{100}x-33-30=58$

$\frac{121}{100}x=121 \quad \therefore x=100$

따라서 처음에 산 달팽이는 100마리이다. 답 100마리

유제 8 의자의 개수를 x개라 하자.

한 의자에 7명씩 앉으면 12명이 앉지 못하므로 학생 수는 $(7x+12)$명

또, 한 의자에 9명씩 앉으면 마지막 의자에는 3명이 앉고 빈 의자가 2개 생기므로 $(x-3)$개의 의자에는 9명씩 앉고 1개의 의자에는 3명이 앉는다. 즉, 학생 수는

$\{9(x-3)+3\}$명

학생 수는 같으므로 $7x+12=9(x-3)+3$

$7x+12=9x-24$

$-2x=-36 \quad \therefore x=18$

따라서 학생 수는

$7\times18+12=138$(명) 답 138명

대표문제 4 배의 구입 원가는 $1000\times300=300000$(원)

배 한 개의 정가는 $1000+1000\times\frac{40}{100}=1400$(원)이고 정가로 판매한 배의 개수는 $300\times\frac{70}{100}=210$(개)이다.

배 한 개의 정가에서 x % 할인한 가격은

$1400-1400\times\frac{x}{100}=1400-14x$(원)이고 할인 가격으로 판매한 배의 개수는 90개이다.

이때 전체 이익금이 94800원이므로

$1400\times210+(1400-14x)\times90-300000=94800$

$294000+126000-1260x-300000=94800$

$1260x=25200$　　$\therefore x=20$　　답 20

유제 9 처음 구입한 형광펜의 개수를 x개라 하자.

형광펜 1개의 도매 가격은 $\frac{1500}{5}=300$(원)이므로 구입 원가는 $300x$원이다.

구입한 형광펜 개수의 60 %의 1개당 판매 가격은

$\frac{800}{2}=400$(원)이고 판매 개수는 $x\times\frac{60}{100}=\frac{3}{5}x$(개)

나머지 형광펜의 1개당 판매 가격은 $\frac{600}{3}=200$(원)이고

판매 개수는 $\frac{2}{5}x$개

이때 전체 이익금이 30000원이므로

$400\times\frac{3}{5}x+200\times\frac{2}{5}x-300x=30000$

$20x=30000$　　$\therefore x=1500$

따라서 문구점에서 처음 구입한 형광펜의 개수는 1500개이다.

답 1500개

유제 10 상품의 원가를 x원이라 하면 20 %의 이익을 붙여 정한 정가는

$x+x\times\frac{20}{100}=\frac{6}{5}x$(원)

정가에서 20 % 할인한 가격은

$\frac{6}{5}x-\frac{6}{5}x\times\frac{20}{100}=\frac{24}{25}x$(원)

상품 1개당 360원 손해를 보았으므로

$\frac{24}{25}x-x=-360,\ -\frac{1}{25}x=-360$　　$\therefore x=9000$

따라서 이 상품의 원가는 9000원이다.　　답 9000원

대표문제 5 두 사람이 출발한 지 x분 후에 처음으로 만난다고 하자.

x분 동안 소윤이가 이동한 거리는 $60x$ m, 정은이가 이동한 거리는 $40x$ m이고 두 사람이 이동한 거리의 합은 호수의 둘레의 길이와 같으므로

$60x+40x=1700,\ 100x=1700$　　$\therefore x=17$

따라서 두 사람이 처음으로 만날 때까지 걸린 시간은 17분이다.

답 17분

유제 11 열차의 길이를 x m라 하자.

터널을 완전히 통과할 때까지 움직인 거리는 $(590+x)$ m

또, 철교 출구에 열차의 앞부분이 도착할 때까지 움직인 거리는 1530 m

이때 열차는 일정한 속력으로 달리므로

$\frac{590+x}{50}=\frac{1530}{100},\ 590+x=765$　　$\therefore x=175$

따라서 열차의 길이는 175 m이다.　　답 175 m

대표문제 6 4 %의 소금물의 양을 x g이라 하면 11 %의 소금물의 양은 $(280-x)$ g이다.

이때 섞기 전 두 소금물에 들어 있는 소금의 양의 합과 섞은 후 소금물에 들어 있는 소금의 양은 서로 같으므로

$\frac{4}{100}x+\frac{11}{100}\times(280-x)=\frac{7}{100}\times280$

$4x+3080-11x=1960,\ 7x=1120$

$\therefore x=160$

따라서 4 %의 소금물의 양은 160 g이다.　　답 160 g

유제 12 처음 소금물의 농도를 x %라 하면 물을 더 넣어도 소금물에 들어 있는 소금의 양은 변하지 않으므로

$\frac{x}{100}\times600=\frac{20}{100}\times(600+120)$

$600x=14400$　　$\therefore x=24$

따라서 처음 소금물의 농도는 24 %이다.　　답 24 %

유제 13 처음 덜어낸 8 %의 설탕물의 양을 x g이라 하면 나중에 넣은 4 %의 설탕물의 양은

$620-(500-x+x)=120$(g)

8 %의 설탕물을 덜어낸 후 물을 넣고 4 %의 설탕물을 넣은 설탕물에 들어 있는 설탕의 양과 5 %의 설탕물에 들어 있는 설탕의 양은 서로 같으므로

$\frac{8}{100}\times(500-x)+\frac{4}{100}\times120=\frac{5}{100}\times620$

$4000-8x+480=3100$

$8x=1380$　　$\therefore x=172.5$

따라서 처음 덜어낸 설탕물의 양은 172.5 g이다.　　답 172.5 g

대표문제 7 전체 일의 양을 1이라 하면 한빈이는 하루에 $\frac{1}{10}$만큼, 윤서는 하루에 $\frac{1}{15}$만큼 일을 하므로 한빈이와 윤서가 함께 x일 동안 일했다고 하면

$\frac{1}{10}\times5+\left(\frac{1}{10}+\frac{1}{15}\right)\times x=1$

$\frac{1}{2}+\frac{1}{6}x=1,\ \frac{1}{6}x=\frac{1}{2}$　　$\therefore x=3$

따라서 한빈이가 일한 기간은 $5+3=8$(일)　　답 8일

유제 14 물통에 가득 찬 물의 양을 1이라 하면 1시간 동안 A, B 호스로는 물통에 물을 $\frac{1}{2}$, $\frac{1}{3}$만큼 채울 수 있고 C 호스로는 $\frac{1}{6}$만큼 빼낼 수 있다.

물통에 물을 가득 채우는 데 걸리는 시간을 x시간이라 하면

$\left(\frac{1}{2}+\frac{1}{3}-\frac{1}{6}\right)x=1,\ \frac{2}{3}x=1$

$\therefore x=\frac{3}{2}$

따라서 물통에 물을 가득 채우는 데 걸리는 시간은

$\frac{3}{2}$시간, 즉 90분이다. 답 90분

대표문제 **8** 3시 x분에 시계의 시침과 분침이 일치한다고 하자.

x분 동안 시침과 분침이 움직인 각의 크기는 각각 $0.5x°$, $6x°$이고 3시 정각에 시침은 12시 정각일 때로부터 90° 움직인 곳에서 출발하므로

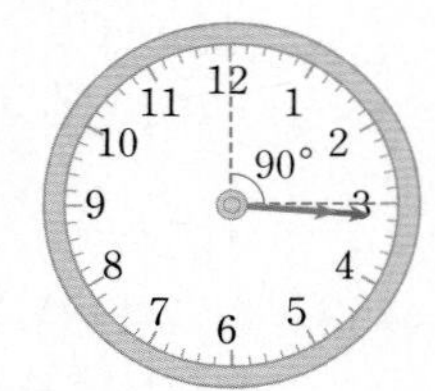

$6x=90+0.5x$, $5.5x=90$, $\frac{11}{2}x=90$

$\therefore x=\frac{180}{11}$

따라서 구하는 시각은 3시 $\frac{180}{11}$분이다. 답 3시 $\frac{180}{11}$분

유제 **15** 7시 x분에 시계의 시침과 분침이 서로 반대 방향으로 일직선을 이룬다고 하자.

x분 동안 시침과 분침이 움직인 각의 크기는 각각 $0.5x°$, $6x°$이고 7시 정각에 시침은 12시 정각일 때로부터 210° 움직인 곳에서 출발한다.

시침과 분침이 서로 반대 방향으로 일직선을 이루면 시침이 분침보다 시계 방향으로 180°만큼 더 움직여 있으므로

$(210+0.5x)-6x=180$

$5.5x=30$, $\frac{11}{2}x=30$

$\therefore x=\frac{60}{11}$

따라서 구하는 시각은 7시 $\frac{60}{11}$분이다. 답 7시 $\frac{60}{11}$분

유제 **16** 동주가 학원에 다녀와서 시계를 본 시각을 4시 x분이라 하자.

x분 동안 시침과 분침이 움직인 각의 크기는 각각 $0.5x°$, $6x°$이고 4시 정각에 시침은 12시 정각일 때로부터 120° 움직인 곳에서 출발한다.

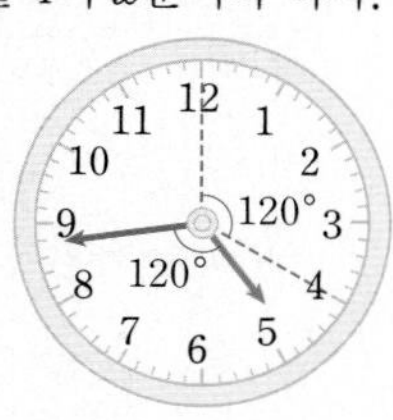

동주가 시계를 본 시각에 분침이 시침보다 시계 방향으로 120° 만큼 더 움직여 있으므로

$6x-(0.5x+120)=120$

$5.5x-120=120$, $5.5x=240$

$\frac{11}{2}x=240$ $\quad\therefore x=\frac{480}{11}$

따라서 구하는 시각은 4시 $\frac{480}{11}$분이다. 답 4시 $\frac{480}{11}$분

Step 2 고득점 실전 문제

본문 77~80쪽

1 ①, ⑤	**2** ⑤	**3** ③	**4** -15	**5** ④
6 ②	**7** $\frac{58}{27}$	**8** $\frac{5}{4}$	**9** ⑤	**10** 6
11 ③	**12** 11	**13** ④	**14** ②	**15** 450
16 648	**17** 멜론: 7개, 사과: 13개			**18** ③
19 ③	**20** 140 g	**21** ④	**22** 40분	**23** 15마리
24 54년				

1 전략 등식의 성질을 이용한다.

① $\frac{a-1}{3}=\frac{b-1}{4}$의 양변에 12를 곱하면

$4(a-1)=3(b-1)$ $\quad\therefore 4a-4=3b-3$

$4a-4=3b-3$의 양변에 4를 더하면

$4a=3b+1$

② $a=3b$의 양변에서 4를 빼면

$a-4=3b-4$ $\quad\therefore a-4=3\left(b-\frac{4}{3}\right)$

③ $3a-1=b-3$의 양변에 c를 곱하면

$3ac-c=bc-3c$

④ $a=1$, $b=0$, $c=2$일 때, $3ab+1=3bc+1$이지만 $a\neq c$이다.

⑤ $-\frac{a}{4}+1=\frac{b}{2}-1$의 양변에 1을 더하면 $-\frac{a}{4}+2=\frac{b}{2}$

$-\frac{a}{4}+2=\frac{b}{2}$의 양변에 $2c$를 곱하면

$-\frac{1}{2}ac+4c=bc$

따라서 옳은 것은 ①, ⑤이다. 답 ①, ⑤

2 전략 등식에서 (가), (나), (다)의 반대쪽 변의 식이 나오도록 등식의 성질을 이용하여 식을 변형한다.

(1) $3a=2b$의 양변에서 2를 빼면 $3a-2=2b-2$

$3a-2=2b-2$의 양변을 2로 나누면

$\boxed{\frac{3}{2}a-1}=b-1$

(2) $2a-1=b+2$의 양변에 1을 더하면 $2a=b+3$

$2a=b+3$의 양변에 $\frac{3}{2}$을 곱하면

$3a=\boxed{\frac{3}{2}b+\frac{9}{2}}$

(3) $12a-18=6b-30$의 양변을 12로 나누면

$a-\frac{3}{2}=\frac{b}{2}-\frac{5}{2}$

$a-\frac{3}{2}=\frac{b}{2}-\frac{5}{2}$의 양변에 $\frac{7}{2}$을 더하면

$\boxed{a+2}=\frac{b}{2}+1$

따라서 (가) $\frac{3}{2}a-1$, (나) $\frac{3}{2}b+\frac{9}{2}$, (다) $a+2$이므로

$S=\left(\frac{3}{2}a-1\right)+\left(\frac{3}{2}b+\frac{9}{2}\right)+(a+2)=\frac{5}{2}a+\frac{3}{2}b+\frac{11}{2}$

$\therefore 2S=5a+3b+11$ 답 ⑤

3 전략 $ax+b=cx+d$가 x에 대한 항등식이면 $a=c$, $b=d$임을 이용한다.

등식 $3x-7=4+b-a(x-2)$에서

$3x-7=-ax+2a+b+4$

이 등식이 x에 대한 항등식이므로

$3=-a$, $-7=2a+b+4$

$3=-a$에서 $a=-3$

이를 $-7=2a+b+4$에 대입하면

$-7=-6+b+4 \quad \therefore b=-5$ 답 ③

4 전략 k의 값에 관계없이 항상 식이 성립할 때는 k에 대한 식으로 정리한 후 문제를 해결한다.

방정식 $ak+4x-5=5kx-2b$에 $x=2$를 대입하면

$ak+8-5=10k-2b$

$\therefore ak+3=10k-2b$

이 식이 k에 대한 항등식이므로 $a=10$, $3=-2b$

즉, $a=10$, $b=-\frac{3}{2}$이므로

$ab=10\times\left(-\frac{3}{2}\right)=-15$ 답 -15

5 전략 계수가 정수가 아닌 일차방정식은 양변에 적당한 수를 곱하여 계수를 정수로 바꾼다.

$\frac{2}{5}-0.5x=\frac{-1+x}{2}$의 양변에 10을 곱하면

$4-5x=-5+5x$, $10x=9 \quad \therefore x=\frac{9}{10}$

즉, $k=\frac{9}{10}$를 $k(x-2)+1=3k-2$에 대입하면

$\frac{9}{10}(x-2)+1=3\times\frac{9}{10}-2$

양변에 10을 곱하면 $9(x-2)+10=27-20$

$9x-18+10=7$, $9x=15$

$\therefore x=\frac{5}{3}$ 답 ④

6 전략 $ax^2+bx+c=0$이 x에 대한 일차방정식 ⇨ $a=0$, $b\neq0$

$(2a-1)x^2+bx-2=(-6a+1)x+4$에서

$(2a-1)x^2+(b+6a-1)x-6=0$

이 방정식이 x에 대한 일차방정식이려면

$2a-1=0 \quad \therefore a=\frac{1}{2}$

또, $b+6a-1\neq0$이어야 하므로

$b+6\times\frac{1}{2}-1\neq0 \quad \therefore b\neq-2$ 답 ②

7 전략 먼저 ㈎의 방정식의 해를 구한다.

㈎의 방정식 $0.2(2x-0.3)=\frac{x-2}{2}+0.1$의 양변에 100을 곱하면 $20(2x-0.3)=50(x-2)+10$

$40x-6=50x-100+10$

$-10x=-84 \quad \therefore x=\frac{42}{5}$

주어진 두 방정식의 해가 같으므로 $x=\frac{42}{5}$는 ㈏의 방정식 $4x-\{3x-(1+2x)\}=2a(x-3)+3$의 해이다.

이 방정식을 정리하면

$4x-(x-1)=2a(x-3)+3$

$3x+1=2a(x-3)+3$

이 방정식에 $x=\frac{42}{5}$를 대입하면

$3\times\frac{42}{5}+1=2a\left(\frac{42}{5}-3\right)+3$

$\frac{131}{5}=\frac{54}{5}a+3$, $131=54a+15$, $-54a=-116$

$\therefore a=\frac{58}{27}$ 답 $\frac{58}{27}$

8 전략 계수가 소수이면 양변에 10의 거듭제곱을, 계수가 분수이면 양변에 분모의 최소공배수를 곱하여 계수를 정수로 바꾼다.

$\frac{x-1}{3}=-\frac{x+2}{2}$의 양변에 6을 곱하면

$2(x-1)=-3(x+2)$, $2x-2=-3x-6$

$5x=-4 \quad \therefore x=-\frac{4}{5}$

즉, $3(0.6x-0.2)=2(x+0.2a)-0.3$의 해는

$\left(-\frac{4}{5}\right)\times5=-4$이므로

$3\times\{0.6\times(-4)-0.2\}=2(-4+0.2a)-0.3$

$-7.8=0.4a-8.3$

양변에 10을 곱하면

$-78=4a-83$, $4a=5 \quad \therefore a=\frac{5}{4}$ 답 $\frac{5}{4}$

9 전략 x에 대한 방정식 $ax=b$의 해가 존재하지 않을 때, $a=0$, $b\neq0$임을 이용한다.

$\frac{x+1}{3}-\frac{ax+3}{2}=x+\frac{7}{6}$의 양변에 6을 곱하면

$2(x+1)-3(ax+3)=6x+7$

$2x+2-3ax-9=6x+7 \quad \therefore (-4-3a)x=14$

이 방정식의 해가 존재하지 않으려면

$-4-3a=0 \quad \therefore a=-\frac{4}{3}$ 답 ⑤

10 전략 해가 $x=2$ 이외에도 존재하므로 방정식의 해가 무수히 많을 조건을 이용한다.

$(3a-2)x+2b+3=-ax+b-5a$의 해가 무수히 많으려면

$3a-2=-a$, $2b+3=b-5a$

$3a-2=-a$에서 $4a=2$ $\therefore a=\frac{1}{2}$

$2b+3=b-5a$에 $a=\frac{1}{2}$을 대입하면

$2b+3=b-\frac{5}{2}$ $\therefore b=-\frac{11}{2}$

$\therefore a-b=\frac{1}{2}-\left(-\frac{11}{2}\right)=6$ 답 6

11 전략 (a, b), $[a, b]$의 약속에 따라 조건을 만족하는 것을 먼저 찾는다.

$(x-3, x-1)$에서 $x-1$은 $x-3$보다 크므로

$(x-3, x-1)=x-1$

$[3x+1, 3x-3]$에서 $3x-3$은 $3x+1$보다 작으므로

$[3x+1, 3x-3]=3x-3$

$(1, 4)$에서 4는 1보다 크므로 $(1, 4)=4$

즉, $(x-3, x-1)-[3x+1, 3x-3]=(1, 4)$에서

$x-1-(3x-3)=4$, $x-1-3x+3=4$

$-2x=2$ $\therefore x=-1$ 답 ③

12 전략 방정식을 풀어 x를 a를 사용한 식으로 나타내고 해의 조건에 맞는 것을 찾는다.

$4x-\frac{1}{2}(x-a)=8$의 양변에 2를 곱하면

$8x-x+a=16$

$7x=16-a$ $\therefore x=\frac{16-a}{7}$

이때 x가 자연수이므로 $\frac{16-a}{7}=1, 2, 3, \cdots$

즉, $16-a=7, 14, 21, \cdots$이므로

$a=9, 2, -5, \cdots$

따라서 자연수 a의 값은 2 또는 9이므로 그 합은

$2+9=11$ 답 11

13 전략 방정식을 풀어 x를 a를 사용한 식으로 나타내고 x와 a의 조건에 따라 참, 거짓을 확인한다.

$2(x-1)+a=1-(x-3)$에서

$2x-2+a=1-x+3$

$3x=6-a$ $\therefore x=\frac{6-a}{3}$

ㄱ. $\frac{6-a}{3}=1, 2, 3, \cdots$에서 $6-a=3, 6, 9, \cdots$이므로

$a=3, 0, -3, \cdots$

즉, 해가 자연수가 되도록 하는 자연수 a의 값은 3뿐이다. (참)

ㄴ. $\frac{6-a}{3}=-1, -2, -3, \cdots$에서

$6-a=-3, -6, -9, \cdots$

$\therefore a=9, 12, 15, \cdots$

즉, 해가 음의 정수가 되도록 하는 가장 작은 자연수 a의 값은 9이다. (거짓)

ㄷ. $x=\frac{6-a}{3}$에서 a가 자연수이므로

$x=\frac{6-1}{3}, \frac{6-2}{3}, \cdots, \frac{6-5}{3}, \frac{6-6}{3}, \frac{6-7}{3}, \cdots$

즉, 방정식의 해가 될 수 있는 양의 유리수는

$\frac{5}{3}, \frac{4}{3}, \frac{3}{3}, \frac{2}{3}, \frac{1}{3}$이므로

그 합은 $\frac{5}{3}+\frac{4}{3}+\frac{3}{3}+\frac{2}{3}+\frac{1}{3}=5$ (참)

따라서 옳은 것은 ㄱ, ㄷ이다. 답 ④

14 전략 의자의 개수를 x개라 하고 학생 수로 방정식을 세운다.

의자의 개수를 x개라 하자.

한 의자에 7명씩 앉으면 15명이 앉지 못하므로 학생 수는 $(7x+15)$명이다.

또, 한 의자에 9명씩 앉으면 마지막 의자에는 4명이 앉고 빈 의자가 8개 생기므로 $(x-9)$개의 의자에는 9명씩 앉고 1개의 의자에는 4명이 앉는다. 즉, 학생 수는

$\{9(x-9)+4\}$명

학생 수는 같으므로

$7x+15=9(x-9)+4$

$7x+15=9x-81+4$, $-2x=-92$ $\therefore x=46$

따라서 의자의 개수는 46개이고 학생 수는

$7\times46+15=337$(명) 답 ②

15 전략 사용시간이 100분 이하일 때와 100분 초과일 때로 나누어 생각한다.

실속 요금제의 통화료는 초당 1원이므로 분당 60원이고 알뜰 요금제의 통화료는 초당 2원이므로 분당 120원이다.

(i) $x\le100$인 경우

실속 요금제의 한 달 이용요금은 $(25000+60x)$원이고 알뜰 요금제의 한 달 이용요금은 10000원이다.

이때 모든 양수 x에 대하여 $25000+60x>10000$이므로 두 요금제의 한 달 이용요금이 같아지는 x의 값은 존재하지 않는다.

(ii) $x>100$인 경우

실속 요금제의 한 달 이용요금은 $(25000+60x)$원이고 알뜰 요금제의 한 달 이용요금은 $\{10000+120(x-100)\}$원이다.

두 요금제의 한 달 이용요금이 같으므로

$25000+60x=10000+120(x-100)$

$60x=27000$ $\therefore x=450$

(i), (ii)에 의하여 $x=450$ 답 450

16 전략 각 자리의 숫자를 한 문자를 사용하여 나타낸다.

처음 세 자리 자연수를 A라 하고, A의 십의 자리의 숫자와 일의 자리의 숫자를 바꾸어 만든 세 자리 자연수를 B라 하자.
A의 백의 자리의 숫자와 십의 자리의 숫자의 비가 3 : 2이므로 백의 자리의 숫자를 $3x$, 십의 자리의 숫자를 $2x$로 놓으면 일의 자리의 숫자는
$18-3x-2x=18-5x$
$\therefore A=3x\times100+2x\times10+18-5x=315x+18$
한편, B의 백의 자리의 숫자는 $3x$이고 십의 자리의 숫자는 $18-5x$, 일의 자리의 숫자는 $2x$이므로
$B=3x\times100+(18-5x)\times10+2x=252x+180$
이때 $B=A+36$이므로
$252x+180=(315x+18)+36$
$-63x=-126 \quad \therefore x=2$
따라서 처음 세 자리 자연수 A는
$A=315\times2+18=648$ 답 648

17 전략 판매한 멜론과 사과의 개수를 한 문자로 나타낸다.

멜론과 사과의 원가를 각각 a원, b원이라 하자.
멜론의 원가 a원에 15 %의 이익을 붙여 정한 정가가 8050원이므로
$a+a\times\frac{15}{100}=8050,\ \frac{23}{20}a=8050 \quad \therefore a=7000$
또, 사과의 원가 b원에서 10 %의 손해를 보면서 정한 정가가 900원이므로
$b-b\times\frac{10}{100}=900,\ \frac{9}{10}b=900 \quad \therefore b=1000$
즉, 멜론은 한 개에 $8050-7000=1050$(원)의 이익이 남고, 사과는 한 개에 $1000-900=100$(원)의 손해를 보게 된다.
이때 판매한 멜론의 개수를 x개라 하면 판매한 사과의 개수는 $(20-x)$개이므로
$1050x-100(20-x)=6050,\ 1050x-2000+100x=6050$
$1150x=8050 \quad \therefore x=7$
따라서 판매한 멜론은 7개, 사과는 13개이다.
답 멜론: 7개, 사과: 13개

18 전략 $(\text{시간})=\frac{(\text{거리})}{(\text{속력})}$임을 이용한다.

올라갈 때와 내려올 때 걸은 거리의 비가 3 : 4이므로 올라갈 때 걸은 거리를 $3x$ km, 내려올 때 걸은 거리를 $4x$ km라 하자.
올라갈 때는 시속 2 km, 내려올 때는 시속 4 km로 걸어 총 5시간이 걸렸으므로
$\frac{3x}{2}+\frac{4x}{4}=5$
$\frac{3}{2}x+x=5,\ \frac{5}{2}x=5 \quad \therefore x=2$
따라서 석찬이가 걸은 총 거리는
$3x+4x=7x=7\times2=14(\text{km})$ 답 ③

19 전략 길이 x m인 기차가 길이 a m인 터널을 완전히 통과할 때, 기차의 이동 거리는 $(x+a)$m이다.

기차 A의 길이를 x m라 하면 기차 A가 1.7 km, 즉 1700 m 길이의 터널을 완전히 통과할 때까지 움직인 거리는
$(x+1700)$m
또, 기차 A가 2.4 km, 즉 2400 m 길이의 철교를 완전히 통과할 때까지 움직인 거리는
$(x+2400)$m
이때 기차 A의 속력은 일정하므로
$\frac{x+1700}{30}=\frac{x+2400}{40}$
양변에 120을 곱하면
$4(x+1700)=3(x+2400),\ 4x+6800=3x+7200$
$\therefore x=400$
즉, 기차 A의 길이는 400 m이고 $\frac{400+1700}{30}=70$에서 기차 A의 속력은 초속 70 m이다.
한편, 기차 B의 속력을 초속 y m라 하면 두 기차 A, B가 30초 동안 움직인 거리의 합이 3.6 km, 즉 3600 m이므로
$30\times70+30y=3600$
$30y=1500 \quad \therefore y=50$
따라서 기차 B의 속력은 초속 50 m이다. 답 ③

20 전략 물이 증발해도 설탕의 양은 일정하다.

증발시킨 물의 양을 x g이라 하면
$\frac{8}{100}\times100+\frac{12}{100}\times200=\frac{20}{100}\times(100+200-x)$
$800+2400=6000-20x$
$20x=2800 \quad \therefore x=140$
따라서 증발시킨 물의 양은 140 g이다. 답 140 g

21 전략 A, B 호스로 1시간 동안 채울 수 있는 물의 양을 구한다.

수영장에 가득 찬 물의 양을 1이라 하면 1시간 동안 A, B 호스로는 수영장에 물을 각각 $\frac{1}{4}$, $\frac{1}{3}$만큼 채울 수 있다.
B 호스만 사용한 시간을 x시간이라 하면 A, B 두 호스를 함께 사용한 시간은 $(2-x)$시간이므로
$\frac{1}{3}x+\left(\frac{1}{3}+\frac{1}{4}\right)\times(2-x)=1$
$\frac{1}{3}x+\frac{7}{12}(2-x)=1$
양변에 12를 곱하면
$4x+14-7x=12,\ 3x=2 \quad \therefore x=\frac{2}{3}$
따라서 $\frac{2}{3}$시간은 40분이므로 A 호스를 사용하기 시작한 시각은 오전 7시 40분이다. 답 ④

22 전략▸ 1분에 시침은 $0.5°$씩, 분침은 $6°$씩 움직인다.

도서관에 들어서면서 시계를 본 시각을 7시 x분, 도서관을 나서면서 시계를 본 시각을 7시 y분이라 하자.

두 경우 모두 시계의 시침과 분침이 이루는 작은 쪽의 각의 크기가 $110°$이므로 12시 정각을 기준으로 7시 x분에는 시침이 분침보다 $110°$ 더 움직인 위치이고 7시 y분에는 분침이 시침보다 $110°$ 더 움직인 위치이다.

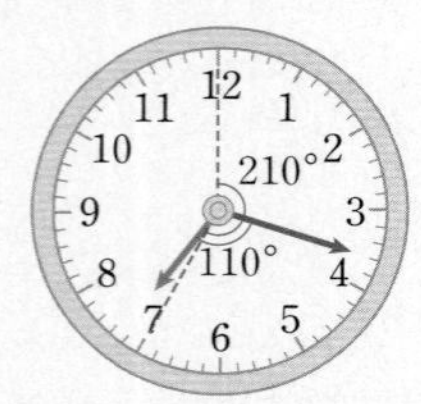

(i) 7시 x분

x분 동안 시침과 분침이 움직인 각의 크기는 각각 $0.5x°$, $6x°$이고 7시 정각에 시침은 12시 정각일 때로부터 $210°$ 움직인 곳에서 출발하므로

$(0.5x+210)-6x=110$

$-5.5x=-100 \quad \therefore x=\frac{200}{11}$

즉, 도서관을 들어선 시각은 7시 $\frac{200}{11}$분이다.

(ii) 7시 y분

(i)과 같은 방법으로 하면

$6y-(0.5y+210)=110$

$5.5y=320 \quad \therefore y=\frac{640}{11}$

즉, 도서관을 떠난 시각은 7시 $\frac{640}{11}$분이다.

(i), (ii)에 의하여 도서관에 머문 시간은

$\frac{640}{11}-\frac{200}{11}=40$(분)

답 40분

23 전략▸ 벌의 수를 미지수로 놓는다.

벌이 모두 x마리였다고 하자.

목련꽃으로 날아간 벌의 수는 $\frac{1}{5}x$마리

나팔꽃으로 날아간 벌의 수는 $\frac{1}{3}x$마리

장미꽃으로 날아간 벌의 수는

$\left(\frac{1}{3}x-\frac{1}{5}x\right)\times 3=\frac{2}{15}x\times 3=\frac{2}{5}x$(마리)

허공을 맴도는 벌의 수는 1마리

즉, $x=\frac{1}{5}x+\frac{1}{3}x+\frac{2}{5}x+1$에서

$x=\frac{14}{15}x+1,\ \frac{1}{15}x=1 \quad \therefore x=15$

따라서 벌은 모두 15마리이다.

답 15마리

24 전략▸ 세종 대왕의 일생을 미지수로 놓는다.

세종 대왕의 일생이 총 x년이었다고 하자.

출생 후 혼인할 때까지 걸린 기간은 $\frac{2}{9}x$년

혼인 후 임금으로 등극할 때까지 걸린 기간은 $\frac{1}{6}x$년

등극 후 한글 창제까지 걸린 기간은 $\frac{13}{27}x$년

한글 창제 후 반포까지 걸린 기간은 3년

반포 후 승하까지 걸린 기간은 4년

즉, $x=\frac{2}{9}x+\frac{1}{6}x+\frac{13}{27}x+3+4$에서

$x=\frac{47}{54}x+7,\ \frac{7}{54}x=7 \quad \therefore x=54$

따라서 세종 대왕의 일생은 총 54년이었다.

답 54년

Step 3 만점 굳히기 문제

본문 81쪽

1 $\frac{1}{10}$ **2** 1 **3** $x=-(a+b+c)$ **4** 26대 **5** 시속 92 km

1 $-5(2x-k)+4=-2k+3$에서

$-10x+5k+4=-2k+3$

$-10x=-7k-1 \quad \therefore x=\frac{7k+1}{10}$

$k=1$일 때, $x_1=\frac{7\times 1+1}{10}=\frac{4}{5}$

$k=2$일 때, $x_2=\frac{7\times 2+1}{10}=\frac{3}{2}$

$k=3$일 때, $x_3=\frac{7\times 3+1}{10}=\frac{11}{5}$

$\therefore x_1+x_2-x_3=\frac{4}{5}+\frac{3}{2}-\frac{11}{5}=\frac{1}{10}$

답 $\frac{1}{10}$

2 A, B의 절댓값이 같고 $A\times B<0$이므로 $A=-B$

즉, $\frac{x-2}{2}+\frac{x+3}{3}=-\left(\frac{1}{6}-x\right)$에서 양변에 6을 곱하면

$3(x-2)+2(x+3)=-1+6x$

$3x-6+2x+6=-1+6x$

$-x=-1 \quad \therefore x=1$

답 1

3 $abc\neq 0$이므로 주어진 일차방정식의 양변을 abc로 나누면

$\frac{x+b+c}{a}+\frac{x+c+a}{b}+\frac{x+a+b}{c}=-3$

$\therefore \left(\frac{1}{a}+\frac{1}{b}+\frac{1}{c}\right)x=-\frac{b+c}{a}-\frac{c+a}{b}-\frac{a+b}{c}-3$ ⋯⋯ ㉠

이때 ㉠의 우변에서

$-\frac{b+c}{a}-\frac{c+a}{b}-\frac{a+b}{c}-3$

$=-1-\frac{b+c}{a}-1-\frac{c+a}{b}-1-\frac{a+b}{c}$

$=-\frac{a+b+c}{a}-\frac{a+b+c}{b}-\frac{a+b+c}{c}$

$=-(a+b+c)\left(\frac{1}{a}+\frac{1}{b}+\frac{1}{c}\right)$

이를 ㉠에 대입하면

$\left(\frac{1}{a}+\frac{1}{b}+\frac{1}{c}\right)x=-(a+b+c)\left(\frac{1}{a}+\frac{1}{b}+\frac{1}{c}\right)$

$\frac{1}{a}+\frac{1}{b}+\frac{1}{c}\neq 0$이므로 양변을 $\frac{1}{a}+\frac{1}{b}+\frac{1}{c}$로 나누면

$x=-(a+b+c)$ 답 $x=-(a+b+c)$

4 몇 대의 차가 주차되어 있는 주차장에 1분마다 평균 x대의 차가 들어온다고 하면 주차장에 주차된 차가 없게 되는 때는 주차되어 있던 차와 들어오는 차의 수가 나간 차의 수와 같을 때이다.

(i) 8분마다 평균 5대의 차가 나갈 때

오전 11시부터 오후 12시 20분까지 80분 동안 들어오는 차의 수는 $80x$대

나가는 차의 수는 $80\div 8\times 5=50$(대)

오후 12시 20분에는 주차장에 차가 한 대도 없으므로

(처음 주차되어 있던 차의 수)$=50-80x$(대)

(ii) 4분마다 평균 2대의 차가 나갈 때

오전 11시부터 오후 1시 10분까지 130분 동안 들어오는 차의 수는 $130x$대

나가는 차의 수는 $130\div 4\times 2=65$(대)

오후 1시 10분에는 주차장에 차가 한 대도 없으므로

(처음 주차되어 있던 차의 수)$=65-130x$(대)

(i), (ii)에 의하여

$50-80x=65-130x$, $50x=15$ $\therefore x=\frac{3}{10}$

따라서 처음 주차되어 있던 차의 수는

$50-80x=50-80\times\frac{3}{10}$

$=50-24=26$(대) 답 26대

5 기차의 속력을 시속 x km라 하면 기차와 시속 4 km로 걷는 사람이 같은 방향으로 움직일 때는 시속 $(x-4)$ km로 움직이는 것과 같고, 반대 방향으로 움직일 때는 시속 $(x+4)$ km로 움직이는 것과 같다.

기차와 기차 사이의 운행 간격은 일정하고

1분$=\frac{1}{60}$시간이므로

$(x-4)\times\frac{12}{60}=(x+4)\times\frac{11}{60}$ $\therefore x=92$

따라서 기차의 속력은 시속 92 km이다.

답 시속 92 km

대단원 평가 문제

본문 82~84쪽

1 ④	**2** ②	**3** -6	**4** ②	**5** ④
6 ③	**7** ④	**8** $\frac{11}{15}$	**9** ⑤	**10** $x=\frac{10}{3}$
11 15	**12** 3500원	**13** 80분	**14** 100원	**15** 2
16 ④	**17** $-\frac{8}{3}$	**18** ③	**19** $\frac{20}{7}$ %	
20 오후 2시 $\frac{200}{11}$분				

1 ① $3a-2b=3\times(-3)-2\times(-2)=-9+4=-5$

② $-a-3b=-(-3)-3\times(-2)=3+6=9$

③ $\frac{a}{3}-\frac{b}{4}=\frac{-3}{3}-\frac{-2}{4}=-1+\frac{1}{2}=-\frac{1}{2}$

④ $\frac{9}{a}+\frac{8}{b}=\frac{9}{-3}+\frac{8}{-2}=-3-4=-7$

⑤ $\frac{81}{a^2}-\frac{b^2}{2}-1=\frac{81}{(-3)^2}-\frac{(-2)^2}{2}-1=9-2-1=6$

따라서 옳은 것은 ④이다. 답 ④

2 $-5x^2+\frac{3}{4}x-2$에서 x^2의 계수는 -5이므로 $a=-5$

다항식에서 차수가 가장 큰 항은 $-5x^2$이므로 다항식의 차수는 2이다.

$\therefore b=2$

항은 $-5x^2$, $\frac{3}{4}x$, -2의 3개이므로 $c=3$

$\therefore 4ab-2c=4\times(-5)\times 2-2\times 3=-46$ 답 ②

3 $\left(-6x-\frac{4}{3}y+2\right)\div\left(-\frac{2}{3}\right)=\left(-6x-\frac{4}{3}y+2\right)\times\left(-\frac{3}{2}\right)$

$=9x+2y-3$

따라서 $a=9$, $b=2$, $c=-3$이므로

$\frac{ab}{c}=\frac{9\times 2}{-3}=-6$ 답 -6

4 $7x+3=5x+1$에서

$2x=-2$ $\therefore x=-1$ 답 ②

5 $\frac{2x-1}{3}-\frac{ax+2}{2}=\frac{1}{6}x+3$의 양변에 6을 곱하면

$2(2x-1)-3(ax+2)=x+18$

$4x-2-3ax-6=x+18$

$\therefore (3-3a)x=26$

이 방정식의 해가 존재하지 않으므로

$3-3a=0 \quad \therefore a=1$

답 ④

6 연속하는 세 홀수를 $x-2$, x, $x+2$라 하면

$6x=4(x-2+x+2)-10$, $6x=8x-10$

$-2x=-10 \quad \therefore x=5$

즉, 연속하는 세 홀수 중 가운데 수는 5이므로

세 홀수는 3, 5, 7이고 그 합은

$3+5+7=15$

답 ③

7 ㄱ. 연속하는 세 홀수 중 가장 작은 수를 $2x+1$이라 하면 세 홀수는 $2x+1$, $2x+3$, $2x+5$이므로 그 합은

$(2x+1)+(2x+3)+(2x+5)=6x+9$ (거짓)

ㄴ. 과일 40개 중 1000원짜리의 개수는 $(40-x-y)$개이므로 총 가격은

$2500x+1500y+1000(40-x-y)$

$=2500x+1500y+40000-1000x-1000y$

$=1500x+500y+40000$(원) (참)

ㄷ. 긴 의자 x개 중 8명씩 앉은 의자는 $(x-4)$개, 3명이 앉은 의자는 1개이므로 학생 수는

$8(x-4)+3=8x-32+3=8x-29$(명) (참)

따라서 옳은 것은 ㄴ, ㄷ이다.

답 ④

8 $(x+y):(-4x+3y)=1:4$이므로

$-4x+3y=4(x+y)$, $-4x+3y=4x+4y$

$\therefore y=-8x$

따라서 $\frac{x-4y}{-3x-6y}$에 $y=-8x$를 대입하면

$\frac{x+32x}{-3x+48x}=\frac{33x}{45x}=\frac{11}{15}$

답 $\frac{11}{15}$

9 $\frac{a}{2}-\frac{b}{3}=\frac{a+b}{3}$의 양변에 6을 곱하면

$3a-2b=2a+2b \quad \therefore a=4b$

따라서 $\frac{ab}{b^2-a^2}$에 $a=4b$를 대입하면

$\frac{4b^2}{b^2-16b^2}=\frac{4b^2}{-15b^2}=-\frac{4}{15}$

답 ⑤

10 $5x+a=x-6$에 $x=-1$을 대입하면

$-5+a=-1-6 \quad \therefore a=-2$

즉, 방정식 $\frac{x}{15}-\frac{x+1}{6}=-\frac{1}{2}$에서 양변에 30을 곱하면

$2x-5(x+1)=-15$, $2x-5x-5=-15$

$-3x=-10 \quad \therefore x=\frac{10}{3}$

답 $x=\frac{10}{3}$

11 방정식 $3x-\frac{2}{3}(x+a)=-4$의 양변에 3을 곱하면

$9x-2(x+a)=-12$

$9x-2x-2a=-12$

$7x=2a-12 \quad \therefore x=\frac{2a-12}{7}$

$\frac{2a-12}{7}$의 값이 음수이고 a는 자연수이므로

$a=1$이면 $x=\frac{2\times1-12}{7}=-\frac{10}{7}$

$a=2$이면 $x=\frac{2\times2-12}{7}=-\frac{8}{7}$

⋮

$a=5$이면 $x=\frac{2\times5-12}{7}=-\frac{2}{7}$

$a=6$이면 $x=\frac{2\times6-12}{7}=0$

$a=7$이면 $x=\frac{2\times7-12}{7}=\frac{2}{7}$

⋮

따라서 구하는 자연수 a의 값은 1, 2, 3, 4, 5이므로 그 합은

$1+2+3+4+5=15$

답 15

12 서윤이와 중현이가 처음에 가지고 있던 금액을 각각 $7x$원, $8x$원이라 하자.

서윤이가 중현이에게 1000원을 주면 가진 돈은 각각

서윤이가 $(7x-1000)$원, 중현이가 $(8x+1000)$원이다.

또, 중현이가 서윤이에게 가진 금액의 반인

$(8x+1000)\div2=4x+500$(원)을 주면 가진 돈은 각각

서윤이가 $7x-1000+(4x+500)=11x-500$(원),

중현이가 $(4x+500)$원이다.

이때 서윤이가 가진 금액이 중현이가 가진 금액의 2배이므로

$11x-500=2(4x+500)$, $11x-500=8x+1000$

$3x=1500 \quad \therefore x=500$

따라서 서윤이가 처음에 가지고 있던 용돈은

$7x=7\times500=3500$(원)

답 3500원

13 전체 일의 양을 1이라 하면 명철이가 1시간 동안 하는 일의 양은 $\frac{1}{2}$, 승철이가 1시간 동안 하는 일의 양은 $\frac{1}{3}$이다.

이때 20분은 $\frac{1}{3}$시간이고, 두 사람이 $\frac{1}{3}$시간씩 x번 일하고 마지막에 명철이가 $\frac{1}{3}$시간 더 일하여 일을 마쳤으므로

$\frac{1}{2}\times\frac{1}{3}\times x+\frac{1}{3}\times\frac{1}{3}\times x+\frac{1}{2}\times\frac{1}{3}=1$

$\frac{1}{6}x+\frac{1}{9}x+\frac{1}{6}=1$

양변에 18을 곱하면 $3x+2x+3=18$

$5x=15 \quad \therefore x=3$

따라서 명철이가 일한 시간은

$\frac{1}{3}\times x+\frac{1}{3}=\frac{1}{3}\times 3+\frac{1}{3}=\frac{4}{3}$(시간)

이므로 $\frac{4}{3}\times 60=80$(분)이다.

답 80분

14 연필 1자루의 원가를 x원이라 하면 정가는

$x+\frac{30}{100}x=\frac{13}{10}x$(원)

할인한 가격은 $\left(\frac{13}{10}x-10\right)$원이므로

$\frac{13}{10}x-10-x=\frac{20}{100}x$

$130x-1000-100x=20x$

$10x=1000 \quad \therefore x=100$

따라서 연필 1자루의 원가는 100원이다.

답 100원

15 $k=A$일 때의 $ak+b$는 $aA+b$이므로

$<7k-5,\ 2x-2>=7(2x-2)-5=14x-19$

$<7k-5,\ x+1>=7(x+1)-5=7x+2$

즉, $<7k-5,\ 2x-2>-<7k-5,\ x+1>=-7$에서

$(14x-19)-(7x+2)=-7$

$7x-21=-7,\ 7x=14$

$\therefore x=2$

답 2

16 오른쪽 그림과 같이 점 P를 지나면서 정사각형 ABCD의 각 변에 평행한 선분 2개를 긋고 각 변과 만나는 점을 Q, R, S, T라 하자. 선분 PQ의 길이를 a, 선분 PR의 길이를 b라 하면 선분 PS, 선분 PT의 길이는 각각 $18-a$, $18-b$이다.

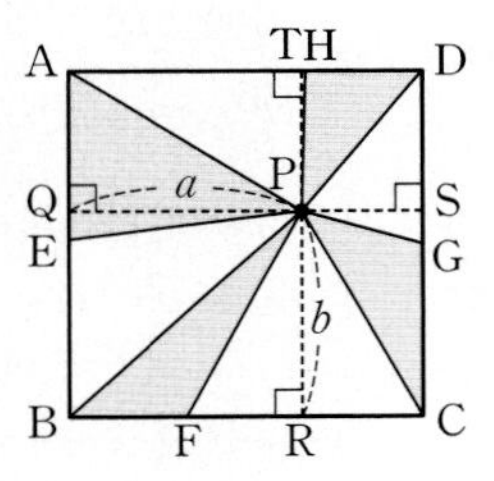

따라서 구하는 넓이의 합은

$\frac{1}{2}\times\left(\frac{1}{2}\times 18\right)\times a+\frac{1}{2}\times\left(\frac{1}{3}\times 18\right)\times b$

$+\frac{1}{2}\times\left(\frac{1}{2}\times 18\right)\times(18-a)+\frac{1}{2}\times\left(\frac{1}{3}\times 18\right)\times(18-b)$

$=\frac{9}{2}a+3b+81-\frac{9}{2}a+54-3b$

$=81+54=135$

답 ④

17 (i) $5x-4>3x+8$일 때

$[5x-4,\ 3x+8]=0$에서

$5x-4=0 \quad \therefore x=\frac{4}{5}$

그런데 $x=\frac{4}{5}$일 때 $3x+8=3\times\frac{4}{5}+8=\frac{52}{5}$

즉, $5x-4<3x+8$이므로 조건에 맞지 않다.

(ii) $5x-4=3x+8$일 때

$[5x-4,\ 3x+8]=0$에서

$5x-4=0,\ 3x+8=0$

이 두 방정식을 동시에 만족하는 x는 존재하지 않는다.

(iii) $5x-4<3x+8$일 때

$[5x-4,\ 3x+8]=0$에서

$3x+8=0 \quad \therefore x=-\frac{8}{3}$

$x=-\frac{8}{3}$일 때 $5x-4=5\times\left(-\frac{8}{3}\right)-4=-\frac{52}{3}$

즉, $5x-4<3x+8$이므로 조건을 만족한다.

(i), (ii), (iii)에 의하여 $x=-\frac{8}{3}$

답 $-\frac{8}{3}$

18 도서관에서 집으로 돌아올 때는 시속 6 km의 속력으로 일정하게 달려서 1시간 20분, 즉 $\frac{4}{3}$시간이 걸렸으므로

(집에서 도서관까지의 거리)$=6\times\frac{4}{3}=8$(km)

집에서 도서관으로 갈 때, 시속 10 km의 속력으로 달린 거리를 x km라 하면 시속 5 km의 속력으로 달린 거리는 $(8-x)$km이고 1시간 6분은 $\frac{11}{10}$시간이므로

$\frac{x}{10}+\frac{8-x}{5}=\frac{11}{10}$

$x+16-2x=11 \quad \therefore x=5$

따라서 양선이가 시속 10 km의 속력으로 달린 거리는 5 km이다.

답 ③

19 처음 비커 B의 소금물의 농도를 x %라 하자.

비커 B의 소금물 30 g을 덜어내어 버리고 비커 A의 소금물 30 g을 덜어 비커 B에 옮겨 담은 후, 비커 B에 들어 있는 소금의 양은

$\frac{x}{100}\times 70+\frac{20}{100}\times 30=0.7x+6$(g)

즉, 비커 B의 소금물의 농도는

$\frac{0.7x+6}{100}\times 100=0.7x+6$(%)

또, 비커 A의 소금물 30 g을 덜어낸 후 비커 A에는 물을 30 g 담으므로 비커 A에 들어 있는 소금의 양은

$\frac{20}{100}\times 70=14$(g)

즉, 비커 A의 소금물의 농도는 $\frac{14}{100}\times 100=14$(%)

같은 방법으로 한 번 더 할 때, 비커 B에 들어 있는 소금의 양은

$\frac{0.7x+6}{100}\times 70+\frac{14}{100}\times 30=0.49x+8.4$(g)

즉, 비커 B의 소금물의 농도는

$\frac{0.49x+8.4}{100}\times100=0.49x+8.4(\%)$

또, 비커 A에 들어 있는 소금의 양은

$\frac{14}{100}\times70=9.8(\text{g})$

즉, 비커 A의 소금물의 농도는 $\frac{9.8}{100}\times100=9.8(\%)$

두 비커 A, B의 소금물의 농도가 같으므로

$0.49x+8.4=9.8$

$49x+840=980,\ 49x=140 \qquad \therefore x=\frac{20}{7}$

따라서 비커 B에 처음 들어 있던 소금물의 농도는 $\frac{20}{7}$ %이다.

답 $\frac{20}{7}$ %

20 오후 1시 x분에 시계의 시침과 분침이 서로 반대 방향을 가리킨다고 하자.

x분 동안 시침과 분침이 움직인 각의 크기는 각각 $0.5x°$, $6x°$이고 1시 정각에 시침은 12시 정각일 때로부터 30° 움직인 곳에서 출발한다.

1시와 2시 사이에서 시침과 분침이 서로 반대 방향으로 일직선을 이루면 분침이 시침보다 시계 방향으로 180°만큼 더 움직여 있으므로

$6x-(30+0.5x)=180,\ 5.5x=210,\ \frac{11}{2}x=210$

$\therefore x=\frac{420}{11}$

즉, 주은이가 집을 나서면서 시계를 보았을 때의 시각은 오후 1시 $\frac{420}{11}$분이다.

약속 장소까지 40분이 걸리므로

$\frac{420}{11}+40=\frac{860}{11}=60+\frac{200}{11}$

따라서 주은이가 친구와의 약속 장소에 도착한 시각은 오후 2시 $\frac{200}{11}$분이다.

답 오후 2시 $\frac{200}{11}$분

서술형으로 끝내기

본문 85~86쪽

1 (1) $(10a-8)$ cm, 4 cm (2) 4 cm (3) $(160a-128)$ cm^3

2 (1) 20 ℃ (2) 72회

3 (1) 6개 (2) $(6n+2)$개 (3) 23개

4 (1) 7분 (2) 15분

5 남학생: 776명, 여학생: 1176명

6 6시간 **7** 9분 **8** $\frac{132}{17}$ km

1 (1) 직육면체 모양의 상자의 밑면은 오른쪽 그림의 색칠한 직사각형이다.

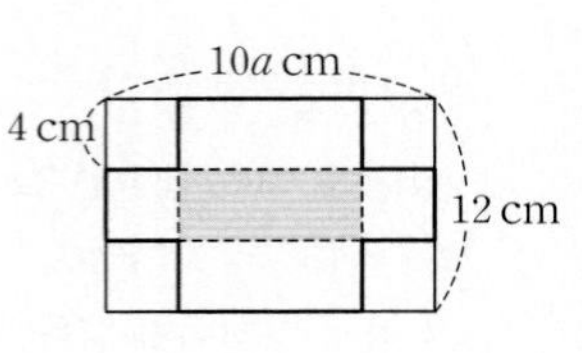

따라서 이 직사각형의 이웃한 두 변의 길이는

$10a-4-4=10a-8(\text{cm}),\ 12-4-4=4(\text{cm})$ …… ❶

(2) 직육면체 모양의 상자의 높이는 잘라낸 정사각형 모양의 한 변의 길이와 같으므로 4 cm이다. …… ❷

(3) (직육면체 모양의 상자의 부피)

=(밑면의 가로의 길이)×(밑면의 세로의 길이)×(높이)

$=(10a-8)\times4\times4$

$=160a-128(\text{cm}^3)$ …… ❸

답 (1) $(10a-8)$ cm, 4 cm (2) 4 cm (3) $(160a-128)$ cm^3

채점 기준	배점
❶ 상자의 밑면의 이웃한 두 변의 길이 구하기	40%
❷ 상자의 높이 구하기	20%
❸ 상자의 부피 구하기	40%

2 (1) 화씨온도가 68 °F일 때, 섭씨온도를 a ℃라 하면

$68=\frac{9}{5}a+32,\ \frac{9}{5}a=36 \qquad \therefore a=20$ …… ❶

(2) 화씨온도가 86 °F일 때, 섭씨온도를 b ℃라 하면

$86=\frac{9}{5}b+32,\ \frac{9}{5}b=54 \qquad \therefore b=30$ …… ❷

기온이 20 ℃일 때, 우는 횟수는

$\frac{36}{5}\times20-32=144-32=112$(회)

기온이 30 ℃일 때, 우는 횟수는

$\frac{36}{5}\times30-32=216-32=184$(회)

따라서 기온이 20 ℃일 때와 30 ℃일 때, 우는 횟수의 차는 $184-112=72$(회)이다. …… ❸

답 (1) 20 ℃ (2) 72회

채점 기준	배점
❶ 화씨온도가 68 °F일 때의 섭씨온도 구하기	20%
❷ 화씨온도가 86 °F일 때의 섭씨온도 구하기	20%
❸ 우는 횟수의 차 구하기	60%

3 (1) 'ㄱ'자 모양을 하나 더 만들어 붙일 때, 오른쪽 그림에 표시한 두 성냥개비는 이전 모양과 겹쳐져서 추가로 사용하지 않아도 된다. 따라서 추가로 필요한 성냥개비는 표시한 2개를 제외한 6개이다. …… ❶

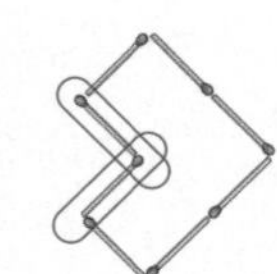

(2) 필요한 성냥개비의 개수는 'ㄱ'자 모양을 1개 만들 때, 8개

2개 만들 때, $8+6$(개)

3개 만들 때, $8+6+6$(개)

4개 만들 때, $8+6+6+6$(개)

⋮

이와 같이 계속되므로 n개 만들 때 필요한 성냥개비의 개수는

$8+\underbrace{6+6+6+\cdots+6}_{(n-1)\text{개}}=8+6(n-1)$

$=6n+2$(개) …… ❷

(3) 'ㄱ'자 모양을 n개 만들 때 필요한 성냥개비의 개수는 $(6n+2)$개이므로

$6n+2=140$, $6n=138$ $\therefore n=23$

따라서 성냥개비 140개를 이용하여 만들 수 있는 'ㄱ'자 모양의 개수는 23개이다. …… ❸

답 (1) 6개 (2) $(6n+2)$개 (3) 23개

채점 기준	배점
❶ 'ㄱ'자 모양을 하나 더 만들 때 추가로 필요한 성냥개비의 개수 구하기	20%
❷ 'ㄱ'자 모양을 n개 만들 때 필요한 성냥개비의 개수 구하기	50%
❸ 성냥개비 140개로 만들 수 있는 'ㄱ'자 모양의 개수 구하기	30%

4 (1) 분속 250 m의 속력으로 가면 2분 늦게, 즉 4시 2분에 도착한다. 그런데 중간에 시속 30 km의 속력으로 가서 출발 5분 전, 즉 3시 55분에 도착하였으므로 단축한 시간은 7분이다. …… ❶

(2) 시속 30 km는 60분 동안 30000 m를 움직이는 속력이므로 1분 동안 500 m를 움직이는 것과 같다. 즉, 시속 30 km는 분속 500 m이다.

서경이가 속력을 바꾼 지점, 즉 집에서 2 km 떨어진 지점에서부터 터미널까지의 거리를 x m라 하면 x m의 거리를 분속 250 m로 달릴 것을 분속 500 m로 달려 7분의 시간을 단축하였으므로

$\frac{x}{250}-\frac{x}{500}=7$ …… ❷

$2x-x=3500$ $\therefore x=3500$

즉, 서경이가 속력을 바꾼 지점에서부터 터미널까지의 거리는 3500 m이다. …… ❸

따라서 서경이가 집에서 터미널까지 가는 데 걸린 시간은

$\frac{2000}{250}+\frac{3500}{500}=8+7=15$(분) …… ❹

답 (1) 7분 (2) 15분

채점 기준	배점
❶ 단축한 시간 구하기	20%
❷ 방정식 세우기	40%
❸ 방정식 풀기	20%
❹ 집에서 터미널까지 가는 데 걸린 시간 구하기	20%

5 작년 남학생 수를 x명이라 하면 작년 여학생 수는 $(1920-x)$명이다. …… ❶

올해 감소한 남학생 수는 $\frac{3}{100}x$명

올해 증가한 여학생 수는 $(1920-x)\times\frac{5}{100}=96-\frac{1}{20}x$(명)

올해 전체 학생 수는 작년보다 32명 증가하였으므로

$-\frac{3}{100}x+96-\frac{1}{20}x=32$ …… ❷

$-3x+9600-5x=3200$, $-8x=-6400$

$\therefore x=800$ …… ❸

따라서 작년 남학생 수는 800명이므로 올해 남학생 수는

$800-\frac{3}{100}\times800=776$(명)

작년 여학생 수는 $1920-800=1120$(명)이므로 올해 여학생 수는 $1120+\frac{5}{100}\times1120=1176$(명) …… ❹

답 남학생: 776명, 여학생: 1176명

채점 기준	배점
❶ 작년 남학생 수, 여학생 수를 미지수로 나타내기	20%
❷ 방정식 세우기	30%
❸ 방정식 풀기	20%
❹ 올해의 남학생 수, 여학생 수 구하기	30%

6 첫째 날 이용한 시간을 x시간이라 하면 둘째 날 이용한 시간은

$\frac{1}{1.2}\times x=\frac{5}{6}x$(시간)이다. …… ❶

이틀 동안 이용한 후의 잔액이 1200원이므로

$10000-800\times x-800\times\frac{5}{6}x=1200$ …… ❷

$30000-2400x-2000x=3600$

$4400x=26400$ $\therefore x=6$

따라서 형석이가 첫째 날 이용한 시간은 6시간이다. …… ❸

답 6시간

채점 기준	배점
❶ 이틀 동안 이용한 시간을 미지수로 나타내기	30%
❷ 방정식 세우기	40%
❸ 방정식을 풀고 첫째 날 이용한 시간 구하기	30%

7 팔찌의 개수를 n개라 하면 목걸이의 개수는 $3n$개이므로

$n+3n=60$, $4n=60$ $\therefore n=15$

즉, 만든 팔찌의 개수는 15개, 목걸이의 개수는 $3\times15=45$(개)이다. …… ❶

목걸이 한 개를 만드는 데 걸리는 시간을 x분이라 하면 팔찌 한 개를 만드는 데 걸리는 시간은 $(x-7)$분이므로

$15(x-7)+45x=435$ …… ❷

$60x=540$ $\therefore x=9$

따라서 목걸이 한 개를 만드는 데 걸리는 시간은 9분이다.

…… ❸

답 9분

채점 기준	배점
❶ 만든 팔찌와 목걸이의 개수 구하기	30%
❷ 방정식 세우기	40%
❸ 방정식을 풀고 목걸이 한 개를 만드는 데 걸리는 시간 구하기	30%

8 학교에서 A지점까지의 거리를 a km, 학교에서 B지점까지의 거리를 b km라 하면 두 지점 A, B 사이의 거리는 $(a-b)$km이다.

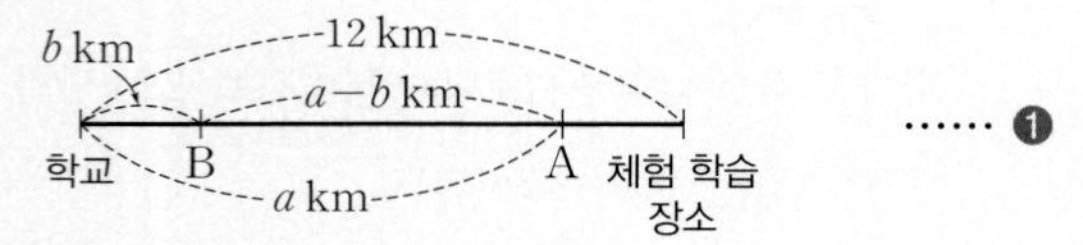

...... ❶

선생님들이 체험 학습 장소까지 가는 데 걸린 시간은

$\left(\frac{a}{50}+\frac{12-a}{6}\right)$시간

학생들이 체험 학습 장소까지 가는 데 걸린 시간은

$\left(\frac{b}{6}+\frac{12-b}{50}\right)$시간 ...... ❷

동시에 출발한 학생들과 선생님들이 모두 같은 시각에 도착하였으므로

$$\frac{a}{50}+\frac{12-a}{6}=\frac{b}{6}+\frac{12-b}{50}$$

양변에 150을 곱하면 $3a+25(12-a)=25b+3(12-b)$

$\therefore a+b=12$ ...... ㉠

또, 자동차로 A지점까지 갔다가 B지점으로 되돌아온 시간과 학생들이 B지점까지 걸어간 시간이 같으므로

$$\frac{a+(a-b)}{50}=\frac{b}{6}$$

양변에 150을 곱하면 $3\{a+(a-b)\}=25b$

$\therefore a=\frac{14}{3}b$ ...... ㉡

㉡을 ㉠에 대입하면

$\frac{14}{3}b+b=12,\ \frac{17}{3}b=12 \qquad \therefore b=\frac{36}{17}$

$b=\frac{36}{17}$을 ㉡에 대입하면

$a=\frac{14}{3}\times\frac{36}{17}=\frac{168}{17}$ ...... ❸

따라서 구하는 거리는

$a-b=\frac{168}{17}-\frac{36}{17}=\frac{132}{17}$(km) ...... ❹

답 $\frac{132}{17}$ km

채점 기준	배점
❶ 학교와 두 지점 A, B 사이의 거리를 이용하여 구하는 거리 나타내기	20%
❷ 학교와 두 지점 A, B 사이의 거리를 이용하여 선생님과 학생이 체험 학습 장소까지 가는 데 걸린 시간 각각 구하기	20%
❸ 학교와 두 지점 A, B 사이의 거리 각각 구하기	50%
❹ 두 지점 A, B 사이의 거리 구하기	10%

Ⅳ. 좌표평면과 그래프

7 좌표평면과 그래프

꼭 나오는 대표 빈출로 핵심 확인 본문 89쪽

1 ④	2 ②	3 ③	4 ②	5 ③
6 3	7 ㄴ	8 30분		

1 ① A$(-3,\ 2)$ ② B$(1,\ 3)$
③ C$(4,\ 1)$ ⑤ E$(2,\ -3)$
따라서 옳은 것은 ④이다. 답 ④

2 점 $(2a+3,\ 3a-2)$가 x축 위에 있는 점이므로
$3a-2=0 \quad \therefore a=\frac{2}{3}$
따라서 x좌표는
$2a+3=2\times\frac{2}{3}+3=\frac{13}{3}$ 답 ②

3 ① 제4사분면 ② 제1사분면 ④ 제2사분면
⑤ x축 위에 있는 점이므로 어느 사분면에도 속하지 않는다.
따라서 바르게 연결된 것은 ③이다. 답 ③

4 $a>0,\ \frac{a}{b}<0$에서 $b<0$
ㄱ. $b<0,\ a>0$이므로 점 $(b,\ a)$는 제2사분면 위의 점이다.
ㄴ. $a-b>0,\ b<0$이므로 점 $(a-b,\ b)$는 제4사분면 위의 점이다.
ㄷ. $ab<0,\ b-a<0$이므로 점 $(ab,\ b-a)$는 제3사분면 위의 점이다.
따라서 제4사분면 위의 점은 ㄴ뿐이다. 답 ②

5 좌표평면 위에 세 점 A$(3,\ 4)$, B$(-1,\ 1)$, C$(5,\ 1)$을 나타내면 오른쪽 그림과 같으므로 삼각형 ABC의 넓이는

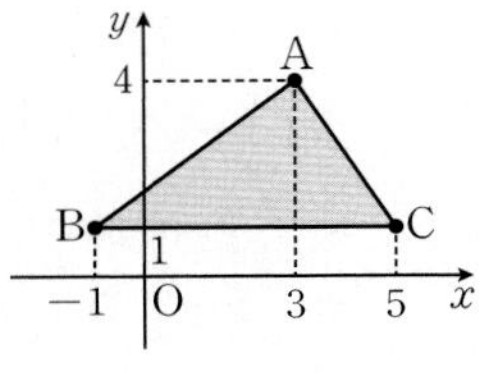

$\frac{1}{2}\times\{5-(-1)\}\times(4-1)$
$=\frac{1}{2}\times6\times3=9$ 답 ③

6 10시부터 12시까지, 17시부터 21시까지 강수량이 줄어들었으므로
$a=(12-10)+(21-17)=6$
7시부터 10시까지 강수량이 늘어났으므로
$b=10-7=3$
$\therefore a-b=3$ 답 3

7 처음에는 일정한 속력으로 걸어갔으므로 시간의 축에 평행한 그래프가 그려진다. 또, 중간에 속력을 일정하게 올리며 뛰어갔으므로 중간부터 오른쪽 위로 향하는 직선 모양의 그래프가 그려진다.
따라서 알맞은 그래프는 ㄴ이다. 답 ㄴ

8 준영이는 집에서 출발한 지 20분이 되는 때 친구네 집에 도착하였고, 출발한 지 50분이 되는 때 친구네 집에서 떠났다.
따라서 준영이가 친구네 집에 머무른 시간은
$50-20=30$(분) 답 30분

Step 1 이 단원에서 뽑은 고득점 준비 문제 본문 90~92쪽

대표문제 1 30 유제 1 12
유제 2 A: 제2사분면, B: 제3사분면
유제 3 (3, 4)
대표문제 2 26 유제 4 26 유제 5 4 유제 6 30
대표문제 3 (가) 120, (나) 320
유제 7 (가) 5, (나) 1.5, (다) 20

대표문제 1 점 $(3a-1,\ 0.2a-4)$가 x축 위에 있는 점이므로
$0.2a-4=0,\ 0.2a=4 \quad \therefore a=20$
점 $(-2b+3,\ -4b-1)$이 y축 위에 있는 점이므로
$-2b+3=0,\ -2b=-3 \quad \therefore b=\frac{3}{2}$
$\therefore ab=30$ 답 30

유제 1 $a=-3,\ b=0,\ c=5,\ d=-4$이므로
$ad-bc=12$ 답 12

유제 2 점 P$(a,\ b)$가 제2사분면 위의 점이므로
$a<0,\ b>0$
점 Q$(c,\ d)$가 제4사분면 위의 점이므로
$c>0,\ d<0$
$a^3<0,\ d^2>0$이므로 $a^3-d^2<0$
$ad>0,\ bc>0$이므로 $ad+bc>0$
즉, 점 A$(a^3-d^2,\ ad+bc)$는 제2사분면 위의 점이다.
$a<0,\ d^2>0$이므로 $a-d^2<0$
$ac<0,\ bd<0$이므로 $ac+bd<0$
즉, 점 B$(a-d^2,\ ac+bd)$는 제3사분면 위의 점이다.
답 A: 제2사분면, B: 제3사분면

유제 3 점 (a, b)와 x축에 대하여 대칭인 점의 좌표는 $(a, -b)$
이 점이 점 $(-4, 3)$이므로 $a=-4$, $b=-3$
따라서 점 (b, a), 즉 점 $(-3, -4)$와 원점에 대하여 대칭인 점의 좌표는 $(3, 4)$이다. 답 $(3, 4)$

대표문제 2 좌표평면 위에 세 점 A, B, C를 나타내면 오른쪽 그림과 같으므로

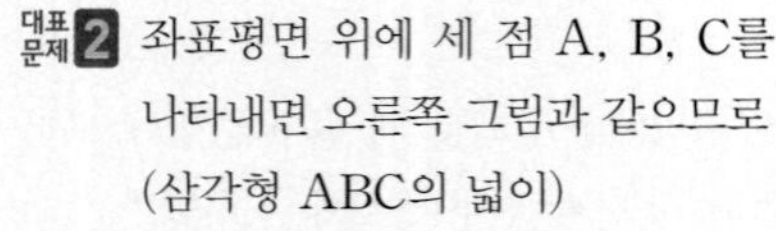

(삼각형 ABC의 넓이)
=(직사각형 ADEF의 넓이)
−(삼각형 ADB의 넓이)
−(삼각형 BEC의 넓이)
−(삼각형 CFA의 넓이)
$=8\times7-\frac{1}{2}\times7\times1-\frac{1}{2}\times7\times3-\frac{1}{2}\times4\times8$
$=26$ 답 26

유제 4 좌표평면 위에 네 점 P, Q, R, S를 나타내면 오른쪽 그림과 같으므로
(사각형 PQRS의 넓이)
=(직사각형 ABCD의 넓이)
−(삼각형 PAQ의 넓이)
−(삼각형 QBR의 넓이)
−(삼각형 RCS의 넓이)
−(삼각형 SDP의 넓이)
$=7\times7-\frac{1}{2}\times4\times2-\frac{1}{2}\times5\times3-\frac{1}{2}\times4\times2-\frac{1}{2}\times5\times3$
$=26$ 답 26

유제 5 좌표평면 위에 세 점 $A(-1, 3)$, $B(3, -1)$, $C(a, 3)$ $(a>0)$을 나타내면 오른쪽 그림과 같다.

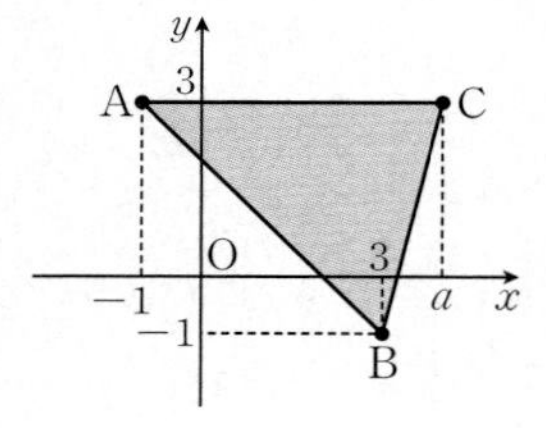

삼각형 ABC의 밑변의 길이는 $a+1$, 높이는 4이고 넓이가 10이므로
$\frac{1}{2}\times(a+1)\times4=10$
$2(a+1)=10$, $a+1=5$
$\therefore a=4$ 답 4

유제 6 점 $A(-3, -5)$와 x축에 대하여 대칭인 점이 B이므로 $B(-3, 5)$
또, 점 A와 원점에 대하여 대칭인 점이 C이므로 $C(3, 5)$
따라서 좌표평면 위에 세 점 A, B, C를 나타내면 오른쪽 그림과 같으므로

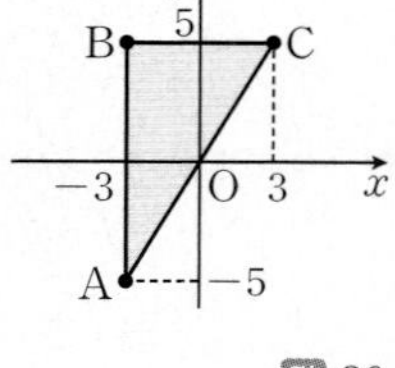

(삼각형 ABC의 넓이)
$=\frac{1}{2}\times6\times10=30$ 답 30

대표문제 3 (가) 자동차의 속력이 일정할 때는 그래프가 시간의 축과 평행할 때이므로 80초에서 150초까지, 200초에서 250초까지이다.
즉, 자동차가 일정한 속력으로 움직인 시간은
$(150-80)+(250-200)=\boxed{120}$(초)
(나) 주어진 그래프에서 자동차의 속력이 0인 때는 0초, 즉 출발하는 순간과 320초인 때이므로 자동차가 움직이기 시작하여 정지할 때까지 걸린 시간은 $\boxed{320}$초이다.
답 (가) 120, (나) 320

유제 7 (가) 빛나가 친구와 대화할 때는 그래프가 시간의 축과 평행할 때이므로 7분에서 12분까지이다.
즉, 빛나가 친구와 대화한 시간은
$12-7=\boxed{5}$(분)
(나) 그래프의 7분에서 12분 사이에 해당하는 거리는 1.5 km이므로 빛나가 친구를 만난 곳은 집으로부터 $\boxed{1.5}$ km 떨어진 곳이다.
(다) 학교는 집에서 4 km 떨어진 곳에 있고 거리가 4 km일 때의 시간은 20분이므로 빛나는 집에서 출발한 지 $\boxed{20}$분 후에 학교에 도착하였다.
답 (가) 5, (나) 1.5, (다) 20

Step 2 고득점 실전 문제

본문 93~94쪽

1 ②	2 ⑤	3 ④	4 14	5 ④
6 144	7 (가)-ㄷ, (나)-ㄴ	8 $(-8, 5)$		

1 전략 x축 위에 있는 점의 y좌표는 0이고 y축 위에 있는 점의 x좌표는 0이다.
점 $\left(\frac{1}{2}a+3, 5a+5\right)$가 x축 위에 있는 점이므로
$5a+5=0$, $5a=-5$ $\therefore a=-1$
점 $(3b-6, 2b-3)$이 y축 위에 있는 점이므로
$3b-6=0$, $3b=6$ $\therefore b=2$
따라서 점 (a, b), 즉 점 $(-1, 2)$는 제2사분면 위의 점이다.
답 ②

2 전략 세 점 B, C, D의 좌표를 a, b를 사용하여 나타내고 사각형 ABCD의 가로, 세로의 길이를 구한다.
점 B는 점 A와 y축에 대하여 대칭이므로 $B(-a, b)$
점 C는 점 A와 원점에 대하여 대칭이므로 $C(-a, -b)$
점 D는 점 A와 x축에 대하여 대칭이므로 $D(a, -b)$

점 A가 제1사분면 위의 점이라 하면 오른쪽 그림의 사각형 ABCD는 가로의 길이가 $2|a|$, 세로의 길이가 $2|b|$인 직사각형이므로

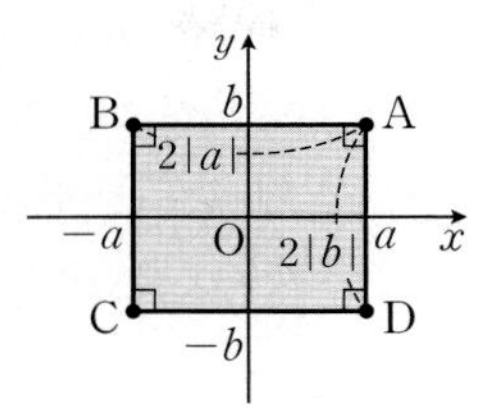

$2(2|a|+2|b|)=36$

$\therefore |a|+|b|=9$

따라서 점 $A(a, b)$에 대하여 $|a|+|b|=9$가 될 수 없는 것은 ⑤이다. 답 ⑤

참고 점 $A(a, b)$에 대하여 $a \neq 0$, $b \neq 0$이므로 점 A는 좌표축 위에 있는 점이 아니다. 이때 점 A가 어느 사분면 위에 있더라도 만들어지는 직사각형 ABCD의 가로의 길이는 $2|a|$, 세로의 길이는 $2|b|$이다.

3 전략 x축 위에 있는 점의 y좌표는 0이고 y축 위에 있는 점의 x좌표는 0이다.

점 $A(2, 3a+3)$이 x축 위에 있는 점이므로

$3a+3=0$, $3a=-3$ $\quad \therefore a=-1$

또, 점 $B(2a+b-3, 5)$가 y축 위에 있는 점이므로

$2a+b-3=0$, $-2+b-3=0$ $\quad \therefore b=5$

따라서 좌표평면 위에 세 점 $A(2, 0)$, $B(0, 5)$, $C(-5, 4)$를 나타내면 오른쪽 그림과 같으므로

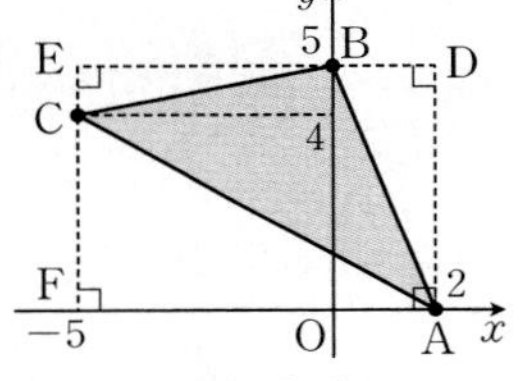

(삼각형 ABC의 넓이)

=(직사각형 ADEF의 넓이)−(삼각형 ADB의 넓이)
−(삼각형 BEC의 넓이)−(삼각형 CFA의 넓이)

$=7\times5-\frac{1}{2}\times5\times2-\frac{1}{2}\times5\times1-\frac{1}{2}\times4\times7$

$=\frac{27}{2}$ 답 ④

4 전략 형과 동생이 만날 때, 두 그래프도 만난다.

그래프에서 동생은 시간이 0초일 때, 형은 시간이 10초일 때 출발하였으므로 형은 동생이 출발한 지 10초 후에 출발하였다.

$\therefore a=10$

형과 동생은 시간이 34초일 때 만난다.

즉, 형은 시간이 10초일 때 출발하였으므로 출발한 지 $34-10=24$(초) 후 동생과 만난다.

$\therefore b=24$

$\therefore b-a=14$ 답 14

5 전략 그래프가 오른쪽 위로 향하는 직선인 구간은 이동하는 구간이고 시간의 축과 평행한 구간은 멈추어 서 있는 구간이다.

ㄱ. 출발하여 12분 동안 걷고 그 후 23분까지, 즉 $23-12=11$(분) 동안 멈추어 서 있다가 그 후 30분까지, 즉 $30-23=7$(분) 동안 걸어서 도서관에 도착하였다. (거짓)

ㄴ. 주어진 그래프에서 12분 동안 0.6 km, 즉 600 m를 이동하였으므로 $\frac{600}{12}=50$

즉, 속력은 분속 50 m이다. (참)

ㄷ. 마지막 7분 동안 재윤이가 이동한 거리는 $2-0.6=1.4$(km), 즉 1400 m이므로

$\frac{1400}{7}=200$

즉, 속력은 분속 200 m이다. (참)

따라서 옳은 것은 ㄴ, ㄷ이다. 답 ④

6 전략 관람차의 높이가 1 m일 때로부터 처음으로 다시 1 m가 될 때까지가 관람차가 한 바퀴 회전하는 구간이다.

(가) 그래프에서 관람차가 가장 높이 올라갔을 때의 높이는 120 m이므로

$a=120$

(나) 관람차가 출발할 때의 높이가 1 m이고 120 m까지 올라갔다가 처음으로 다시 높이가 1 m가 될 때까지 걸린 시간은 24분이므로 관람차가 한 바퀴 회전하는 데 걸린 시간은 24분이다.

$\therefore b=24$

$\therefore a+b=144$ 답 144

7 전략 기온이 올라가면 그래프도 위로 올라가고 기온이 내려가면 그래프도 아래로 내려간다.

(가) 아침에 낮은 기온에서 출발하여 그래프가 점점 위로 올라가다가 점심 때쯤 가장 높고 다시 점점 아래로 내려가다가 저녁에는 아침보다 더 아래로 내려가야 하므로 ㄷ이 가장 적합하다.

(나) 아침에 중간 정도 기온에서 출발하여 그래프가 점점 위로 올라가다가 점심 때쯤 가장 높고 점심과 저녁 사이에 가장 낮게 내려갔다가 저녁 때는 다시 아침 수준으로 올라가야 하므로 ㄴ이 가장 적합하다. 답 (가) − ㄷ, (나) − ㄴ

8 전략 총 155수를 두었으므로 155가 적힌 검은 돌을 찾는다.

알파고와 커제는 총 155수를 두었고 알파고는 검은 돌을 놓았으므로 155가 적힌 검은 돌을 찾으면 된다.

따라서 구하는 좌표는 $(-8, 5)$이다. 답 $(-8, 5)$

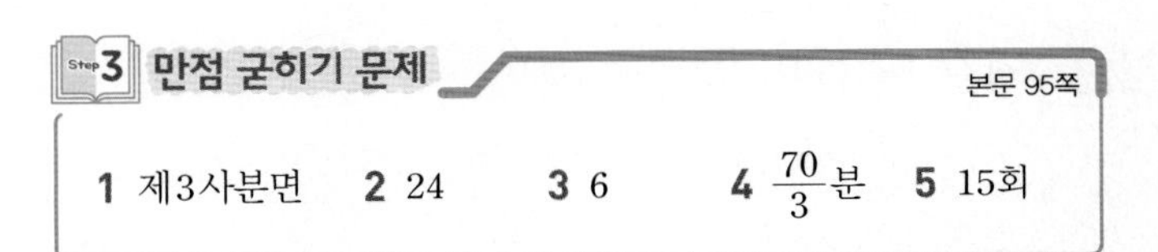

Step 3 만점 굳히기 문제
본문 95쪽
1 제3사분면 2 24 3 6 4 70/3 분 5 15회

1 $ab<0$이므로 $a>0$, $b<0$ 또는 $a<0$, $b>0$
이때 $a-b>0$에서 $a>b$이므로 $a>0$, $b<0$이다.
$b<0$에서 $b^3<0$이고 $a>0$이므로 $b^3-a<0$
$a>0$, $b<0$이고 $|a|<|b|$이므로 $a+b<0$
따라서 점 $A(b^3-a, a+b)$는 제3사분면 위의 점이다.

답 제3사분면

2 점 C는 점 $A(4, 3)$과 원점에 대하여 대칭이므로
$C(-4, -3)$
점 D는 점 $B(-6, 1)$과 x축에 대하여 대칭이므로
$D(-6, -1)$
즉, 좌표평면 위에 네 점 A, B, C, D를 나타내면 오른쪽 그림과 같으므로 구하는 사각형의 넓이는

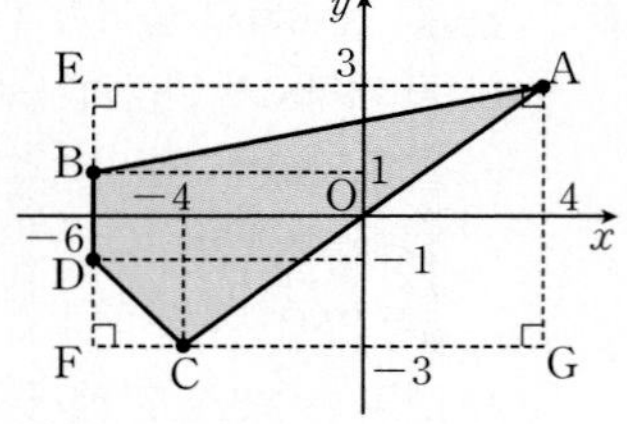

(사각형 ABDC의 넓이)
=(직사각형 AEFG의 넓이)−(삼각형 AEB의 넓이)
−(삼각형 DFC의 넓이)−(삼각형 CGA의 넓이)
$=10\times6-\frac{1}{2}\times10\times2-\frac{1}{2}\times2\times2-\frac{1}{2}\times8\times6$
$=24$

답 24

3 $a>b$, $ab<0$이므로 $a>0$, $b<0$
즉, 좌표평면 위에 세 점 $A(0, 2)$, $B(a, -3)$, $C(b, -3)$을 나타내면 오른쪽 그림과 같다.

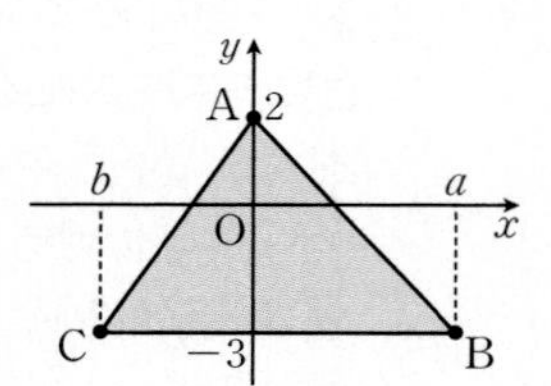

삼각형 ABC의 넓이가 20이므로
$\frac{1}{2}\times(a-b)\times\{2-(-3)\}=20$, $\frac{1}{2}\times(a-b)\times5=20$
$\therefore a-b=8$
따라서 $a>0$, $b<0$, $a-b=8$을 만족하는 두 정수 a, b의 순서쌍 (a, b)는
$(7, -1)$, $(6, -2)$, $(5, -3)$, $(4, -4)$, $(3, -5)$, $(2, -6)$, $(1, -7)$
이므로 $a+b$의 값이 가장 큰 경우는 $a=7$, $b=-1$일 때이고 그 값은 6이다.

답 6

4 문구점과 편의점에 들른 동안은 거리의 변화가 없는 구간이므로 각각 10분에서 15분까지, 25분에서 30분까지이다.
문구점과 편의점 사이의 거리는
$2.5-1=1.5$(km), 즉 1500 m
문구점에서 편의점까지 가는 데 걸린 시간은
$25-15=10$(분)
즉, $\frac{1500}{10}=150$에서 문구점에서 편의점까지 갈 때의 속력은 분속 150 m이다.
한편, 가영이네 집에서 친구네 집까지의 거리는 3.5 km, 즉 3500 m이므로 가영이가 분속 150 m의 속력으로 곧장 걸어올 때 걸리는 시간은
$\frac{3500}{150}=\frac{70}{3}$(분)

답 $\frac{70}{3}$분

5 회전목마는 0.5 m 높이에서 출발하여 1 m 높이까지 올라갔다가 다시 0.5 m 높이로 내려온 후 2 m 높이까지 올라갔다가 0.5 m 높이로 내려오는 움직임을 이 순서로 계속 반복한다.
주어진 그래프에서 회전목마가 이 움직임을 한 번 하는 동안 걸리는 시간은 12초이고 한 바퀴 회전하는 데 걸리는 시간은 3분, 즉 180초이므로 3분 동안 회전목마는 이 움직임을
$\frac{180}{12}=15$(회) 반복한다.
1회 반복할 때마다 가장 높은 위치, 즉 2 m 높이에 1회씩 올라가므로 구하는 횟수는 15회이다.

답 15회

8 정비례와 반비례

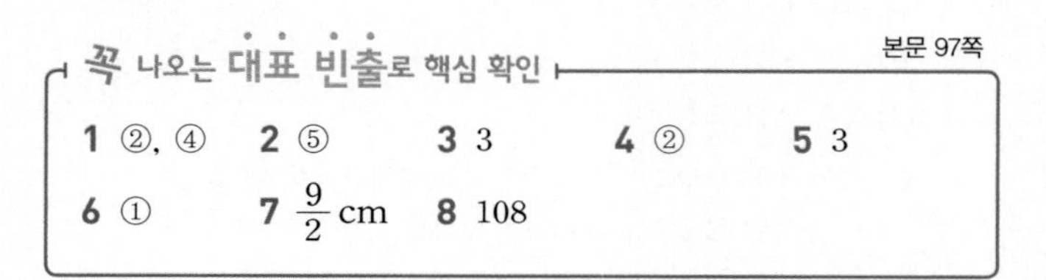
꼭 나오는 대표 빈출로 핵심 확인 — 본문 97쪽

1 ②, ④ 2 ⑤ 3 3 4 ② 5 3
6 ① 7 $\frac{9}{2}$ cm 8 108

1 각 점의 x좌표, y좌표를 $y=\frac{4}{3}x$에 대입하면 다음과 같다.
① $9\neq\frac{4}{3}\times(-12)$ ② $\frac{4}{3}=\frac{4}{3}\times1$
③ $\frac{3}{2}\neq\frac{4}{3}\times2$ ④ $4=\frac{4}{3}\times3$
⑤ $-8\neq\frac{4}{3}\times6$
따라서 그래프 위의 점은 ②, ④이다.

답 ②, ④

2 ① $a<0$일 때, 제2사분면과 제4사분면을 지난다.
② 점 $(1, a)$를 지난다.
③ $a<0$일 때, x의 값이 커지면 y의 값은 작아진다.
④ 원점을 지나는 직선이다.
따라서 옳은 것은 ⑤이다.

답 ⑤

3 주어진 그래프가 원점을 지나는 직선이므로 x, y 사이의 관계를 나타내는 식은 $y=ax$ $(a\neq0)$의 꼴이다.
$y=ax$의 그래프가 점 $(-6, 4)$를 지나므로
$4=-6a$ $\therefore a=-\frac{2}{3}$

따라서 $y=-\frac{2}{3}x$의 그래프가 점 $(k, -2)$를 지나므로

$-2=-\frac{2}{3}k$ $\quad\therefore k=3$ **답** 3

4 5 L의 휘발유로 40 km를 달리므로 1 L의 휘발유로는

$\frac{40}{5}=8(\text{km})$를 달린다.

따라서 x L의 휘발유로 $8x$ km를 달리므로

$y=8x$ **답** ②

5 점 $(4, a)$가 $y=-\frac{8}{x}$의 그래프 위의 점이므로

$a=\frac{-8}{4}=-2$

또, 점 $(b, 12)$가 $y=-\frac{8}{x}$의 그래프 위의 점이므로

$12=-\frac{8}{b}$ $\quad\therefore b=-\frac{2}{3}$

$\therefore \frac{a}{b}=a\div b=(-2)\div\left(-\frac{2}{3}\right)$

$=(-2)\times\left(-\frac{3}{2}\right)=3$ **답** 3

6 ① $4=\frac{12}{3}$이므로 점 $(3, 4)$를 지난다.

② 제1사분면과 제3사분면을 지난다.

③ 원점에 대하여 대칭인 한 쌍의 곡선이다.

④ $|-6|<|12|$이므로 $y=-\frac{6}{x}$의 그래프보다 원점에서 멀다.

⑤ $x>0$일 때, x의 값이 커지면 y의 값은 작아진다.

따라서 옳은 것은 ①이다. **답** ①

7 x, y 사이의 관계를 나타내는 식은 $y=\frac{a}{x}$ $(a\neq0)$의 꼴이다.

점 $(6, 3)$이 $y=\frac{a}{x}$의 그래프 위의 점이므로

$3=\frac{a}{6}$ $\quad\therefore a=18$

따라서 $y=\frac{18}{x}$에 $x=4$를 대입하면 $y=\frac{18}{4}=\frac{9}{2}$이므로

구하는 세로의 길이는 $\frac{9}{2}$ cm이다. **답** $\frac{9}{2}$ cm

8 $y=\frac{3}{4}x$에서 $x=12$일 때

$y=\frac{3}{4}\times12=9$ $\quad\therefore$ P(12, 9)

따라서 점 P(12, 9)가 $y=\frac{a}{x}$의 그래프 위의 점이므로

$9=\frac{a}{12}$ $\quad\therefore a=108$ **답** 108

Step 1 이 단원에서 뽑은 고득점 준비 문제

본문 98~102쪽

대표문제 **1** $\frac{1}{6}\le a\le6$

유제 **1** $y=-2x$ 유제 **2** -38

유제 **3** $m\le-\frac{2}{3}$ 또는 $m\ge\frac{4}{3}$

대표문제 **2** $\frac{21}{2}$ 유제 **4** -30 유제 **5** -72 유제 **6** 10개

대표문제 **3** $\frac{3}{4}$ 유제 **7** 7 유제 **8** $\frac{8}{25}$

대표문제 **4** (1) $y=\frac{1}{12}x$ (2) 240 g

유제 **9** (1) $y=1.2x$ (2) 24 cm (3) 50분

유제 **10** (1) $y=\frac{4}{5}x$ (2) $y=\frac{1}{2}x$ (3) 72분

대표문제 **5** (1) $y=\frac{150}{x}$ (2) 15 mL

유제 **11** (1) $y=\frac{1750}{x}$ (2) 250대

유제 **12** (1) $y=\frac{150}{x}$ (2) 100톤

대표문제 1 $y=ax$의 그래프가 점 P(1, 6)을 지날 때 a의 값이 가장 크고, 점 Q(12, 2)를 지날 때 a의 값이 가장 작다.

$y=ax$의 그래프가 점 P(1, 6)을 지날 때

$a=6$

$y=ax$의 그래프가 점 Q(12, 2)를 지날 때

$2=12a$ $\quad\therefore a=\frac{1}{6}$

따라서 a의 값의 범위는

$\frac{1}{6}\le a\le6$ **답** $\frac{1}{6}\le a\le6$

유제 1 두 점 $(-1-p, 3q+5)$, $(3p-5, q+1)$이 같은 점이므로

$-1-p=3p-5$에서 $-4p=-4$ $\quad\therefore p=1$

$3q+5=q+1$에서 $2q=-4$ $\quad\therefore q=-2$

이때 주어진 그래프는 원점을 지나는 직선이므로 x, y 사이의 관계를 나타내는 식은 $y=ax$ $(a\neq0)$의 꼴이다.

$y=ax$의 그래프가 점 (p, q), 즉 $(1, -2)$를 지나므로

$a=-2$

따라서 x, y 사이의 관계식은

$y=-2x$ **답** $y=-2x$

유제 2 그래프가 원점을 지나는 직선이므로 x, y 사이의 관계를 나타내는 식은 $y=kx$ $(k\neq0)$의 꼴이다.

$y=kx$의 그래프가 두 점 $(-2, a)$, $(8, b)$를 지나므로

$a=-2k$, $b=8k$

이때 $a+b=-48$이므로

$-2k+8k=-48$, $6k=-48$ $\quad\therefore k=-8$

따라서 $y=-8x$의 그래프가 점 $\left(\frac{19}{4},\ c\right)$를 지나므로

$c=-8\times\frac{19}{4}=-38$ 답 -38

유제 3 $y=mx$의 그래프가 삼각형 ABC와 만나려면 양수 m의 값은 점 C를 지날 때보다 크거나 같아야 하고, 음수 m의 값은 점 B를 지날 때보다 작거나 같아야 한다.

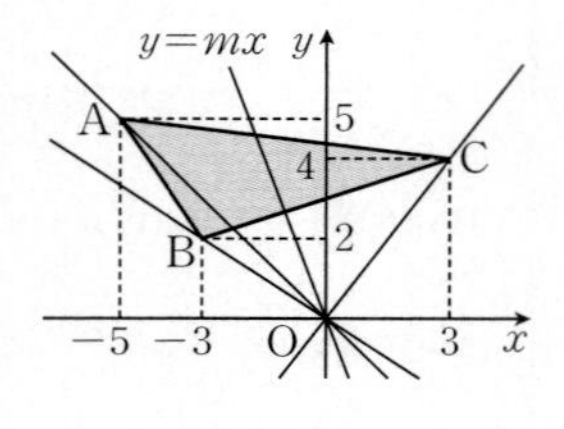

점 B$(-3,\ 2)$를 지날 때, $2=-3m$ $\therefore m=-\frac{2}{3}$

점 C$(3,\ 4)$를 지날 때, $4=3m$ $\therefore m=\frac{4}{3}$

따라서 구하는 m의 값의 범위는

$m\leq-\frac{2}{3}$ 또는 $m\geq\frac{4}{3}$ 답 $m\leq-\frac{2}{3}$ 또는 $m\geq\frac{4}{3}$

대표문제 2 $\mathrm{P}\left(5,\ \frac{a}{5}\right)$, $\mathrm{Q}\left(7,\ \frac{a}{7}\right)$이므로

$\frac{a}{5}-\frac{a}{7}=3$, $7a-5a=105$ $\therefore a=\frac{105}{2}$

따라서 점 P의 y좌표는

$\frac{a}{5}=a\div5=\frac{105}{2}\div5=\frac{105}{2}\times\frac{1}{5}=\frac{21}{2}$ 답 $\frac{21}{2}$

유제 4 점 B$(-3,\ 8)$이 $y=\frac{b}{x}$의 그래프 위의 점이므로

$8=\frac{b}{-3}$ $\therefore b=-24$

즉, 점 A$(4,\ a)$가 $y=-\frac{24}{x}$의 그래프 위의 점이므로

$a=-\frac{24}{4}=-6$ $\therefore a+b=-30$ 답 -30

유제 5 점 $(2,\ -6)$이 $y=ax$의 그래프 위의 점이므로

$-6=2a$ $\therefore a=-3$

점 $(2,\ -6)$이 $y=\frac{b}{x}$의 그래프 위의 점이므로

$-6=\frac{b}{2}$ $\therefore b=-12$

점 $(c,\ 6)$이 $y=-3x$의 그래프 위의 점이므로

$6=-3c$ $\therefore c=-2$

$\therefore abc=-72$ 답 -72

유제 6 점 $(-8,\ -2)$가 $y=\frac{a}{x}$의 그래프 위의 점이므로

$-2=\frac{a}{-8}$ $\therefore a=16$

즉, $y=\frac{16}{x}$의 그래프 위의 점 중 x좌표와 y좌표가 모두 정수인 점의 x좌표와 y좌표는 16의 약수 또는 16의 약수에 음의 부호를 붙인 수이다.

따라서 x좌표와 y좌표가 모두 정수인 점은

$(1,\ 16)$, $(2,\ 8)$, $(4,\ 4)$, $(8,\ 2)$, $(16,\ 1)$, $(-1,\ -16)$, $(-2,\ -8)$, $(-4,\ -4)$, $(-8,\ -2)$, $(-16,\ -1)$

의 10개이다. 답 10개

대표문제 3 $\mathrm{P}(p,\ ap)$ $(p>0)$라 하면

(삼각형 PAB의 넓이)$=\frac{1}{2}\times(8-4)\times ap=2ap$

(삼각형 PCD의 넓이)$=\frac{1}{2}\times(6-3)\times p=\frac{3}{2}p$

이때 삼각형 PAB와 삼각형 PCD의 넓이가 같으므로

$2ap=\frac{3}{2}p$ $\therefore a=\frac{3}{4}$ $(\because p>0)$ 답 $\frac{3}{4}$

유제 7 점 $\mathrm{P}\left(k,\ \frac{a}{k}\right)$ $(k>0)$라 하면

$\mathrm{Q}(k,\ 0)$, $\mathrm{R}\left(0,\ \frac{a}{k}\right)$

이때 사각형 OQPR의 넓이가 7이므로

$k\times\frac{a}{k}=7$ $\therefore a=7$ 답 7

유제 8 (사다리꼴 OABC의 넓이)$=\frac{1}{2}\times\{(5-2)+5\}\times4$

$=16$

이때 P$(5,\ 5a)$이고 삼각형 OAP의 넓이는 $16\times\frac{1}{4}=4$이므로

$\frac{1}{2}\times5\times5a=4$ $\therefore a=\frac{8}{25}$ 답 $\frac{8}{25}$

대표문제 4 (1) x, y 사이의 관계를 나타내는 식은 $y=ax$ $(a\neq0)$의 꼴이므로 $y=ax$에 $x=60$, $y=5$를 대입하면

$5=60a$ $\therefore a=\frac{1}{12}$

$\therefore y=\frac{1}{12}x$

(2) $y=\frac{1}{12}x$에 $y=20$을 대입하면

$20=\frac{1}{12}x$ $\therefore x=240$

따라서 구하는 추의 무게는 240 g이다.

답 (1) $y=\frac{1}{12}x$ (2) 240 g

유제 9 (1) 수면의 높이가 4분에 4.8 cm씩 상승하므로 1분에

$\frac{4.8}{4}=1.2(\mathrm{cm})$씩 상승한다.

따라서 x분에 $1.2x$ cm씩 상승하므로 $y=1.2x$

(2) $y=1.2x$에 $x=20$을 대입하면

$y=1.2\times20=24$

따라서 구하는 높이는 24 cm이다.

(3) $y=1.2x$에 $y=60$을 대입하면

$60=1.2x$ $\therefore x=50$

따라서 구하는 시간은 50분이다.

답 (1) $y=1.2x$ (2) 24 cm (3) 50분

유제 **10** (1) x, y 사이의 관계를 나타내는 식은 $y=ax$ $(a\neq0)$의 꼴이고, 점 (10, 8)이 $y=ax$의 그래프 위의 점이므로

$8=10a$ $\quad\therefore a=\frac{4}{5}$

$\therefore y=\frac{4}{5}x$

(2) x, y 사이의 관계를 나타내는 식은 $y=bx$ $(b\neq0)$의 꼴이고, 점 (10, 5)가 $y=bx$의 그래프 위의 점이므로

$5=10b$ $\quad\therefore b=\frac{1}{2}$

$\therefore y=\frac{1}{2}x$

(3) 자동차가 96 km의 거리를 이동할 때 걸리는 시간은

$96=\frac{4}{5}x$ $\quad\therefore x=120$(분)

오토바이가 96 km의 거리를 이동할 때 걸리는 시간은

$96=\frac{1}{2}x$ $\quad\therefore x=192$(분)

따라서 걸리는 시간의 차는

$192-120=72$(분)

답 (1) $y=\frac{4}{5}x$ (2) $y=\frac{1}{2}x$ (3) 72분

대표문제 **5** (1) x, y 사이의 관계를 나타내는 식은 $y=\frac{a}{x}$ $(a\neq0)$의 꼴이므로 $y=\frac{a}{x}$에 $x=5$, $y=30$을 대입하면

$30=\frac{a}{5}$ $\quad\therefore a=150$

$\therefore y=\frac{150}{x}$

(2) $y=\frac{150}{x}$에 $x=10$을 대입하면

$y=\frac{150}{10}=15$

따라서 구하는 기체의 부피는 15 mL이다.

답 (1) $y=\frac{150}{x}$ (2) 15 mL

유제 **11** (1) 기계 1대로 $50\times35=1750$(시간) 작업해야 끝나는 일이므로 기계 x대로 y시간 작업하여 끝낸다고 하면

$xy=1750$ $\quad\therefore y=\frac{1750}{x}$

(2) $y=\frac{1750}{x}$에 $y=7$을 대입하면

$7=\frac{1750}{x}$ $\quad\therefore x=250$

따라서 구하는 기계의 수는 250대이다.

답 (1) $y=\frac{1750}{x}$ (2) 250대

유제 **12** (1) 1시간에 30톤의 물을 넣으면 5시간 만에 물이 가득 차므로 수족관의 총 용량은

$5\times30=150$(톤)

1시간에 x톤씩 y시간 동안 물을 넣어 이 수족관을 가득 채우면

$xy=150$ $\quad\therefore y=\frac{150}{x}$

(2) 1시간 30분은 $\frac{3}{2}$시간이므로 $y=\frac{150}{x}$에 $y=\frac{3}{2}$을 대입하면

$\frac{3}{2}=\frac{150}{x}$ $\quad\therefore x=100$

따라서 1시간에 100톤씩 물을 넣어야 한다.

답 (1) $y=\frac{150}{x}$ (2) 100톤

Step 2 고득점 실전 문제

본문 103~106쪽

1 ①	**2** 2	**3** ③	**4** $\frac{3}{5}$	**5** ④
6 ④	**7** ②	**8** 7	**9** ②	**10** ③
11 16개	**12** 8	**13** 4	**14** $y=\frac{5}{4}x$, 144분	
15 $y=\frac{300}{x}$, 시속 100 km			**16** $y=\frac{1200}{x}$, 30개	
17 $y=0.1x$, 2.2기압			**18** $y=\frac{4000}{x}$, 200 g	
19 ③	**20** ④			
21 (1) $y=40.8x$, 3264 kcal (2) $y=25.92x$, 1296 kcal				

1 전략 원점을 지나는 직선은 정비례 관계의 그래프임을 이용한다.

두 점을 지나는 직선이 원점을 지나므로 이 직선은 정비례 관계 $y=mx$ $(m\neq0)$의 그래프이다.

점 (4, 6)이 $y=mx$의 그래프 위의 점이므로

$6=4m$ $\quad\therefore m=\frac{3}{2}$

따라서 점 (a, b)가 $y=\frac{3}{2}x$의 그래프 위의 점이므로

$b=\frac{3}{2}a$, $2b=3a$ $\quad\therefore 3a-2b=0$

답 ①

2 전략 a의 값이 가장 클 때와 가장 작을 때 $y=ax$의 그래프가 지나는 점을 찾는다.

$y=ax$의 그래프가 점 P(2, 8)을 지날 때 a의 값이 가장 크고, 점 Q(10, 1)을 지날 때 a의 값이 가장 작다.

$y=ax$의 그래프가 점 P(2, 8)을 지날 때

$8=2a$ $\quad\therefore a=4$ $\quad\therefore M=4$

$y=ax$의 그래프가 점 Q(10, 1)을 지날 때

$1=10a \qquad \therefore a=\frac{1}{10} \qquad \therefore m=\frac{1}{10}$

$\therefore 5Mm=5\times4\times\frac{1}{10}=2$ 답 2

3 전략 점 D의 좌표를 이용하여 점 B의 좌표를 나타낸다.

점 D의 x좌표를 a라 하면 점 D가 $y=-3x$의 그래프 위의 점이므로 $D(a, -3a)$

두 점 C, D의 x좌표는 같고 선분 CD의 길이가 4이므로 $C(a, -3a-4)$

두 점 B, C의 y좌표는 같고 선분 BC의 길이가 4이므로 $B(a-4, -3a-4)$

이때 점 B가 $y=-\frac{1}{3}x$의 그래프 위의 점이므로

$-3a-4=-\frac{1}{3}(a-4)$, $-9a-12=-a+4$

$-8a=16 \qquad \therefore a=-2$

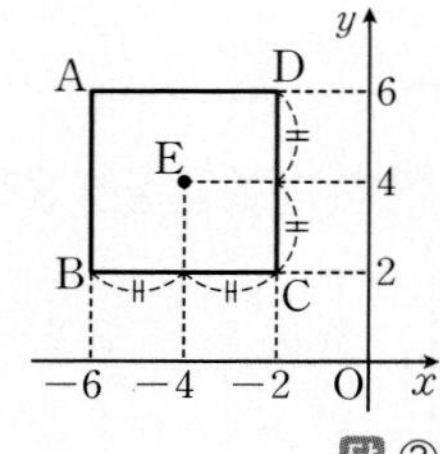

따라서 $B(-6, 2)$, $C(-2, 2)$, $D(-2, 6)$이므로 정사각형 ABCD의 한가운데에 있는 점 E의 좌표는 $(-4, 4)$이다.

답 ③

4 전략 점 C의 좌표를 (m, n)으로 놓고 삼각형의 넓이를 구하는 식을 세운다.

(삼각형 OAB의 넓이)$=\frac{1}{2}\times10\times6=30$

이때 점 C의 좌표를 (m, n)이라 하면

(삼각형 OAC의 넓이)$=\frac{1}{2}\times$(삼각형 OAB의 넓이)이므로

$\frac{1}{2}\times10\times n=\frac{1}{2}\times30$

$5n=15 \qquad \therefore n=3$

(삼각형 OBC의 넓이)$=\frac{1}{2}\times$(삼각형 OAB의 넓이)이므로

$\frac{1}{2}\times6\times m=\frac{1}{2}\times30$

$3m=15 \qquad \therefore m=5$

따라서 $y=ax$의 그래프가 점 $C(5, 3)$을 지나므로

$3=5a \qquad \therefore a=\frac{3}{5}$ 답 $\frac{3}{5}$

5 전략 제4사분면 위의 점의 x좌표는 양수, y좌표는 음수이다.

점 P가 제4사분면 위의 점이므로

$ab^2>0$, $ab<0$

$y=-\frac{c}{x}$의 그래프가 제4사분면 위의 점을 지나므로

$-c<0 \qquad \therefore c>0$

따라서 $ab^2+c>0$, $ab-c<0$이므로 점 Q는 제4사분면 위의 점이다. 답 ④

6 전략 $y=\frac{a}{x}$의 그래프 위의 점의 좌표는 $\left(k, \frac{a}{k}\right)$의 꼴이다.

점 $(16, 1)$이 $y=\frac{a}{x}$의 그래프 위의 점이므로

$1=\frac{a}{16} \qquad \therefore a=16$

즉, $y=\frac{16}{x}$의 그래프 위의 점 P의 좌표를 $\left(k, \frac{16}{k}\right)$ $(k>0)$이라 하면 선분 PB의 길이가 선분 PA의 길이의 4배이므로

$k=4\times\frac{16}{k}$, $k^2=64 \qquad \therefore k=8$ $(\because k>0)$

$\therefore P(8, 2)$ 답 ④

7 전략 x에 1, 2, 3, …을 대입하여 색칠한 부분에 있는 점 중 x좌표와 y좌표가 모두 자연수인 점을 찾는다.

색칠한 부분에 있는 점 중 x좌표와 y좌표가 모두 자연수인 점의 좌표는

(i) $x=1$일 때, $y=\frac{5}{x}$에서 $y=5$이므로

$(1, 1)$, $(1, 2)$, $(1, 3)$, $(1, 4)$의 4개

(ii) $x=2$일 때, $y=\frac{5}{x}$에서 $y=\frac{5}{2}$이므로

$(2, 1)$, $(2, 2)$의 2개

(iii) $x=3$일 때, $y=\frac{5}{x}$에서 $y=\frac{5}{3}$이므로 $(3, 1)$의 1개

(iv) $x=4$일 때, $y=\frac{5}{x}$에서 $y=\frac{5}{4}$이므로 $(4, 1)$의 1개

(v) $x\ge5$일 때, 구하는 점은 없다.

(i)~(v)에 의하여 구하는 점의 개수는

$4+2+1+1=8$(개) 답 ②

8 전략 $y=\frac{a}{x}$의 그래프 위의 점의 좌표는 $\left(k, \frac{a}{k}\right)$의 꼴이다.

$P\left(a, \frac{12}{a}\right)$, $Q\left(b, \frac{12}{b}\right)$ $(a>0, b>0)$라 하면

(사각형 COAP의 넓이)$=a\times\frac{12}{a}=12$

(사각형 DOBQ의 넓이)$=b\times\frac{12}{b}=12$

이때 사각형 DOAE의 넓이를 S라 하면

(사각형 COAP의 넓이)$=7+S=12$

$\therefore S=5$

$\therefore$ (사각형 EABQ의 넓이)$=$(사각형 DOBQ의 넓이)$-S$

$=12-5=7$ 답 7

9 전략 점 $(-5, -2)$는 정비례 관계의 그래프 위의 점이면서 반비례 관계의 그래프 위의 점임을 이용한다.

점 $(-5, -2)$가 $y=ax$의 그래프 위의 점이므로

$-2=-5a \qquad \therefore a=\frac{2}{5}$

또, 점 $(-5, -2)$가 $y=\frac{b}{x}$의 그래프 위의 점이므로

$-2=\frac{b}{-5}$ $\therefore b=10$

$\therefore ab=4$

답 ②

10 전략 x좌표가 2인 점에서 y좌표가 같음을 이용한다.

두 그래프가 만나는 점의 좌표를 $(2, p)$라 하자.

점 $(2, p)$가 $y=ax$의 그래프 위의 점이므로

$p=2a$ $\therefore a=\frac{p}{2}$

또, 점 $(2, p)$가 $y=\frac{b}{x}$의 그래프 위의 점이므로

$p=\frac{b}{2}$ $\therefore b=2p$

$\therefore a : b=\frac{p}{2} : 2p=1 : 4$

답 ③

11 전략 두 그래프가 만나는 점을 이용하여 a, b의 값을 먼저 구한 다음, x에 1, 2, 3, ⋯을 대입하여 조건을 만족하는 점을 찾는다.

점 $P(3, b)$가 $y=\frac{12}{x}$의 그래프 위의 점이므로

$b=\frac{12}{3}=4$ $\therefore P(3, 4)$

점 $P(3, 4)$가 $y=ax$의 그래프 위의 점이므로

$4=3a$ $\therefore a=\frac{4}{3}$ $\therefore y=\frac{4}{3}x$

즉, 색칠한 부분에 있는 점 중 x좌표와 y좌표가 모두 자연수인 점의 좌표는

(i) $x=1$일 때, $y=\frac{4}{3}x$에서 $y=\frac{4}{3}$이므로 $(1, 1)$의 1개

(ii) $x=2$일 때, $y=\frac{4}{3}x$에서 $y=\frac{8}{3}$이므로
$(2, 1)$, $(2, 2)$의 2개

(iii) $x=3$일 때, $y=\frac{4}{3}x$에서 $y=4$이므로
$(3, 1)$, $(3, 2)$, $(3, 3)$의 3개

(iv) $x=4$일 때, $y=\frac{12}{x}$에서 $y=3$이므로
$(4, 1)$, $(4, 2)$의 2개

(v) $x=5$일 때, $y=\frac{12}{x}$에서 $y=\frac{12}{5}$이므로
$(5, 1)$, $(5, 2)$의 2개

(vi) $x=6, 7, \cdots, 11$일 때, $y=\frac{12}{x}$에서 $y=2, \frac{12}{7}, \cdots, \frac{12}{11}$
이므로 $(6, 1)$, $(7, 1)$, ⋯, $(11, 1)$의 6개

(vii) $x\geq 12$일 때, 구하는 점은 없다.

(i)~(vii)에 의하여 구하는 점의 개수는

$1+2+3+2+2+6=16$(개)

답 16개

참고 점 P의 좌표가 $(3, 4)$이므로 구하는 점의 y좌표는 1 또는 2 또는 3임을 이용하여 y좌표를 기준으로 찾을 수도 있다.

12 전략 두 점 P, Q의 좌표를 m을 사용하여 나타낸다.

x좌표가 m인 점 P는 $y=\frac{2}{x}$의 그래프 위의 점이므로

$P\left(m, \frac{2}{m}\right)$라 할 수 있다.

점 P가 $y=ax$의 그래프 위의 점이므로

$\frac{2}{m}=am$ $\therefore am^2=2$ ⋯⋯ ㉠

같은 방법으로 점 $Q\left(n, \frac{b}{n}\right)$, 즉 $Q\left(2m, \frac{b}{2m}\right)$가 $y=ax$의 그래프 위의 점이므로

$\frac{b}{2m}=2am$

$\therefore b=4am^2=4\times 2$ ($\because$ ㉠)
$=8$

답 8

13 전략 정사각형 ACDB의 한 변의 길이가 4임을 이용하여 점 A의 좌표를 구한다.

선분 AC의 길이가 4이므로 $A\left(4, \frac{b}{4}\right)$, $B\left(4, -\frac{b}{4}\right)$

선분 AB의 길이가 4이므로

$\frac{b}{4}-\left(-\frac{b}{4}\right)=4$, $\frac{b}{2}=4$ $\therefore b=8$

따라서 점 $A(4, 2)$가 $y=ax$의 그래프 위의 점이므로

$2=4a$ $\therefore a=\frac{1}{2}$

$\therefore ab=4$

답 4

14 전략 주어진 그래프가 정비례 관계의 그래프이므로 지나는 점의 좌표를 이용하여 x, y 사이의 관계를 식으로 나타낸다.

x, y 사이의 관계를 식으로 나타내면 $y=ax$ $(a\neq 0)$의 꼴이다.

점 $(20, 25)$가 $y=ax$의 그래프 위의 점이므로

$25=20a$ $\therefore a=\frac{5}{4}$ $\therefore y=\frac{5}{4}x$

한편, 이 자동차는 휘발유 5 L로 60 km를 달리므로 15 L의 휘발유로 달릴 수 있는 거리는

$60\times 3=180$(km)

따라서 $y=\frac{5}{4}x$에 $y=180$을 대입하면

$180=\frac{5}{4}x$ $\therefore x=144$

즉, 구하는 시간은 144분이다.

답 $y=\frac{5}{4}x$, 144분

15 전략 주어진 그래프가 반비례 관계의 그래프이므로 지나는 점의 좌표를 이용하여 x, y 사이의 관계를 식으로 나타낸다.

x, y 사이의 관계를 식으로 나타내면 $y=\frac{a}{x}$ $(a\neq 0)$의 꼴이다.

점 (150, 2)가 $y=\frac{a}{x}$의 그래프 위의 점이므로

$2=\frac{a}{150}$ $\therefore a=300$

따라서 $y=\frac{300}{x}$에 $y=3$을 대입하면

$3=\frac{300}{x}$ $\therefore x=100$

즉, 구하는 속력은 시속 100 km이다.

답 $y=\frac{300}{x}$, 시속 100 km

16 전략 두 톱니바퀴 A, B에서 맞물리는 톱니의 개수가 같음을 이용하여 x, y 사이의 관계를 식으로 나타낸다.

톱니가 20개인 톱니바퀴 A가 60회 회전하는 동안 맞물리는 톱니의 개수는

$20\times60=1200$(개)

톱니가 x개인 톱니바퀴 B는 톱니바퀴 A와 맞물려 y회 회전하므로

$x\times y=1200$ $\therefore y=\frac{1200}{x}$

따라서 $y=\frac{1200}{x}$에 $y=40$을 대입하면

$40=\frac{1200}{x}$ $\therefore x=30$

즉, 톱니바퀴 B의 톱니 수는 30개이다.

답 $y=\frac{1200}{x}$, 30개

17 전략 수심이 1 m 깊어질 때마다 증가하는 압력을 이용하여 x, y 사이의 관계를 식으로 나타낸다.

수심이 10 m 깊어질 때마다 받는 압력은 1기압씩 증가하므로 수심이 1 m 깊어질 때마다 받는 압력은 0.1기압씩 증가한다.

즉, 수심이 x m 깊어질 때마다 받는 압력은 $0.1x$기압씩 증가하므로 x, y 사이의 관계식은

$y=0.1x$

$y=0.1x$에 $x=12$를 대입하면

$y=0.1\times12=1.2$

따라서 해수면에서 받는 압력이 1기압, 수심 12 m인 지점에서 증가한 압력이 1.2기압이므로 해녀가 수심 12 m인 지점에서 받는 압력은

$1+1.2=2.2$(기압)

답 $y=0.1x$, 2.2기압

18 전략 저울의 손잡이로부터 양쪽 물체가 매달린 곳까지의 거리와 각 물체의 무게의 곱이 서로 같음을 이용하여 x, y 사이의 관계를 식으로 나타낸다.

손잡이로부터 양쪽 물체가 매달린 곳까지의 거리는 각각 y cm, 8 cm이고 각 경우에 대하여 물체의 무게는 x g, 500 g이므로

$x\times y=500\times8$ $\therefore y=\frac{4000}{x}$

$y=\frac{4000}{x}$에 $y=20$을 대입하면

$20=\frac{4000}{x}$ $\therefore x=200$

따라서 구하는 배의 무게는 200 g이다.

답 $y=\frac{4000}{x}$, 200 g

19 전략 삼각형의 넓이를 이용하여 x, y 사이의 관계를 식으로 나타낸다.

점 P가 x cm만큼 움직였을 때의 삼각형 ABP의 넓이가 y cm^{2}이므로

$y=\frac{1}{2}\times x\times8$ $\therefore y=4x$

$y=4x$에 $y=28$을 대입하면

$28=4x$ $\therefore x=7$

따라서 선분 CP의 길이는

$12-x=12-7=5$(cm)

답 ③

20 전략 나영이의 그래프는 점 (3, 10)을 지나고 소울이의 그래프는 점 (5, 10)을 지난다.

나영이의 그래프에서 x, y 사이의 관계를 나타내는 식은 $y=ax$ $(a\neq0)$의 꼴이다.

점 (3, 10)이 $y=ax$의 그래프 위의 점이므로

$10=3a$ $\therefore a=\frac{10}{3}$ $\therefore y=\frac{10}{3}x$

소울이의 그래프에서 x, y 사이의 관계를 나타내는 식은 $y=bx$ $(b\neq0)$의 꼴이다.

점 (5, 10)이 $y=bx$의 그래프 위의 점이므로

$10=5b$ $\therefore b=2$ $\therefore y=2x$

두 사람이 함께 k분 동안 만든 종이꽃의 개수가 80개일 때,

$\frac{10}{3}k+2k=80$, $\frac{16}{3}k=80$ $\therefore k=15$

따라서 구하는 시간은 15분이다.

답 ④

21 전략 (남성의 하루 기초대사량)=24×(체중)이고 (여성의 하루 기초대사량)=0.9×24×(체중)이며 (하루 활동대사량)=(하루 기초대사량)×(해당 활동의 비율)이다.

(1) 체중이 x kg인 남성에게 필요한 하루 기초대사량은

$24\times x=24x$(kcal)

자전거를 타는 경우의 활동대사량은 1일 기초대사량의 70 %이므로

$24x\times0.7=16.8x$(kcal)

즉, 남성이 자전거를 타는 경우에 대하여 x, y 사이의 관계를 식으로 나타내면

$y=24x+16.8x$ $\therefore y=40.8x$

$y=40.8x$에 $x=80$을 대입하면

$y=40.8\times 80=3264$

따라서 구하는 하루 에너지의 양은 3264 kcal이다.

(2) 체중이 x kg인 여성에게 필요한 하루 기초대사량은

$0.9\times 24\times x=21.6x$(kcal)

사무를 보는 경우의 활동대사량은 1일 기초대사량의 20 %이므로

$21.6x\times 0.2=4.32x$(kcal)

즉, 여성이 사무를 보는 경우에 대하여 x, y 사이의 관계를 식으로 나타내면

$y=21.6x+4.32x$ $\therefore y=25.92x$

$y=25.92x$에 $x=50$을 대입하면

$y=25.92\times 50=1296$

따라서 구하는 하루 에너지의 양은 1296 kcal이다.

답 (1) $y=40.8x$, 3264 kcal
(2) $y=25.92x$, 1296 kcal

Step 3 만점 굳히기 문제

본문 107쪽

1 16 **2** 5 **3** $\frac{3}{4}$ **4** $y=\frac{4}{5}x$

1 $y=\frac{12}{x}$에 $x=6$을 대입하면

$y=\frac{12}{6}=2$ $\therefore$ A(6, 2), P(0, 2)

점 A(6, 2)가 $y=ax$의 그래프 위의 점이므로

$2=6a$ $\therefore a=\frac{1}{3}$

4초 후 점 P의 y좌표는 $2+1.5\times 4=8$

즉, 점 B의 y좌표는 8이므로 $y=\frac{12}{x}$에 $y=8$을 대입하면

$8=\frac{12}{x}$ $\therefore x=\frac{3}{2}$ $\therefore \mathrm{B}\left(\frac{3}{2}, 8\right)$

점 $\mathrm{B}\left(\frac{3}{2}, 8\right)$이 $y=bx$의 그래프 위의 점이므로

$8=\frac{3}{2}b$ $\therefore b=\frac{16}{3}$

$\therefore \frac{b}{a}=b\div a=\frac{16}{3}\div\frac{1}{3}=\frac{16}{3}\times 3=16$

답 16

2 점 A의 좌표를 $(4, m)$이라 하면 삼각형 OAP의 넓이는

$24=\frac{1}{2}\times 4\times m$ $\therefore m=12$ $\therefore$ A(4, 12)

점 A가 $y=ax$의 그래프 위의 점이므로

$12=4a$ $\therefore a=3$

한편, 삼각형 OAB와 삼각형 OBP의 넓이의 비가 1 : 2이고 넓이의 합이 24이므로

(삼각형 OBP의 넓이)$=24\times\frac{2}{1+2}=16$

점 B의 좌표를 $(4, n)$이라 하면 삼각형 OBP의 넓이는

$16=\frac{1}{2}\times 4\times n$ $\therefore n=8$ $\therefore$ B(4, 8)

점 B가 $y=bx$의 그래프 위의 점이므로

$8=4b$ $\therefore b=2$

$\therefore a+b=5$

답 5

3 $y=\frac{20}{x}$에서 $x=4$일 때, $y=\frac{20}{4}=5$ $\therefore$ B(4, 5)

(삼각형 ABC의 넓이)$=\frac{1}{2}\times 5\times\{4-(-4)\}=20$이므로

(삼각형 OBD의 넓이)$=\frac{1}{5}\times$(삼각형 ABC의 넓이)

$=\frac{1}{5}\times 20=4$ ······ ㉠

한편, D(4, 4a)이므로

(삼각형 OBD의 넓이)$=\frac{1}{2}\times(5-4a)\times 4$

$=10-8a$ ······ ㉡

㉠, ㉡에서 $10-8a=4$이므로

$-8a=-6$ $\therefore a=\frac{3}{4}$

답 $\frac{3}{4}$

4 [그림 1]에서 칸막이의 높이 위쪽 부분을 ㉰라 하고 다음 그림과 같이 수조 밑면의 가로의 길이, 세로의 길이를 정하자.

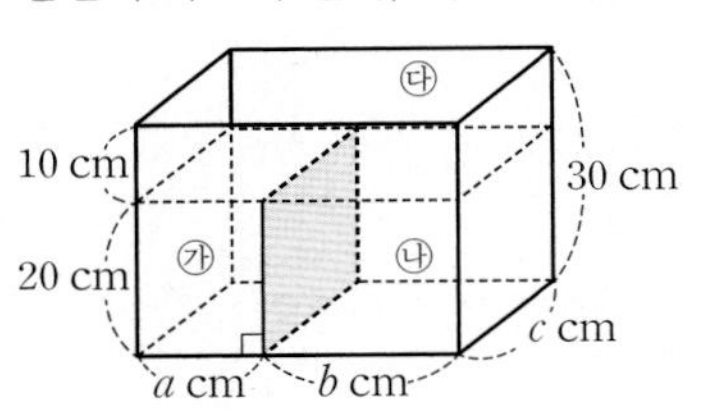

[그림 2]의 그래프에서

(i) 물을 넣기 시작하여 8초 후 물의 높이가 20 cm가 되므로 이 동안에는 ㉮ 부분이 가득 채워진다.

매초 800 cm³씩 물을 넣으므로 8초 동안 ㉮ 부분에 채워진 물의 양은

$800\times 8=a\times c\times 20$ $\therefore ac=320$

(ii) ㉮ 부분이 가득 채워진 때로부터 25−8=17(초) 동안 물의 높이가 20 cm로 일정하므로 이때 ㉯ 부분이 채워진다.

17초 동안 ㉯ 부분에 채워진 물의 양은

$800\times 17=b\times c\times 20$ $\therefore bc=680$

(i), (ii)에 의하여 칸막이를 제거한 빈 수조에 x초 동안 채운 물의 높이가 y cm일 때

$800\times x=(ac+bc)\times y$

$800x=y(320+680)$, $800x=1000y$

$\therefore y=\frac{4}{5}x$ 답 $y=\frac{4}{5}x$

대단원 평가 문제

본문 108~110쪽

1 ③	**2** ②	**3** 20	**4** 100	**5** ④
6 $\frac{3}{2}$	**7** ⑤	**8** ①	**9** $(-2, 4)$, $(-4, 2)$	
10 12개	**11** $y=\frac{5}{2}x$, 10 L		**12** $y=\frac{1}{12}x$, 360 cm	
13 $y=\frac{3840}{x}$, 4800번			**14** $y=\frac{360}{x}$, 40명	
15 324	**16** $\frac{5}{9}$	**17** 30	**18** ④	

1 점 $A(a-2, b+1)$이 x축 위에 있는 점이므로

$b+1=0$ $\quad\therefore b=-1$

점 $B(a+2, b)$가 y축 위에 있는 점이므로

$a+2=0$ $\quad\therefore a=-2$

점 $C(2a+1, c-2)$, 즉 점 $C(-3, c-2)$는 어느 사분면에도 속하지 않으므로 x축 위에 있는 점이다.

즉, $c-2=0$에서 $c=2$

$\therefore a+b+c=-1$ 답 ③

2 $y=\frac{6}{x}$의 그래프가 점 $(3, a)$를 지나므로

$a=\frac{6}{3}=2$ 답 ②

3 점 P의 x좌표가 4이므로 $y=\frac{5}{2}x$에 $x=4$를 대입하면

$y=\frac{5}{2}\times 4=10$ $\quad\therefore P(4, 10)$

$\therefore$ (삼각형 OPQ의 넓이)$=\frac{1}{2}\times 4\times 10=20$ 답 20

4 점 $(-6, 10)$이 $y=ax$의 그래프 위의 점이므로

$10=-6a$ $\quad\therefore a=-\frac{5}{3}$

또, 점 $(-6, 10)$이 $y=\frac{b}{x}$의 그래프 위의 점이므로

$10=\frac{b}{-6}$ $\quad\therefore b=-60$

$\therefore ab=100$ 답 100

5 $P(a, b)$가 제4사분면 위의 점이므로

$a>0$, $b<0$

① $b<0$, $a-b>0$이므로 점 $(b, a-b)$는 제2사분면 위의 점이다.

② $-a<0$, $b^2>0$이므로 점 $(-a, b^2)$은 제2사분면 위의 점이다.

③ $ab<0$, $a>0$이므로 점 (ab, a)는 제2사분면 위의 점이다.

④ $b^2>0$, $2a>0$이므로 점 $(b^2, 2a)$는 제1사분면 위의 점이다.

⑤ $b-a<0$, $-b>0$이므로 점 $(b-a, -b)$는 제2사분면 위의 점이다.

따라서 제2사분면 위의 점이 아닌 것은 ④이다. 답 ④

6 점 $A(2a+1, 2b-4)$가 x축 위에 있는 점이므로

$2b-4=0$ $\quad\therefore b=2$

점 $B(a-3, 2b-5)$가 y축 위에 있는 점이므로

$a-3=0$ $\quad\therefore a=3$

$\therefore P(3, 2)$, $Q(2, 3)$, $R(3, -1)$

따라서 좌표평면 위에 세 점 P, Q, R를 나타내면 오른쪽 그림과 같으므로 삼각형 PQR의 넓이는

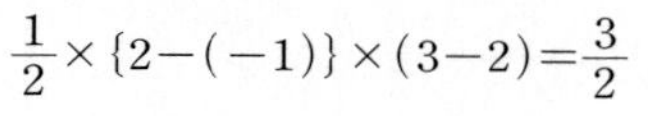

$\frac{1}{2}\times\{2-(-1)\}\times(3-2)=\frac{3}{2}$

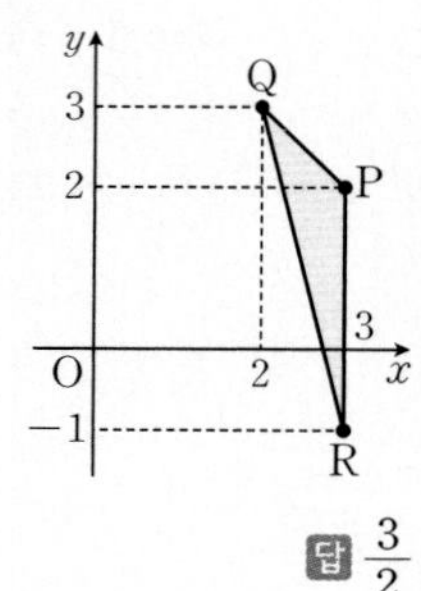

답 $\frac{3}{2}$

7 물을 넣는 속력이 일정하고 각 원기둥 모양마다 수면과 밑면의 모양이 같으므로 물의 높이는 일정하게 높아져 그래프는 오른쪽 위로 향하는 직선이 된다.

이때 아래쪽 원기둥의 밑면이 위쪽 원기둥의 밑면보다 더 크므로 물이 아래쪽 원기둥 모양에 채워질 때는 높이가 천천히 올라가고 위쪽 원기둥 모양에 채워질 때는 높이가 빠르게 올라간다.

따라서 그래프로 알맞은 것은 ⑤이다. 답 ⑤

8 ㄱ. 형은 출발한 지 $8-3=5$(분) 후에 동생과 만났다. (참)

ㄴ. 형은 5분 동안 400 m를 이동하였으므로

$\frac{400}{5}=80$에서 형의 속력은 분속 80 m이다.

또, 동생은 8분 동안 400 m를 이동하였으므로

$\frac{400}{8}=50$에서 동생의 속력은 분속 50 m이다. (거짓)

ㄷ. ㄴ에서 형과 동생의 속력이 각각 분속 80 m, 분속 50 m이고 학교까지의 거리는 2 km, 즉 2000 m이므로

(형이 학교까지 가는 데 걸린 시간)$=\frac{2000}{80}=25$(분)

(동생이 학교까지 가는 데 걸린 시간)$=\frac{2000}{5}=40$(분)

이때 형은 동생이 출발한 때로부터 $3+25=28$(분) 후에 학교에 도착하고 동생은 출발한 때로부터 40분 후에 학교에 도착한다.

즉, 형은 학교에 동생보다 $40-28=12$(분) 일찍 도착한다. (거짓)

따라서 옳은 것은 ㄱ뿐이다. 답 ①

9 $A\left(a, -\frac{8}{a}\right)$이라 하면 선분 AB의 길이가 6이고 두 점 A, B의 x좌표는 같으므로

$B\left(a, -\frac{8}{a}-6\right)$

선분 BC의 길이가 6이고 두 점 B, C의 y좌표는 같으므로

$C\left(a+6, -\frac{8}{a}-6\right)$

이때 점 C는 $y=-\frac{8}{x}$의 그래프 위의 점이므로

$-\frac{8}{a}-6=-\frac{8}{a+6}$ ⋯⋯ ㉠

또, 네 점 A, B, C, D의 x좌표, y좌표가 모두 정수이므로 a는 -1 또는 -2 또는 -4 또는 -8이다.

(i) $a=-1$일 때, ㉠에서 (좌변)$=2$, (우변)$=-\frac{8}{5}$

(ii) $a=-2$일 때, ㉠에서 (좌변)$=-2$, (우변)$=-2$

(iii) $a=-4$일 때, ㉠에서 (좌변)$=-4$, (우변)$=-4$

(iv) $a=-8$일 때, ㉠에서 (좌변)$=-5$, (우변)$=4$

(i)~(iv)에 의하여 ㉠을 만족하는 a의 값은 -2, -4이므로 점 A의 좌표는 $(-2, 4)$ 또는 $(-4, 2)$이다.

답 $(-2, 4)$, $(-4, 2)$

10 점 $\left(-\frac{9}{2}, \frac{8}{3}\right)$이 $y=\frac{a}{x}$의 그래프 위의 점이므로

$\frac{8}{3}=\frac{a}{-\frac{9}{2}}$ $\quad\therefore a=-12$

따라서 $y=-\frac{12}{x}$의 그래프 위의 점 중 x좌표와 y좌표가 모두 정수인 점은

$(1, -12)$, $(2, -6)$, $(3, -4)$, $(4, -3)$, $(6, -2)$, $(12, -1)$, $(-1, 12)$, $(-2, 6)$, $(-3, 4)$, $(-4, 3)$, $(-6, 2)$, $(-12, 1)$

의 12개이다. 답 12개

11 그래프가 원점을 지나는 직선이므로 x, y 사이의 관계를 나타내는 식은 $y=ax\ (a\neq0)$의 꼴이다.

점 $(20, 50)$이 $y=ax$의 그래프 위의 점이므로

$50=20a$ $\quad\therefore a=\frac{5}{2}$ $\quad\therefore y=\frac{5}{2}x$

$y=\frac{5}{2}x$에 $x=80$을 대입하면 $y=\frac{5}{2}\times80=200$

따라서 이 자동차가 200 km를 달리기 위하여 필요한 휘발유의 양은 $\frac{200}{20}=10$(L) 답 $y=\frac{5}{2}x$, 10 L

12 x, y 사이의 관계를 나타내는 식은 $y=ax\ (a\neq0)$의 꼴이다.

$y=ax$에 $x=60$, $y=5$를 대입하면

$5=60a$ $\quad\therefore a=\frac{1}{12}$

따라서 $y=\frac{1}{12}x$에 $y=30$을 대입하면

$30=\frac{1}{12}x$ $\quad\therefore x=360$

따라서 구하는 나무의 높이는 360 cm이다.

답 $y=\frac{1}{12}x$, 360 cm

13 앞바퀴가 한 번 회전하는 동안 자동차가 움직인 거리는 앞바퀴의 둘레의 길이와 같으므로

$1.2\times3=3.6$(m)

즉, 앞바퀴가 3200번 회전하는 동안 자동차가 움직인 거리는

$3.6\times3200=11520$(m)

지름의 길이가 x m인 뒷바퀴가 앞바퀴가 움직인 거리만큼 움직이기 위해 회전하는 회전수 y번에 대하여

$x\times3\times y=11520$ $\quad\therefore y=\frac{3840}{x}$

뒷바퀴의 지름의 길이가 80 cm, 즉 0.8 m이므로

$y=\frac{3840}{x}$에 $x=0.8$을 대입하면

$y=\frac{3840}{0.8}=4800$

따라서 구하는 회전수는 4800번이다.

답 $y=\frac{3840}{x}$, 4800번

14 24명의 직원이 15일 동안 일해야 끝나는 일을 직원 1명이 할 때, 총 작업 기간은 $24\times15=360$(일)이므로

$xy=360$ $\quad\therefore y=\frac{360}{x}$

$y=\frac{360}{x}$에 $y=9$를 대입하면

$9=\frac{360}{x}$ $\quad\therefore x=40$

따라서 필요한 직원의 수는 40명이다. 답 $y=\frac{360}{x}$, 40명

15 3초 후 점 A의 x좌표는 $3\times1.5=4.5$

즉, 3초 후 점 D의 x좌표가 4.5이므로 $y=4x$에 $x=4.5$를 대입하면

$y=4\times4.5=18$ $\quad\therefore D(4.5, 18)$

따라서 변 AD의 길이가 18이므로 정사각형 ABCD의 넓이는 $18\times18=324$ 답 324

16 (사다리꼴 AOBC의 넓이)$=\frac{1}{2}\times\{(6-2)+6\}\times4=20$

$y=ax$의 그래프가 변 BC와 만나는 점을 D라 하면 D$(6,\ 6a)$

이때 (삼각형 OBD의 넓이)$=20\times\frac{1}{2}=10$이므로

$\frac{1}{2}\times6\times6a=10$　　$\therefore a=\frac{5}{9}$　　답 $\frac{5}{9}$

참고 (삼각형 COB의 넓이)$=\frac{1}{2}\times6\times4=12$

따라서 $y=ax$의 그래프는 변 BC와 만나야 한다.

17 $y=\frac{24}{x}$에 $x=6$을 대입하면 $y=\frac{24}{6}=4$

$\therefore$ P$(6,\ 4)$, A$(6,\ 0)$, B$(0,\ 4)$

점 P가 $y=ax$의 그래프 위의 점이므로

$4=6a$　　$\therefore a=\frac{2}{3}$

4초 후 점 B의 y좌표는 $4+4\times1=8$

즉, 점 Q의 y좌표는 8이므로 $y=\frac{24}{x}$에 $y=8$을 대입하면

$8=\frac{24}{x}$　　$\therefore x=3$　　$\therefore$ Q$(3,\ 8)$

점 Q가 $y=bx$의 그래프 위의 점이므로

$8=3b$　　$\therefore b=\frac{8}{3}$

$\therefore 9(a+b)=9\left(\frac{2}{3}+\frac{8}{3}\right)=30$　　답 30

18 순금과 불순물의 양 사이의 관계를 나타내는 세 그래프가 모두 원점을 지나는 직선이므로 y는 x에 정비례한다.

(i) 제품 A: $y=ax\ (a\neq0)$라 하면 점 $(40,\ 100)$이 $y=ax$의 그래프 위의 점이므로

$100=40a$　　$\therefore a=\frac{5}{2}$　　$\therefore y=\frac{5}{2}x$

$y=\frac{5}{2}x$에 $x=20$을 대입하면

$y=\frac{5}{2}\times20=50$

(ii) 제품 B: $y=bx\ (b\neq0)$라 하면 점 $(40,\ 30)$이 $y=bx$의 그래프 위의 점이므로

$30=40b$　　$\therefore b=\frac{3}{4}$　　$\therefore y=\frac{3}{4}x$

$y=\frac{3}{4}x$에 $x=20$을 대입하면

$y=\frac{3}{4}\times20=15$

(iii) 제품 C: $y=cx\ (c\neq0)$라 하면 점 $(70,\ 30)$이 $y=cx$의 그래프 위의 점이므로

$30=70c$　　$\therefore c=\frac{3}{7}$　　$\therefore y=\frac{3}{7}x$

$y=\frac{3}{7}x$에 $x=20$을 대입하면

$y=\frac{3}{7}\times20=\frac{60}{7}$

(i), (ii), (iii)에 의하여 세 제품 A, B, C에 포함된 불순물의 양의 비는

$50:15:\frac{60}{7}=70:21:12$　　답 ④

서술형으로 끝내기

본문 111~112쪽

1 (1) P$(10,\ 0)$, Q$(0,\ 9)$　(2) 8

2 (1) (가) — ㄱ, (나) — ㄷ, 이유는 풀이 참조　(2) 풀이 참조

3 (1) 18　(2) $(21,\ 6)$

4 (1) $y=440x$　(2) 2200원　(3) 22

5 10　6 280

7 $y=\frac{1.5}{x}$, 6.5 mm

8 태윤: $y=60x$, 태민: $y=150x$, 18분

1 (1) 점 P$(3a+1,\ 6-2b)$가 x축 위에 있는 점이므로

$6-2b=0$　　$\therefore b=3$

점 Q$(3-a,\ 2b+3)$이 y축 위에 있는 점이므로

$3-a=0$　　$\therefore a=3$

$\therefore$ P$(10,\ 0)$, Q$(0,\ 9)$　…… ❶

(2) $a=3$, $b=3$이므로

A$(3,\ 3)$, B$(5,\ -1)$, C$(-1,\ 3)$　…… ❷

즉, 좌표평면 위에 세 점 A, B, C를 나타내면 오른쪽 그림과 같으므로

(삼각형 ABC의 넓이)

$=\frac{1}{2}\times\{3-(-1)\}\times\{3-(-1)\}$

$=8$　…… ❸

답 (1) P$(10,\ 0)$, Q$(0,\ 9)$　(2) 8

채점 기준	배점
❶ 두 점 P, Q의 좌표 구하기	40%
❷ 세 점 A, B, C의 좌표 구하기	20%
❸ 삼각형 ABC의 넓이 구하기	40%

2 (1) 그릇 (가)는 수면의 모양이 그릇의 밑면의 모양과 완전히 똑같으므로 물의 높이는 일정하게 올라간다. 즉, 그릇 (가)에 알맞은 그래프는 ㄱ이다.　…… ❶

반면 그릇 (나)는 아래쪽에서는 수면의 모양이 밑면의 모양보다 점점 작아지므로 처음에는 물의 높이가 서서히 올라가다가 점점 빠르게 올라간다. 또, 중간부터는 그릇 (가)와 같은 모양의 그릇으로 바뀌므로 이때부터 물의 높이는 일정하게 올라간다.
즉, 그릇 (나)에 알맞은 그래프는 ㄷ이다. …… ❷

(2) 그릇 (가), (나)의 그래프가 아닌 나머지 하나의 그래프는 ㄴ으로, 물의 높이가 빠르면서 일정하게 올라가다가 중간부터는 느리면서 일정하게 올라가고 있다. …… ❸
따라서 수면의 모양이 그릇의 밑면의 모양과 완전히 똑같은 그릇이지만 그릇 아래쪽은 폭이 좁고 그릇 위쪽은 폭이 넓은 그릇이 되어야 한다. 이때 그릇 밑면이 원 모양이므로 오른쪽 그림과 같은 그릇이어야 한다. …… ❹

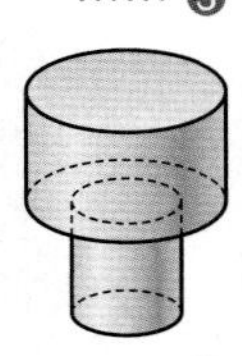

답 (1) (가) - ㄱ, (나) - ㄷ, 이유는 풀이 참조 (2) 풀이 참조

채점 기준	배점
❶ 그릇 (가)에 알맞은 그래프를 찾고 이유 설명하기	30%
❷ 그릇 (나)에 알맞은 그래프를 찾고 이유 설명하기	30%
❸ 그래프에서 높이의 변화 설명하기	20%
❹ 그릇의 모양 예상하기	20%

3 (1) $y=\frac{3}{2}x$에 $y=6$을 대입하면

$6=\frac{3}{2}x \quad \therefore x=4 \quad \therefore \mathrm{A}(4, 6)$

$y=\frac{2}{5}x$에 $y=6$을 대입하면

$6=\frac{2}{5}x \quad \therefore x=15 \quad \therefore \mathrm{B}(15, 6)$

∴ (삼각형 OAB의 넓이)$=\frac{1}{2}\times(15-4)\times 6$
$=33$ …… ❶

이때 삼각형 OAB와 삼각형 OBC의 넓이의 비가 11 : 6이므로

(삼각형 OBC의 넓이)$=\frac{6}{11}\times 33=18$ …… ❷

(2) 삼각형 OBC의 넓이가 18이므로

$\frac{1}{2}\times$(변 BC의 길이)$\times 6=18$

∴ (변 BC의 길이)$=6$

이때 B(15, 6)이므로 C(21, 6) …… ❸

답 (1) 18 (2) (21, 6)

채점 기준	배점
❶ 삼각형 OAB의 넓이 구하기	40%
❷ 삼각형 OBC의 넓이 구하기	30%
❸ 점 C의 좌표 구하기	30%

4 (1) 음식물 쓰레기 1 kg당 440원의 수수료가 부과되므로 음식물 쓰레기 x kg에는 $440x$원의 수수료가 부과된다.

$\therefore y=440x$ …… ❶

(2) $y=440x$에 $x=5$를 대입하면

$y=440\times 5=2200$

즉, 수수료는 2200원이다. …… ❷

(3) $10000\div 440=22.\cdots$

즉, 음식물 쓰레기 22 kg까지는 수수료가

$y=440\times 22=9680$(원)으로 10000원 이하이다.

그러나 22 kg 초과 23 kg 이하의 음식물 쓰레기에는

$9680+440=10120$(원)의 수수료가 부과되므로

10000원의 수수료로 버릴 수 있는 음식물 쓰레기의 최대 양은 22 kg이다.

$\therefore A=22$ …… ❸

답 (1) $y=440x$ (2) 2200원 (3) 22

채점 기준	배점
❶ x, y 사이의 관계를 식으로 나타내기	30%
❷ 음식물 쓰레기 5 kg에 대한 수수료 구하기	20%
❸ 수수료 10000원으로 배출할 수 있는 음식물 쓰레기의 최대 양 구하기	50%

5 A$(2, 2a)$이고 두 점 A, C는 x축에 대하여 대칭이므로 C$(2, -2a)$

두 점 B, C의 y좌표가 같고 점 B는 $y=ax$의 그래프 위의 점이므로 B$(-2, -2a)$ …… ❶

삼각형 ABC의 넓이가 16이므로

$\frac{1}{2}\times\{2-(-2)\}\times\{2a-(-2a)\}=16$

$\therefore a=2$ …… ❷

따라서 점 A(2, 4)가 $y=\frac{b}{x}$의 그래프 위의 점이므로

$4=\frac{b}{2} \quad \therefore b=8$ …… ❸

$\therefore a+b=10$ …… ❹

답 10

채점 기준	배점
❶ 세 점 A, B, C의 좌표를 a(또는 b)로 나타내기	40%
❷ 삼각형 ABC의 넓이를 이용하여 a(또는 b)의 값 구하기	30%
❸ a(또는 b)의 값을 이용하여 b(또는 a)의 값 구하기	20%
❹ $a+b$의 값 구하기	10%

6 해수면으로부터의 높이가 가장 높은 곳은 주어진 그래프에서 높이가 가장 큰 값을 갖는 곳이다.

따라서 그 높이는 70 m이므로

$a=70$ …… ❶

오르막길은 높이가 점점 높아지는 길이므로 주어진 그래프에서 오른쪽 위로 올라가며 그려지는 구간이다.
따라서 이러한 구간은 총 4번 나타나므로

$b=4$ …… ❷

$\therefore ab=280$ …… ❸

답 280

채점 기준	배점
❶ 그래프가 가장 높이 올라간 곳을 찾아 a의 값 구하기	40%
❷ 그래프가 오른쪽 위로 올라가는 구간을 찾아 b의 값 구하기	50%
❸ ab의 값 구하기	10%

7 x, y 사이의 관계를 나타내는 식은 $y=\frac{a}{x}$ $(a\neq0)$의 꼴이므로
$y=\frac{a}{x}$에 $x=1.5$, $y=1.0$을 대입하면

$1.0=\frac{a}{1.5}$ $\quad\therefore a=1.5$ $\quad\therefore y=\frac{1.5}{x}$ …… ❶

$y=\frac{1.5}{x}$에 $y=0.2$를 대입하면 $0.2=\frac{1.5}{x}$ $\quad\therefore x=7.5$

$y=\frac{1.5}{x}$에 $y=1.5$를 대입하면 $1.5=\frac{1.5}{x}$ $\quad\therefore x=1$

…… ❷

따라서 시력이 0.2인 사람과 1.5인 사람이 판별할 수 있는 란돌트 고리의 최소 간격의 차는

$7.5-1=6.5(\text{mm})$ …… ❸

답 $y=\frac{1.5}{x}$, 6.5 mm

채점 기준	배점
❶ x, y 사이의 관계를 식으로 나타내기	40%
❷ 시력이 0.2인 사람과 1.5인 사람이 판별할 수 있는 란돌트 고리의 최소 간격 구하기	40%
❸ 최소 간격의 차 구하기	20%

8 (i) 태윤: x, y 사이의 관계를 나타내는 식을 $y=ax$ $(a\neq0)$라 하면 점 $(5, 300)$이 $y=ax$의 그래프 위의 점이므로

$300=5a$ $\quad\therefore a=60$ $\quad\therefore y=60x$

1.8 km는 1800 m이므로 $y=60x$에 $y=1800$을 대입하면

$1800=60x$ $\quad\therefore x=30$

즉, 태윤이는 30분 만에 도서관에 도착한다. …… ❶

(ii) 태민: x, y 사이의 관계를 나타내는 식을 $y=bx$ $(b\neq0)$라 하면 점 $(4, 600)$이 $y=bx$의 그래프 위의 점이므로

$600=4b$ $\quad\therefore b=150$ $\quad\therefore y=150x$

$y=150x$에 $y=1800$을 대입하면

$1800=150x$ $\quad\therefore x=12$

즉, 태민이는 12분 만에 도서관에 도착한다. …… ❷

따라서 태민이가 도서관에 도착한 후 $30-12=18$(분)을 기다려야 태윤이가 도착한다. …… ❸

답 태윤: $y=60x$, 태민: $y=150x$, 18분

채점 기준	배점
❶ 태윤이의 경우에 x, y 사이의 관계를 식으로 나타내고 도서관까지 가는 데 걸린 시간 구하기	40%
❷ 태민이의 경우에 x, y 사이의 관계를 식으로 나타내고 도서관까지 가는 데 걸린 시간 구하기	40%
❸ 태민이가 기다려야 하는 시간 구하기	20%

MEMO

MEMO

내신 상위권
심화학습서

수학의 고수

정답과 해설

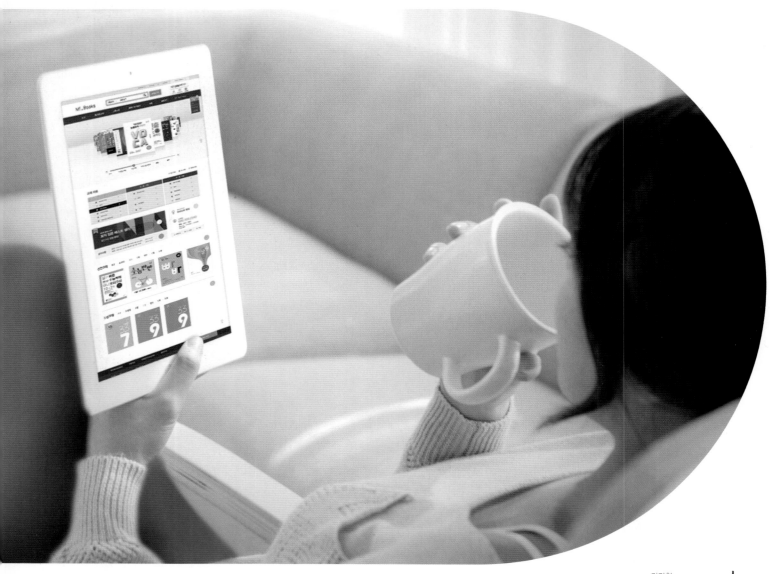